BIOTECHNOLOGIE

parthas verlag

Volkart Wildermuth

BIOTECHNOLOGIE

*Zwischen wissenschaftlichem Fortschritt
und ethischen Grenzen*

Für Kristina Henss, ohne Deine ständige Unterstützung hätte ich den Übergang von der Pipette zur Schreibmaschine nicht geschafft.

© 2006 Parthas Verlag GmbH | Alle Rechte vorbehalten
Parthas Verlag GmbH, Stresemannstraße 30, 10963 Berlin
www.parthasverlag.de | e-mail: info@parthasverlag.de

Lektorat: Julia Lauber | Gestaltung u. Satz: Pina Lewandowsky Umschlagfoto: Sanford/Agliolo/Corbis | Gesamtherstellung: Albdruck | Jede Form der Wiedergabe oder Vervielfältigung, auch auszugsweise, erfordert die schriftliche Zustimmung des Verlags.

ISBN (alt 3-86601-922-X) 978-3-86601-922-5

Genforschung zwischen Faszination und Furcht 9

Schnellkurs Gentechnik
Erbsubstanz aus Nektarinen **14**
Darf ich vorstellen: die DNA **15**
Operettenstaat Zelle **20**
DNA, der Generalschlüssel zur Biologie **24**
Der Werkzeugkasten der Gentechnologen **25**

Biotechnologie ohne Genmanipulation
Alter Hut oder Grenzüberschreitung? **30**
Haustier von Anfang an: Hilfe von Hefen **31**

Der Griff ins Erbgut
Startschuss für die Gentechnik **34**
Lesen lernen im Genom **36**
Ein Schnellkopierer für die Gene **38**
Vom Gen zum Genom und darüber hinaus **39**

Der Blick von außen ins Genlabor
Visionen und Ängste **43**
Genforscher zwischen weißem Kittel und schwarzem Anzug **45**
Bio-Start-ups in Deutschland **47**
Patente auf Leben – Erfunden oder entdeckt? **51**
Genpatente als Fortschrittsbremse **54**
Die Quellen der Gene **56**
Gentech-Debatten in Gesellschaft und Politik **60**

Gene in der Forschung
   Das Gen für ... **68**
   Gewalt aus den Genen? **70**
   Einheit und Vielfalt **73**
   Immer wieder Überraschendes **75**
   Sprachgen FoxP2 **77**
   Die »-ome« **80**

Bakterien in die Produktion
   Schmeckt's Gen? Aromen und Enzyme **83**
   Hormone auf Bestellung **86**
   Wirkstoffe vom Reißbrett der Gentechnologen **89**
   Wundermittel unwahrscheinlich **92**
   Das dunkle Kapitel **94**

Gene im Gemüse
   Die grüne Gentechnik feiert Geburtstag **97**
   Der rote Anfang der grünen Gentechnik **98**
   Gene für den Bauern **103**
   Neue Pflanzen = hohe Erträge? **106**
   Monster auf dem Acker? **109**
   Gene auf Abwegen **113**
   Biolandbau zwischen GM-Feldern **115**
   Wilde Gene **117**
   Biologische Vielfalt **119**
   Gengemüse auf dem Teller **121**
   GM-Anbau in Europa **123**
   Die zweite Generation: Gene für den Verbraucher **127**
   Gene in der Dritten Welt **133**
   Systemwechsel oder Business as usual? **137**

Tiere nach Maß
   Doping im Stall **141**
   Das pelzige Reagenzglas **143**
   Labormaus auf Bestellung **146**
   Mäuse, wie sie die Welt noch nicht gesehen hat **150**

Gene für den Stall **154**
Medikamente aus dem Euter **155**
Organe aus dem Stall **156**
Schaf im Rampenlicht **159**
Menschenklone? **161**
Klone und Kommerz **163**

Kommissar DNA: Fahndung nach Tätern, Opfern, Vätern
Der genetische Fingerabdruck **166**
Mörderjagd in Datenbanken **169**
Den Opfern Namen geben **171**
Kuckuckskinder **172**

Der Blick in die genetische Kristallkugel
Zeitbomben im Genom **174**
DNA-Prognosen **178**
Klare Diagnose **181**
Screening – die Bevölkerung im Blick der Genetiker **183**
Vorgeburtliche Diagnostik **186**
Zeugung unter Vorbehalt – die Präimplantationsdiagnostik **188**
Neugierige Arbeitgeber und Versicherungen **195**
Gene auf der Bank **198**

Genmedizin – mehr als heiße Luft
Gentherapie: Höhenflüge, Abstürze und eine
   neue Bescheidenheit **203**
Die Gentherapie verliert ihre Unschuld **206**
Fortschritt zwischen Licht und Schatten **208**
Die wahre Stärke der Genmedizin: klassische Medikamente **212**
Wie viel Fortschritt für wie viel Geld **216**

Die Debatte zieht weiter:
Von heilenden Genen zu heilenden Zellen
Die Alleskönner aus dem Embryo **219**
Tissue Engineering **222**
Der Reiz des Embryos **223**

Ethik und Stammzellen **226**
Potenziale und Probleme der ES-Zellen **231**
Klonträume **234**
Aufstieg und Fall eines Klonpioniers **236**
Die Alternative: Stammzellen des Erwachsenen **238**
Stammzelltherapien made in Germany **241**
Bewährungsprobe Parkinson **243**

Genperspektiven **247**

Glossar **251**

Internetadressen **263**

Bildnachweis **264**

Genforschung zwischen Faszination und Furcht

»Gen für Seitensprung entdeckt«, »Schaf geklont«, »Mensch hat kaum mehr Gene als Fadenwurm«. Das sind Meldungen aus Laboratorien, die es bis in die Bild-Zeitung schafften. Dabei ist Wissenschaft gewöhnlich etwas für Insider. Forscher jagen Elementarteilchen, synthetisieren nie gesehene Substanzen, verfolgen die Bewegungen der Kontinente – und trotzdem interessiert sich nur eine kleine Minderheit für ihre Ergebnisse. Genforschung aber ist Pop. Kein Wunder, verspricht sie doch, das Innerste des Menschen zu erhellen und als Dreingabe auch noch Arbeitsplätze zu schaffen. Dazu kommt ein gewisses Gruseln. Kann es denn gut gehen, wenn Forscher Hand an die Schöpfung legen?

Faszination, Hoffnung und Angst – diese drei Gefühle prägen den Umgang mit der Gentechnik und der neuen Biologie schon seit ihren Anfängen. In den Siebzigern wurde zum ersten Mal Erbsubstanz gezielt neu kombiniert und in ein Bakterium übertragen. Damit hatte die Biologie, wie zuvor die Physik und die Chemie, die Schwelle von der rein beobachtenden und analysierenden Wissenschaft zur verändernden und neu gestaltenden Technologie überschritten. Die Forscher selbst verordneten sich eine Denkpause, um die Gefahren der neuen Möglichkeiten zur Veränderung des Lebens abzuschätzen. Erst als strikte Sicherheitsrichtlinien festgelegt waren, ging die Arbeit im Labor weiter. Dann aber forschten die Wissenschaftler nicht nur, sie gründeten auch schnell Unternehmen, um ihre Erkenntnisse zu Geld zu machen. Parallel dazu begann sich die Öffentlichkeit mit der neuen Gentechnik zu beschäftigen. Der Deutsche Bundestag nahm das Thema auf und gründete 1984 die Enquete-Kommission »Chancen und Risiken der Gentechnologie«.

Seitdem ist die Wissenschaft rasant vorangeschritten. In einem Wettlauf zwischen öffentlicher Forschung und privaten Unternehmen konnte die gesamte menschliche Erbsubstanz durchbuchstabiert werden. Mehr als die Hälfte der weltweit angebauten Sojabohnen ist inzwischen genetisch manipuliert. Genchips erlauben die gleichzeitige Analyse von Zehntausenden von Genen. Menschliche embryonale Stammzellen wurden im Labor vermehrt. Kein Wunder, dass sich der Schwerpunkt der Debatte um die neue Biologie mehrmals verlagert hat.

Statt die Gentechnik insgesamt als Frevel gegen die Natur anzuklagen oder sie als Lösung aller Probleme, vom Welthunger bis zur menschlichen Sterblichkeit hochzujubeln, werden inzwischen die konkreten Anwendungen in der Medizin oder der Landwirtschaft diskutiert. Aber immer noch bestimmen Faszination, Hoffnung und Angst die Diskussion.

Ein gutes Image hat die rote Gentechnik, wie die Genforschung im Bereich Medizin genannt wird. Unübersehbar ist der Erfolg neuartiger Medikamente. Das blutbildende Hormon EPO stärkt nicht nur Radfahrern die Beine, es hilft vor allem vielen Tausenden Dialysepatienten, die Blutwäsche besser zu vertragen. Der Tumor-Nekrose-Faktor hat die Behandlung von Rheuma, Interferon beta die der Multiplen Sklerose dramatisch verändert. Gentechnische Methoden sind auch unverzichtbar in der Entwicklung von Pillen, die am Ende ganz klassisch chemisch hergestellt werden. Die Gentherapie ist allerdings, trotz vieler Vorschusslorbeeren, immer noch weit entfernt vom klinischen Alltag. Besonders der Tod von Jesse Gelsinger im Rahmen einer Gentherapiestudie hat das Feld zurückgeworfen.

Unauffälliger ist der Einsatz der Gentests im Rahmen der normalen medizinischen Diagnostik. Dabei geht es längst nicht mehr nur um die klassischen Erbkrankheiten. Die Forscher beschreiben immer mehr Gene, die das Risiko, einen Herzinfarkt zu bekommen oder irgendwann depressiv zu werden, ein wenig erhöhen. Wer sich gesund fühlt, erfährt, dass er vielleicht zu sieben Prozent herzkrank ist und zu fünf Prozent diabetisch. Schleichend wird so der Begriff Krankheit selbst verändert. Er greift nicht erst mit dem Einsetzen der Symptome, sondern schon weit im Vorfeld. Mit erhobenem Zeigefinger wird der Risikopatient ermahnt, nur ja Vorbeugung zu betreiben, um später dem Solidarsystem nicht auf der Tasche zu liegen. Welche gesellschaftlichen Auswirkungen der verbreitete Blick in die genetische Kristallkugel haben wird, lässt sich noch gar nicht abschätzen.

Genmanipulierte Pflanzen würden in Deutschland noch immer den meisten Verbrauchern den Appetit verderben. Die Produkte der grünen Gentechnik, also der Biotechnologie auf dem Acker, gelten als gesundheitsschädlich und als Gefahr für das Ökosystem. Entsprechend strikt sind hierzulande die Regeln für die Freisetzung. Konkrete Hinweise auf besondere Probleme genmanipulierter Pflanzen finden sich in der wissenschaftlichen Literatur allerdings nur selten. Eine zweite Generation der genmanipulierten Pflanzen verspricht ein Mehr an Vitaminen und wertvollen Nährstoffen. Diese Produkte könnten sogar die kritischen deutschen Verbraucher überzeugen.

In der grünen wie in der roten Gentechnik wird inzwischen Geld verdient. Nicht so viel, wie Forscher und Politiker gehofft hatten, aber immerhin. Heute gehört es fast zum guten Ton für einen Genetik-Professor, im Nebenberuf auch Unternehmer zu sein. Doch die Zeiten rosiger Aussichten für die Biotechnologie-Start-ups sind vorbei. Mit dem Ende der New Economy platzten auch die Träume der Biotechnologie an der Börse. Nach wie vor gilt die Biotechnologie aber als wichtiger innovativer Industriezweig, der Steuergelder und Arbeitsplätze bringen soll.

Weitgehend unbeachtet von der Öffentlichkeit hat sich die Gentechnik in der Forschung auf breiter Basis durchgesetzt und das nicht nur in der Genetik. Ökologen, Naturkundler und Verhaltensforscher verwenden ganz selbstverständlich gentechnische Methoden. Und außerhalb der Biologie interessieren sich Archäologen für die DNA in Neandertalerknochen und Linguisten vergleichen die Stammbäume der Worte mit den Verwandtschaftsmustern der Gene.

Genau wie die Gentechnik haben die Technik des Klonens und die Stammzellforschung zu Beginn die Fantasie der Forscher und der Journalisten beflügelt. Nach der Erzeugung von Klonschaf Dolly räkelten sich Harems von Monroe-Zwillingen neben Legionen von Hitlerkopien auf den Titelseiten der Zeitschriften. Doch diese Perspektive nimmt niemand mehr ernst. In seltener Einmütigkeit verurteilen die Völker der Welt das Klonen von Babys. Allerdings konnte diese Ablehnung bislang noch nicht in einen verbindlichen Vertrag gegossen werden. Grund ist der Streit über den Stellenwert des therapeutischen oder Forschungsklonens, bei dem auf den Patienten maßgeschneiderte embryonale Stammzellen (ES-Zellen) erzeugt werden sollen. ES-Zellen können theoretisch in jedes Gewebe des Körpers umgewandelt werden. Damit bieten sie ein großes Potenzial für die Behandlung von Parkinson und Alzheimer, Zuckerkrankheit und Herzschwäche. Noch ist allerdings trotz aller Euphorie völlig unklar, ob die ES-Zellen das Leben der Patienten tatsächlich verbessern können. In Deutschland ist die Arbeit mit ES-Zellen nur sehr eingeschränkt möglich, deshalb konzentrieren sich viele Wissenschaftler auf die ethisch unbedenklichen adulten Stammzellen, etwa aus dem Knochenmark. Die können offenbar mehr, als ihnen zugetraut wurde, sind allerdings nach wie vor schwerer zu handhaben als die Alleskönner ES-Zellen. Wahrscheinlich wird es der Stammzellforschung ähnlich ergehen wie schon der Gentherapie. Nach der Phase der Euphorie ist eine gewisse Ernüchterung unvermeidlich. Am Ende wird sich wohl zeigen, dass diese Methode nicht die ganze Medizin revolutioniert, sondern bei bestimmten Krankheiten wichtige Fortschritte ermöglicht.

Die Gentechnik ist gerade einmal 30 Jahre alt. In dieser kurzen Zeit gab es schon mehrere Wellenbewegungen von geradezu euphorischen Erwartungen, entsprechend tiefen Enttäuschungen und dann kleinen Fortschritten in einem langsameren Tempo. Dieses Muster scheint sich jetzt bei den Stammzellen zu wiederholen und wird wahrscheinlich erneut auftreten, wenn sich ganz neue Ansätze abzeichnen. Während an der vordersten Front der Forschung nach wie vor heftig diskutiert wird, ist die Biotechnologie ganz unauffällig in den Alltag eingedrungen. Wer denkt beim Genuss von Schokolade daran, dass das darin enthaltene Lecithin wahrscheinlich aus genetisch veränderten Sojabohnen stammt? Oder dass die Wäsche im Schonwaschgang nur mithilfe von gentechnisch produzierten Enzymen sauber wird? Die Frage »Gentechnik – ja oder nein?« ist von der Realität längst überholt. Offen ist nur noch, wo die Grenzen der neuen Biologie einmal liegen werden. Wer sich in diese Debatte einmischen will, muss am Ball bleiben. Schnell verändern überraschende Entdeckungen in der Wissenschaft oder innovative Ideen zur Anwendung die Rahmenbedingungen. Die Zusammenhänge sind komplex. Dass sie aber gleichzeitig auch spannend sind, möchte dieses Buch bei einem Rundgang durch die moderne Gen- und Stammzellforschung zeigen. Es wendet sich nicht an Spezialisten, sondern vermittelt die Faszination an der neuen Biologie, ohne ihre Probleme zu verheimlichen. Also keine Angst vor den Genen! Zum besseren Verständnis beinhaltet das Buch außerdem ein Glossar mit Definitionen zum grundlegenden biotechnologischen Vokabular. Wer sich hier mit dem Thema beschäftigt, kann schnell hinter die Schlagzeilen aus dem Grenzgebiet zwischen

Labor und Gesellschaft blicken und wird dabei feststellen, wie aufregend die Geschichten hinter den verkürzten Parolen der Kritiker und Enthusiasten sind. So will dieses Buch die Möglichkeit bieten, über ein »Bauchgefühl« der Ablehnung oder Unterstützung der Genforschung hinauszukommen – eben zu einer differenzierten Einschätzung, welche Erkenntnisse faszinierend, welche Hoffnungen realistisch und welche Ängste begründet sind.

Schnellkurs Gentechnik

Erbsubstanz aus Nektarinen

Die DNA ist kein exotisches Molekül, mit dem sich nur Wissenschaftler in weißen Kitteln in hoch technisierten Laboratorien beschäftigen können. In jeder Küche findet sich Erbsubstanz en masse. Sie steckt im Schnitzel im Kühlschrank und im Apfel in der Obstschale, in den Blumen auf dem Küchentisch und in den lästigen Fruchtfliegen, die an der Marmelade naschen. Selbst der grünliche Schimmelpilz, der vielleicht in irgendeiner Schmuddelecke wächst, enthält DNA. Und jeder kann die Erbsubstanz mit ein klein wenig Geduld isolieren und in Händen halten. Eine besonders ergiebige DNA-Quelle sind Nektarinen und unreife Bananen, das haben Schüler in einer langen Versuchsreihe am Gläsernen Labor am Max-Delbrück-Centrum in Berlin-Buch herausgefunden (www.glaesernes-labor.de). Nektarinen enthalten nicht mehr Gene als andere Früchte, aber sie geben sie besonders willig frei. Hier ein Rezept für die ganz private Genjagd:

1. Material bereitstellen: Kochsalz, Spülmittel, destilliertes Wasser (von der Tankstelle oder aus der Apotheke), reiner Alkohol (ebenfalls aus der Apotheke), eine Nektarine, ein Kaffeefilter und ein Schaschlikspießchen. Sie benötigen mehrere Gläser, einen Mixer, einen Messbecher für kleine Mengen und zwei Wasserbäder, eines mit etwa 60 °C, das andere mit Eis gekühlt.

2. Drei Gramm Kochsalz, zehn Milliliter Spülmittel (kein Konzentrat!) und 90 Milliliter destilliertes Wasser in einen Becher geben und umrühren, bis sich das Salz aufgelöst hat.

3. Nektarine entkernen, in kleine Würfel schneiden und in die Lösung geben.

4. Das Glas für eine Viertelstunde in das 60 °C warme Wasserbad stellen. Nun löst das Spülmittel, unterstützt vom Salz, die fettige Hülle der Zellen auf, sodass die DNA, zusammen mit vielen anderen Molekülen, heraustreten kann. Die hohe Temperatur zerstört Eiweiße, die sonst die DNA abbauen würden.

5. Die Mischung für zehn Minuten im Eisbad abkühlen, dabei die Lösung schwenken. Auf Dauer beschädigen hohe Temperaturen auch die DNA, deshalb wird jetzt gekühlt. Parallel den Alkohol ins Gefrierfach stellen.

6. Die Nektarinenstückchen für drei Sekunden mit dem Mixer zerkleinern. Das bricht die Zellen auf. Aber Vorsicht: Nicht länger mixen, sonst werden auch die langen DNA-Fäden zerhäckselt.

7. Die Nektarinenbrühe durch den Kaffeefilter gießen. Etwa 20 Milliliter der Lösung in einem kleinen Glas auffangen. Der grobe Zellschrott bleibt im Filter hängen, die DNA findet sich in der Flüssigkeit, zusammen mit Eiweißen und vielen kleinen Molekülen.

8. Jetzt ist Fingerspitzengefühl gefragt. Das Glas schräg halten und vorsichtig 20 Milliliter des eiskalten Alkohols aus dem Gefrierfach am Rand herablaufen lassen. Er muss eine Schicht über der Nektarinenlösung bilden. DNA und RNA sind in Alkohol nicht löslich. Deshalb werden sie an der Grenzschicht als milchiger Schleier sichtbar.

9. Mit einem Schaschlikspießchen lassen sich die langen Moleküle aufwickeln und herausziehen. In der weißlich glibberigen Masse ist natürlich noch eine Vielzahl anderer Substanzen enthalten, der Großteil aber besteht aus Erbsubstanz.

Glückwunsch, Sie halten Gene in der Hand!

Darf ich vorstellen: die DNA

Die Desoxyribonukleinsäure, englisch abgekürzt DNA, dürfte das einzige Molekül sein, das sich die meisten Menschen bildlich vorstellen können: Sie sieht aus wie zwei ineinander laufende Spiralen, die über eine endlose Folge von Stufen verbunden sind. Doppelhelix lautet der Fachausdruck für diese biologische Wendeltreppe. Die DNA galt lange als langweiliges Molekül. Der Schweizer Biochemiker Friedrich Miescher hatte es 1869 in Tübingen isoliert und zwar aus den eitrigen Verbänden einer chirurgischen Klinik. Weil sich die neue Substanz vor allem im Zellkern fand, nannte Miescher sie Nukleinsäure, Kernsäure. Sie besteht aus einer monotonen Aneinanderreihung von nur vier chemischen Bausteinen, den Basen Adenin, Guanin, Thymin und Cytosin.

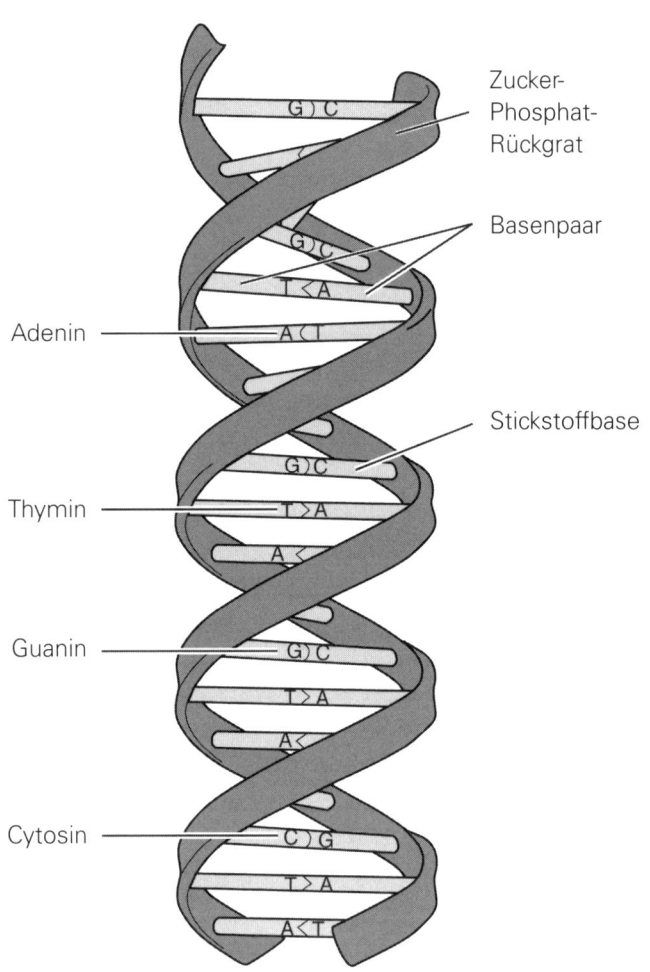

Desoxyribonukleinsäure (DNA)

Sie sind an einem Rückgrat aus Zuckern (Desoxyribose) und Phosphaten aufgehängt. Die Aufgabe der langen Fäden im Zellkern war lange unklar. Anfang des 20. Jahrhunderts galten sie bestenfalls als eine Art Stütze für die viel interessanteren Eiweißstoffe. Die Proteine sind zwar auch lange Fäden mit einem Rückgrat, an dem verschiedene Seitenketten befestigt sind. Ihr chemisches Alphabet ist aber viel komplexer, es umfasst 20 Buchstaben. Außerdem greifen die Eiweiße aktiv ins Zellgeschehen ein, zum Beispiel transportieren sie im Blut den Sauerstoff oder ermöglichen als Enzyme die Verarbeitung der Nahrung. Da lag es nahe, ihnen auch die Weitergabe der genetischen Information zuzutrauen. Nach jahrzehntelangen Experimenten gelang es aber dem New Yorker Forscher Oswald Avery mit reiner DNA eine Eigenschaft von einem Bakterienstamm auf einen anderen zu übertragen. Damit stand fest: Es ist tatsächlich die DNA, in der die Erbinformationen gespeichert sind.

Mit einer gewissen Verzögerung begann ein Wettlauf in der Wissenschaft. Rund um den Globus machten sich Größen wie der Nobelpreisträger Linus Pauling daran, das Rätsel der DNA-Struktur zu knacken. Am Ende gewannen zwei Außenseiter aus Cambridge das Rennen: Der junge Amerikaner James Watson und sein etwas reiferer englischer Kollege Francis Crick. Ihr Erfolgsrezept: eine Mischung aus genialer Einsicht, Dickköpfigkeit im Angesicht von peinlichen Fehlschlägen und Frechheit gegenüber Kollegen. Ausgangspunkt waren Bilder von der Erbsubstanz, die die Biochemikerin Rosalind Franklin Anfang der Fünfzigerjahre im Londoner Labor von Maurice Wilkins mit der Methode der Röntgenbeugung erzeugt hatte. Dabei wird ein Kristall aus DNA mit Röntgenstrahlen angeleuchtet. Die regelmäßige Anordnung der Moleküle lenkt das Röntgenlicht ab, es ergibt sich ein kompliziertes Muster aus Tausenden von Punkten, aus dem sich mit ebenso viel Intuition wie Mathematik Rückschlüsse auf die Struktur der DNA ziehen lassen.

Franklin ging das Problem DNA methodisch an. Schritt für Schritt machte sie immer bessere Aufnahmen, irgendwann, davon war sie überzeugt, würde sich aus den vielen schwarzen Punkten auf dem Röntgenfilm die Gestalt des Moleküls sicher ableiten lassen. Ganz anders Watson und Crick. Sie nutzten magere Daten, um darauf große Theoriegebilde aufzubauen. Die beiden schnitten die Form der einzelnen Bausteine der DNA aus Papier aus und versuchten, sie wie ein Puzzle

Dr. James Watson und Dr. Francis Crick, die 1962 den Nobelpreis für Medizin erhielten, vor einem Modell der Molekularstruktur der DNA.

zusammenzusetzen. Für Rosalind Franklin waren das kindische Spielereien und anfangs gaben ihr die Ergebnisse Recht. Als Watson und Crick stolz ein erstes Modell der DNA vorlegten, genügte ihr ein Blick, um einen großen Fehler zu erkennen. Doch dann erhielt James Watson hinter Franklins Rücken ihre neuesten Röntgenaufnahmen, die von überragender Qualität waren. Aus den Punktwolken konnte er gemeinsam mit Francis Crick die Abstände zwischen entscheidenden Atomen genau bestimmen. Und dann kam der Heureka-Moment der beiden Forscher: Sie schoben ihre Papiermodelle zusammen und erkannten, wenn sie die Basen Cytosin und Guanin aneinander legten, ergab sich die gleiche Gestalt wie bei dem Paar Adenin und Thymin. Und jedes Paar, gleich ob A/T oder C/G, entsprach in seiner Größe genau dem neu errechneten Durchmesser der DNA-Moleküle. Die beiden Forscher hatten das Grundelement der DNA-Struktur entdeckt. Nach diesem Geistesblitz rannten die beiden in ihre Stammkneipe und verkündeten den Anwesenden stolz, sie hätten das Geheimnis des Lebens entschlüsselt. Eine Begeisterung, die dort wohl niemand so recht nachvollziehen konnte.

Doch zum Feiern gab es allen Grund. Das neue Modell von James Watson und Francis Crick passte perfekt zu den Röntgendaten von Rosalind Franklin. Die beiden Forscher gingen davon aus, dass sich zwei DNA-Moleküle zu einer Spirale zusammenlagern. Das allein war noch keine besondere Erkenntnis, auch viele Eiweiße bestehen aus molekularen Spiralen. Bei den Proteinen liegt allerdings das Rückgrat des Moleküls regelmäßig aufgewickelt im Inneren der Spirale, während die chemischen Anhängsel unordentlich nach außen weisen. Die geniale Einsicht von Watson und Crick war es, dieses Modell umzukrempeln, das Rückgrat nach außen zu verlagern und die Basen im Inneren einer zweifachen Spirale unterzubringen. Dafür ist das Konzept der Basenpaarung entscheidend. Damit sich die Doppelspirale nicht unregelmäßig beult und buchtet, muss jedem Guanin ein Cytosin gegenüberstehen und jedem Adenin ein Thymin. Die Form dieser Paare ist jeweils gleich und so entsteht eine Doppelspirale von großer Regelmäßigkeit, in deren Inneren gleichwohl die Buchstaben der DNA in beliebiger Folge aneinandergereiht sein können. Es muss nur jedem C des einen Strangs ein G des anderen gegenüberstehen und jedes A mit einem T gepaart sein.

Am 25. April 1953 veröffentlichte die Zeitschrift Nature zwei Artikel. Zuerst stellten Rosalind Franklin und Maurice Wilkins ihre neuen, klaren Röntgenaufnahmen der DNA vor. Gleich dahinter interpretierten

Rosalind Franklin   *Maurice Wilkins*

James Watson und Francis Crick diese Daten mit ihrem Modell der Doppelhelix. Der letzte Satz des Artikels lautet in englischem Understatement: »Wir haben nicht übersehen, dass die von uns vorgeschlagene spezifische Paarung direkt einen Verdoppelungsmechanismus für das genetische Material nahe legt.« (Nature, [4361]: S. 737–8) Die Abfolge der Basen, der Buchstaben des genetischen Alphabets ist zwar auf einem Strang der Doppelspirale völlig beliebig, die Reihenfolge auf dem anderen Strang ist aber durch die Basenpaarung genau festgelegt. Bei der Zellteilung trennt sich die Doppelspirale in zwei Einzelstränge. Jeder für sich werden sie über den Mechanismus der Basenpaarung von A mit T und C mit G zu einer Doppelspirale ergänzt. Am Ende stehen zwei neue DNA-Moleküle, die sich gleichen wie eineiige Zwillinge. So ist sichergestellt, dass beide Tochterzellen die identische genetische Information enthalten. Schon an der Struktur des Moleküls kann man also die Funktion der DNA in Speicherung und Weitergabe der Erbinformation ablesen. Für ihre Entdeckung erhielten James Watson, Francis Crick und Maurice Wilkins 1962 den Medizin-Nobelpreis. Rosalind Franklin hätte diese Auszeichnung sicher ebenso verdient. Die Forscherin war aber bereits 1958 verstorben und konnte nach der Satzung der Nobelstiftung nicht mehr geehrt werden.

Operettenstaat Zelle

Eine Zelle ist ein wohlstrukturiertes biochemisches Staatswesen. Die Grenze wird von der Zellmembran gebildet, die nur ausgewählte Gäste passieren lässt. Im Inneren findet sich der Zellsaft, ein weiter Raum, in dem der Großteil des Handels und Wandels stattfindet. Hier liegen Kraftwerke, die ständig chemische Energie bereitstellen und große Fabriken und Verschiebebahnhöfe. Davon getrennt ist der Zellkern, quasi das Herrschaftszentrum. Drei Klassen von Riesenmolekülen bevölkern diesen Staat. Die Arbeiter und häufig auch das Baumaterial, das sind die Eiweiße oder Proteine. Dann gibt es die RNA, die Ribonukleinsäure, die als niederer Adel Botendienste verrichtet. Sie ist eine chemische Verwandte der DNA, allerdings besteht ihr Rückgrat aus dem Zucker Ribose, außerdem ist in der RNA die Base Thymin durch das sehr ähnliche Uracil ersetzt. Proteine und RNA sind wichtig, die Königin der Biomoleküle aber ist die DNA.

Traditionell beschäftigen sich Adelige mit zwei Dingen, erstens mit der eigenen Abstammung und zweitens damit, anderen Befehle zu erteilen. Beides macht auch die DNA. Sie ist in gewisser Weise unsterblich. Während der Rest der Biomoleküle bei Bedarf hergestellt und dann wieder zur Neuverwertung in die Bestandteile zerlegt wird, versuchen die Zellen die Stränge der Erbsubstanz möglichst unverändert von Generation zu Generation weiterzureichen. Die DNA ist von Natur aus konservativ. Zum Schutz säuberlich aufgewickelt und eher faul, liegt sie in ihrer Burg, dem Zellkern, weit entfernt von den Unwägbarkeiten des Stoffwechsels. Nur vor der Zellteilung wird der lange Faden entwirrt und verdoppelt, damit die eigene Linie unverfälscht fortgeführt werden kann.

Diese gut behütete Reise durch die Zeit bekommt ihren Sinn aber erst durch die zweite Aufgabe der DNA, nämlich die, zu bestimmen. Die DNA ist das biologische Gedächtnis einer Zelle. Nicht die Ereignisse eines Lebens werden in ihren Buchstabenfolgen verschlüsselt, sondern die Erfahrungen einer ganzen Art, über die Jahrtausende aufgezeichnet durch die Evolution. Für jede Situation, in die ein Tier, eine Pflanze oder ein Bakterium gerät, finden sich hier konkrete Anweisungen, geprüft im harten Kampf ums Überleben. Die meisten Befehle enthalten Bauanleitungen für die Eiweiße, die Proteine. Diese übernehmen fast alle Arbeiten im Staat der Zelle. Die Proteine zerlegen die Nahrung und bauen neue Zellsubstanzen, sie bilden das Zellskelett und liefern Kraft für Bewegungen. Sie empfangen Signale und tragen Botschaften durch den Körper. Dabei handeln sie sehr selbstständig. Einmal in die Welt gesetzt, sind sie dem Machtbereich der DNA entzogen, nehmen sie Anweisungen nur noch von anderen Proteinen an. Doch ihr Wesen ist in der DNA verschlüsselt.

Die DNA lebt zurückgezogen im Kern, die Eiweiße aber werden im freien Raum der Zelle hergestellt. Deshalb übermittelt ein Bote, die RNA, die Befehle der DNA. Die RNA gleicht ein wenig dem Aschenputtel und steht immer im Schatten der großen Schwester. Während die eine das gut gehegte Archiv aller Gene ist, stellt die andere nur eine Wegwerfkopie der gerade benötigten Information dar. Sobald ein Gen aktiv wird, entwirrt sich an dieser Stelle der Doppelstrang der

DNA. An die frei stehenden genetischen Buchstaben legen sich, nach den Regeln der Basenpaarung, die Bestandteile der RNA. So entsteht eine kurze chemische Kopie der Information. Transkription, Umschreiben, nennt sich dieser Prozess. Die Boten-RNA wandert durch die Tore des Zellkerns hinaus zu den Produktionsstätten der Eiweiße, den Ribosomen. Rund eine Million dieser winzigen, molekularen Fabriken enthält eine Zelle. Am Ribosom wird die Information der Boten-RNA dann aus der Sprache der Nukleinsäuren in die Sprache der Eiweiße übersetzt. Das ist nicht ganz einfach. Während das Alphabet von DNA und RNA nur vier Buchstaben kennt, werden beim Aufbau eines Eiweißes 20 verschiedene Aminosäuren verwendet. Und weil die Proteine nicht nur Informationen verschlüsseln, sondern tatsächlich arbeiten müssen, bietet ihr Alphabet eine große Variationsbreite. Es gibt lange und kurze Aminosäuren, saure und basische, ein Werkzeug für fast jede Aufgabe. Die genaue Abfolge der Aminosäuren bestimmt, in welche räumliche Struktur sich ein Protein faltet und damit, ob es Sauerstoff bindet, als Antikörper Bakterien jagt oder hormonelle Wirkungen entfaltet.

So weit, so gut. Jetzt aber wird es komplizierter. Vier Basen für DNA und RNA, 20 Aminosäuren für die Proteine. Am Ribosom findet die Übersetzung, die Translation zwischen diesen beiden biochemischen Welten statt. Und zwar nach den Regeln des genetischen Codes, der in den Sechzigern entschlüsselt wurde. Jeweils drei aufeinanderfolgende Basen der Boten-RNA bilden ein kurzes genetisches Wort, das für eine bestimmte Aminosäure steht. Die Eiweißfabrik folgt den Anweisungen der Boten-RNA, bis sie irgendwann auf ein Stoppcodon wie UAA stößt. Die frisch erzeugte Eiweißkette löst sich vom Ribosom, knäuelt sich zusammen, bis alle Anziehungs- und Abstoßungskräfte der unterschiedlichen Aminosäuren im Gleichgewicht sind, und nimmt dann ihre Arbeit im Staat der Zelle auf. Sei es als kleines Wachstumshormon aus nur 191 Aminosäuren oder etwa als stabile Kollagenfaser, die viele Tausend Aminosäuren lang ist.

DNA macht RNA, RNA macht Protein, so lautet nach Francis Crick das zentrale Dogma der Molekularbiologie. Die Information fließt von der Königin DNA über den Boten RNA bis hin zur Arbeiterklasse der Proteine, aber nie in die andere Richtung. Inzwischen kennen die

Forscher viele Ausnahmen von dieser Regel. So sind Retroviren in der Lage, RNA zurück in DNA umzuschreiben. Überraschenderweise ist das Erbgut auch kein dicht gepackter Informationsspeicher. Zwischen endlos langen Abschnitten von Müll-DNA, Junk-DNA, findet sich nur hin und wieder ein Gen. Letztlich gleicht die Erbsubstanz weniger einer geordneten Bibliothek als einem Anzeigenblättchen. Die Artikel sind zwischen der Werbung kaum zu finden und können auch nie in einem Zug gelesen werden, weil es immer wieder heißt: »Weiter geht es auf Seite 3«. Deshalb ist die RNA kein genaues Abbild der DNA, sie muss überarbeitet werden, damit sich eine sinnvolle Bauanleitung für ein Protein ergibt. Die Zelle klebt die verschiedenen Abschnitte des genetischen Artikels hintereinander, sodass sich ein durchlaufender Text ergibt. Im Detail betrachtet ist die DNA also viel komplexer, als das schöne Modell von Watson und Crick vermuten lässt. Doch trotz all dieser neuen Entdeckungen, hat sich die überragende Bedeutung der Erbsubstanz im Staat der Zelle ein ums andere Mal bestätigt.

Allerdings ist die DNA keine absolutistische Herrscherin, sondern eher oberste Dienerin einer konstitutionellen Monarchie. Für sich genommen ist sie machtlos. In der Erbsubstanz ist zwar der komplette Bauplan des Lebens verschlüsselt, der Großteil der Gene ist aber die meiste Zeit über abgeschaltet. Das ist auch gut so, denn wenn eine Nervenzelle anfangen würde, beispielsweise Muskeleiweiß zu bilden und sich zusammenzuziehen, dann wäre Chaos im Gehirn die Folge. Entscheidend ist, dass das kostbare genetische Programm der DNA genau reguliert wird. Dafür sind die Transkriptionsfaktoren zuständig, die Aufseher im Staat der Zelle. Nur wenn mehrere dieser Aufseher kurz vor einem Gen an die DNA binden, wird dieses Gen in eine Boten-RNA umgeschrieben und damit aktiviert. Die Transkriptionsfaktoren selbst sind Eiweiße. Ihre Bauanleitung wird von Genen verschlüsselt, die ihrerseits unter der Kontrolle anderer Transkriptionsfaktoren stehen. Rund um die DNA entsteht so ein fein gesponnenes Netz der Regulation. Es stimmt die Aktivitäten im Zellreich aufeinander ab und passt sie an die Anforderungen der Umgebung an. Das ist ein ganz entscheidender Punkt. Die Gene eines Menschen lassen sich zwar nicht verändern. Aber sie sind dennoch kein unabänderlicher Spruch des Schicksals, sie können häufig von außen beeinflusst werden.

DNA, der Generalschlüssel zur Biologie

Ein Jahr nach der Rückkehr von seiner Weltumsegelung auf der Beagle kritzelte Charles Darwin einen sich immer weiter verzweigenden Baum in sein Notizbuch. »Ich denke«, schrieb er darüber. Diese Zeichnung ist die erste bildliche Darstellung seiner Theorie der Evolution und der daraus folgenden Einheit allen Lebendigens. Nach Darwin unterscheiden sich die Individuen einer Art in vielen Details und diese Unterschiede sind erblich. Heute wissen wir, dass sie durch zufällige Fehler beim Kopieren der DNA entstehen. Zudem produziert jede Art viel mehr Nachkommen als überleben können. Darwins zentrale Einsicht lautet, dass die an die jeweiligen Umstände zufällig am besten angepassten Individuen überleben und sich weiter vermehren. Seiner Überzeugung nach sind Pflanzen und Tiere sowie Pilze und Mikroben nicht durch einen Schöpfergott separat geschaffen worden, sondern haben sich über Jahrmillionen in einem Zusammenspiel von Zufall und Notwendigkeit, Mutation und Selektion, auseinander entwickelt und stammen letztlich von einem einzigen Vorfahren ab. Einer primitiven Zelle, die gleichwohl das Potenzial für die wunderbare Vielfältigkeit des Lebens in sich barg. Sie wird wohl einem Bakterium geglichen haben. Ein eigenständiges Lebewesen, außen eine fettige Membran, die den ersten Organismus von seiner Umgebung trennt, innen ein Stoffwechsel, der die Energie bereitstellt und ein Molekül Erbsubstanz, das die Bauleitung für diesen ersten Vertreter enthielt und das gleichzeitig der Evolution einen Ansatzpunkt bot, aus diesem Anfang alles andere zu entwickeln: Erst noch mehr bakterienartige, dann größere Zellen mit spezialisierten »Organen«, wie dem Zellkern oder kleinen biochemischen Kraftwerken. Dann Pilze und Pflanzen, dann Tiere und irgendwann, als einen unter sehr vielen den Homo sapiens, der den ganzen Prozess schließlich zurückverfolgen konnte.

Ein wichtiger Beleg für diese Einheit des Lebens ist die DNA. Pistazie und Puma, Alge und Affe, Fadenwurm und Fruchtfliege, Maus und Mensch vertrauen ihre Vererbung diesem Molekül an. Allein einige Viren gehen einen Sonderweg. Aber diese Parasiten auf der Ebene der Zellen sind auch nicht im eigentlichen Sinne des Wortes lebendig. Wie Vampire rauben sie fremde Lebenskraft, zwingen mit ihren wenigen Genen eine Wirtszelle dazu, Unmassen neuer Virenpartikel herzustellen. Solch »terroristische« Gene sind frei von den Zwängen einer komplexen Biologie, sie können deshalb vom Standard DNA ein wenig abweichen. Auch der molekulare Apparat rund um die DNA ist immer der gleiche. Hier liegt die Basis für den Erfolg der Gentechnik. Der genetische Code wird von Bison, Banane und Bakterium gleich interpretiert, nur deshalb lassen sich die Gene erfolgreich von Art zu Art übertragen. Ohne die Details des Experiments zu kennen, wird selbst ein erfahrener Forscher kaum sagen können, ob das Gen aus einem Tier oder einer Pflanze stammt, ob es etwas mit dem Immunsystem zu tun hat oder für die Spannkraft der Haut verantwortlich ist. Die Sprache der Gene ist außerordentlich abstrakt, aber dafür auch übersichtlich. Das macht sie für die Forscher so wertvoll. Natürlich schlägt sich jeder Wissenschaftler auch mit den Besonderheiten seines Studienobjektes herum. Er muss Bakterienkulturen steril vermehren, Versuchspflanzen unter genau kontrollierten Bedingungen wachsen lassen oder das Verhalten von Mäusen in komplizierten Labyrinthen testen. Aber sobald die DNA isoliert ist, verschwindet die Vielfalt der Kreaturen hinter der einheitlichen, molekularen Sprache der Gene. Hier können die Forscher auf einen großen Fundus an bewährten Methoden zurückgreifen, der sie mit großer Sicherheit ans Ziel bringen wird. Am Ende muss dann allerdings die Antwort von der allgemeinen Ebene der Gen-Sequenzen wieder zurückübersetzt werden in die konkrete Lebenswirklichkeit des Versuchsobjektes, eine nicht immer ganz einfache Aufgabe.

Der Werkzeugkasten der Gentechnologen

Es ist eine Sache, zu erkennen, dass die DNA der Generalschlüssel zur Biologie ist, eine andere, diesen Schlüssel auch tatsächlich umzudrehen und die Tür zu einer ganz neuen Sicht des Lebens aufzustoßen. Dazu benötigten die Forscher vor allem eines: die passenden Werkzeuge. Keine von Menschen gemachte Zange kann einen DNA-Strang an einer vorgegebenen Stelle anfassen, keine Schere ihn zerschneiden. Glücklicherweise stellt die Natur selbst Gerätschaften für die Forscher bereit.

Es handelt sich um die Eiweiße, die auch in der Zelle an der Vermehrung, der Reparatur oder dem Abbau der DNA beteiligt sind.

Scheren Um Gene neu zu kombinieren, muss man sie zunächst aus ihrer natürlichen Umgebung auf der DNA herauslösen. Dazu dienen die Restriktionsendonukleasen. Diese molekularen Scheren packen nicht willkürlich zu, sie erkennen ganz bestimmte Sequenzen auf der DNA. Die bekannteste Restriktionsendonuklease nennt sich EcoR1 und schneidet überall, wo sie die Basenfolge GAATTC findet. Diese Basenfolge ist ein Palindrom, sie ist auf den beiden Strängen der DNA spiegelgleich, ähnlich wie die Sätze:»Tunk nie ein Knie ein, Knut!« oder »Ein Eheleben stets, Nebelehe nie!«

```
·····EIN EHELEBEN STETS NEBELEHE NIE······>
<······ƎIN ƎHƎLƎBƎN SƚƎƚS NƎBƎLƎHƎ NIƎ·····

     ·····GAATTC······>
          ||||||
     <······CTTAAG·····
```

Diese Sequenz wird aber nicht einfach in der Mitte durchtrennt, EcoR1 schneidet jeden Strang etwas versetzt. So entstehen lose DNA-Enden, bei denen jeweils ein paar Basen überhängen.

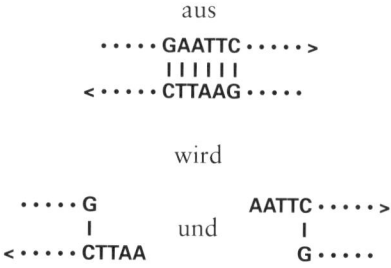

Die überhängenden genetischen Buchstaben können sich gemäß den Regeln der Basenpaarung wieder neue Partner suchen. Deshalb nennt man sie auch klebrige Enden. Schneiden die Forscher zwei verschiedene

DNA-Moleküle, nennen wir sie Gänseblümchen und Warzenschwein, mit EcoR1, stehen jeweils die Basen »AATT« bzw. »TTAA« über. Im Beispiel wären das: GänseAATT und TTAABlümchen sowie WarzenAATT und TTAASchwein. Werden die Schnipsel gemischt, bleiben die EcoR1-Enden zufällig aneinander kleben. Neben den Ausgangsmolekülen Gänseblümchen und Warzenschwein finden sich im Reagenzglas auch die bis dahin völlig unbekannten Erbinformationen Gänseschwein und Warzenblümchen.

Klebstoff Die neue Verbindung ist in diesem Stadium allerdings noch unbeständig. Die EcoR1-Enden sind kurz, die Anziehungskräfte zwischen den Basen gering. Erst wenn die beiden DNA-Moleküle nicht nur über den Mechanismus der Basenpaarung, sondern über eine stabile chemische Bindung verknüpft sind, haben die Forscher wirklich ein neues DNA-Molekül geschaffen. Auch für diesen Arbeitsschritt bietet die Natur das richtige Werkzeug. Es handelt sich um eine DNA-Ligase, ein Enzym, das Schadstellen im Rückgrat der Erbsubstanz flickt. Im Reagenzglas besiegelt der Einsatz der Ligase den Bund vom Gänseschwein oder Warzenblümchen.

Gentaxis Ein DNA-Molekül zu schaffen, ist nur das Vorspiel eines gentechnischen Experiments. Die Forscher haben damit ein neues genetisches Königshaus gegründet, aber ohne den dazugehörigen Staat kann es wenig ausrichten. Also ist wieder die Hilfe der Biologie nötig, diesmal nicht die eines isolierten Enzyms, sondern gleich die der kompletten Maschinerie des Lebens, die einer ganzen Zelle. Nun wehren sich Zellen gegen fremde DNA, schließlich gehört die normalerweise Krankheitserregern. Deshalb müssen die Gentechniker ihre Produkte in die Zellen schmuggeln und zwar mithilfe der Vektoren. Diese Gentaxis in geheimer Mission können die Verteidigung der Zellen umgehen. Entweder, weil sie selbst aus der Zelle stammen oder weil die Evolution ihnen die entsprechenden Tricks beigebracht hat. In die erste Kategorie gehören die Plasmide, in die zweite bestimmte Viren.

Plasmide sind kleine ringförmige DNA-Stücke, die in Bakterien zu finden sind. Diese Mikroorganismen tragen alle Erbinformationen, die sie fürs tägliche Leben benötigen, auf einem großen Chromosom, dem

Hauptchromosom. Die Plasmide sind eine Art genetischer Mehrwert, sie enthalten meist zwei oder drei zusätzliche Gene für besondere Gelegenheiten. Diese Gene helfen den Bakterien, mit Antibiotika fertig zu werden, Konkurrenten auszuschalten oder besondere Nahrungsquellen zu nutzen. Neben den dafür nötigen Funktionsgenen enthalten Plasmide immer auch Sequenzen, die dafür sorgen, dass die Zelle viele Kopien der kleinen DNA-Ringe herstellt. Die Plasmide können, anders als das Hauptchromosom, auch zwischen Bakterien ausgetauscht werden. Das ist ein Grund für die schnelle Ausbreitung von Antibiotikaresistenzen.

Viren gibt es in vielen Varianten, mit unterschiedlichen Eigenschaften, die sich die Gentechnologen zunutze machen können.

Jedes Gentaxi, ganz gleich, ob Plasmid oder Virus, enthält eine Erkennungssequenz für ein Schereneiweiß. Hier kann die Passagier-DNA eingebaut werden.

Markergene erlauben es den Forschern, schnell festzustellen, in welcher der Zielzellen auch wirklich ein Taxi angekommen ist. Sowohl Plasmide als auch Viren bringen die Zellen dazu, die künstliche DNA in großer Menge herzustellen, sodass die Forscher sie nur noch ernten müssen. Es gibt auch Vektoren, die Aktivierungssequenzen für Gene enthalten. Sie sorgen dafür, dass die Zelle die fremden Gene wie eigene Erbinformationen behandelt und in Eiweiße übersetzt. So wird aus einer Zelle eine biologische Fabrik.

Wettlauf für Gene Ein gentechnisches Experiment liefert eine Mischung aus vielen Tausend unterschiedlichen DNA-Molekülen. Erst wenn sie voneinander getrennt sind, lässt sich das Ergebnis analysieren. Dazu veranstalten die Wissenschaftler eine Art Wettlauf, die Elektrophorese. Dabei werden die negativ geladenen DNA-Stücke von einer elektrischen Spannung durch ein Gel gezogen. Das Gel fühlt sich an wie Wackelpudding und wirkt als molekulares Sieb: Je länger die DNA-Stücke sind, desto stärker werden sie abgebremst. Nach einer Weile trennt sich deshalb eine DNA-Mischung in einzelne Streifen auf, die jeweils Moleküle einer Länge enthalten. Das kürzeste DNA-Stück wandert dabei am schnellsten, das längste bleibt in der Nähe des Startpunktes liegen. Bei einer Elektrophorese werden meist mehrere DNA-Mischungen nebeneinander aufgetrennt. In eine der Spuren kommt ein Marker, eine

Mischung von Stücken bekannter Länge. Am Ende des Experiments machen die Wissenschaftler das Streifenmuster mit speziellen Farbstoffen sichtbar und schießen ein Zielfoto. Indem sie die Lage der Streifen mit den Markerbanden vergleichen, können sie die Länge der DNA-Fragmente bestimmen.

Genetisches Angelspiel Die Länge einer DNA-Sequenz verrät noch nicht allzu viel über ein Gen. Um mehr Informationen zu erhalten, werfen die Wissenschaftler einen Köder aus und fischen damit nach bestimmten Genen. Dieses Angelspiel nennt sich Hybridisierung. Als Hybrid bezeichnet man in der Pflanzenzüchtung einen Mischling aus zwei Sorten. Solche Mischlinge gibt es auch auf der Ebene der DNA. Wird die Erbsubstanz erhitzt, reichen die Kräfte zwischen den Basen nicht mehr aus, um die Doppelhelix zusammenzuhalten, es bilden sich Einzelstränge. Sobald die Temperatur dann sinkt, beginnen die Basen erneut, passende Partner zu suchen, es entsteht wieder eine Doppelhelix. Allerdings wissen die Einzelstränge nicht, welches ihr ursprüngliches Gegenstück war. Sie binden sich zufällig an jede Sequenz, die einen kurzen Abschnitt mit einer passenden Basenfolge enthält. Und das kann eben auch ein genetischer Köder sein. Solch ein Köder enthält die gesuchte Sequenz, das ist der Wurm, an den das Gen anbeißen soll. Als Angelschnur, mit der sich der Fang an Land ziehen lässt, dient eine Markierung, entweder mit Radioaktivität oder mit einem Farbstoff. So wird festgestellt, ob ein bestimmtes Gen in einer Zelle aktiv ist, ob man die richtige DNA gereinigt hat, oder welche Bakterienkolonie ein Gentaxi aufgenommen hat.

Biotechnologie ohne Genmanipulation

Alter Hut oder Grenzüberschreitung?

Die Gentechnik ist eine Revolution. Oder sie ist die Fortsetzung einer uralten menschlichen Tradition. Je nach Interessenlage werden die geschichtlichen Wurzeln der Gentechnik anders dargestellt. Die Kritiker betonen das radikal Neue, das sich dann eben auch neu rechtfertigen muss. Die Gentechniker selbst verweisen auf die traditionelle Nutzung von Mikroorganismen und die lange Erfahrung mit der Züchtung von Pflanzen und Tieren.

Die Biotechnologie, verstanden als die gezielte Verwendung der belebten Natur, gibt es schon so lange wie die Menschheit. Schon die Menschen der Jungsteinzeit haben neue Pflanzen und Tiere gezüchtet und damit deren Erbgut langsam verändert. Mit den Methoden der Gentechnik lassen sich einige dieser Züchtungsschritte heute nachvollziehen. Der moderne Mais entstand aus einem Gras namens Teosinte. Es wächst noch heute in vielen Variationen in Mexiko. Äußerlich ähneln sich Teosinte und Mais nur geringfügig. Die natürliche Form wächst eher buschartig, sie ist für ein Gras relativ groß, kann aber mit dem mannshohen Mais nicht konkurrieren. Jede Ähre trägt nur einige wenige Körner, die noch dazu von einer harten Schale umgeben sind und schnell vom Halm fallen. Vor 9000 Jahren begannen jungsteinzeitliche Bauern, diese Teosintesamen nicht nur zu sammeln, sondern die besonders großen Körner auch wieder auszusäen. Der Vergleich von Maiskolben aus archäologischen Fundstätten mit heutigen Mais- und Teosintepflanzen zeigt, dass diese ersten Züchtungen fünf Genregionen verändert haben. Inzwischen sind drei der beteiligten Gene bekannt. Eine Mutation führt zu einem weniger verzweigten Wuchs der Pflanze, eine zweite beeinflusst die Nährstoffzusammensetzung, während die dritte Variante die Stärkezusammensetzung der Körner bestimmt. Unbewusst haben die ersten Bauern in Mexiko also das Erbgut der Teosinte deutlich verändert, indem sie aus der großen natürlichen Vielfalt der Pflanze gezielt nur die nützlichsten Varianten vermehrten.

So wie die Teosinte in Mexiko wurden die Wildformen der anderen Nutzpflanzen und -tiere durch anfangs eher zufällige und später wahrscheinlich bewusste Züchtung genetisch umgewandelt. Dieser Prozess der Domestizierung verlief aber langsam über viele Jahrhunderte. Zeit genug, um sich an die neuen Nahrungsquellen anzupassen.

Haustier von Anfang an: Hilfe von Hefen

Nicht nur Pflanzen und Tiere, sondern auch Mikroorganismen wurden schon früh in der Geschichte der Menschheit genutzt. Praktisch alle Kulturen kennen alkoholische Getränke, die bei der Vergärung von Pflanzenmaterial durch Hefepilze entstehen. Das erste Bier wurde wohl vor 6000 Jahren in Ägypten gebraut. Welche Bedeutung das Bier bei den Pharaonen hatte, zeigt, dass sich ihr Schriftzeichen für »Mahlzeit« aus den Hieroglyphen für »Brot« und »Bier« zusammensetzt. Brot war damals noch ein flacher Getreidefladen. Erst die Entdeckung des Sauerteigs, ebenfalls durch die Ägypter, ermöglichte es, weiches Brot zu backen. Auch der Sauerteig verdankt seine Treibkraft Hefepilzen. Neben den Pilzen wurden auch schon früh Bakterien in der Lebensmittelverarbeitung eingesetzt. Sauerkraut und Essig, Joghurt und Käse entstehen durch die Arbeit dieser Einzeller. In den Kulturen Asiens spielte die Fermentation von Soja, Tofu und Sake durch den Koji-Pilz eine wichtige Rolle.

Die Menschen wussten damals noch nicht, dass sie sich die Arbeit von Mikroorganismen zunutze machten. Erst Antony van Leeuwenhoek entdeckte die Welt dieser Kleinstlebewesen mit dem von ihm erfundenen Mikroskop. 1676 beobachtete der niederländische Wissenschaftler die ersten Hefezellen in abgestandenem Bier und vermutete, dass sie an der Gärung beteiligt sind. Diese These war aber umstritten, die Gärung galt den meisten Forschern als rein chemischer Prozess. Erst Louis Pasteur entdeckte 1854, dass Bakterien für die Milchsäuregärung verantwortlich sind. Diese Erkenntnis war der Ausgangspunkt für einen regelrechten Forschungsboom. Gerade in Deutschland wurde mit Hochdruck an innovativen Anwendungen für die Biotechnologie geforscht. Produkte, die die Chemie bei hohen Temperaturen und hohen Drücken erzeugte, sollten Mikroorganismen umweltfreundlich und sauber herstellen, so lautete die Vision der Wissenschaftler. Um die

Jahrhundertwende wurden wichtige Chemikalien wie Glycerin, Aceton und Butanol im Bioreaktor hergestellt. Auch die Kläranlagen in den Großstädten verwendeten Mikroorganismen zur Reinigung der Abwässer. Das erste Biotechnologieprodukt für jedermann kam 1914 auf den deutschen Markt. Sein Erfinder, der Chemiker Otto Röhm, beschäftigte sich eigentlich mit der Gerberei. Aus Rindermägen hatte er Enzyme isoliert, die das Fett auf Tierhäuten abbauen konnten. Seine Frau brachte ihn dann auf die Idee, das Prinzip auch auf die Reinigung von Kleidungsstücken anzuwenden. Otto Röhm meldete seine weißen Enzymtabletten zum Patent an. Die Firma Burnus existiert bis heute und verkauft noch immer Waschmittel.

Der Durchbruch der Biotechnologie auf dem Feld der Medizin bereitete sich Ende der Dreißigerjahre des 20. Jahrhunderts vor. Die Geschichte begann mit einem Missgeschick. Der Londoner Arzt Alexander Fleming arbeitete 1928 mit Bakterien. In einer seiner Kulturen bemerkte er ein unerklärliches Loch im ansonsten dichten Bakterienrasen auf dem Nährboden. Die meisten Forscher hätten die Kultur in den Abfall geworfen, doch Fleming wurde neugierig. Er hatte vor kurzem aus der Tränenflüssigkeit ein Enzym isoliert, das Bakterien abtötete. Das seltsame Loch erinnerte ihn an diese Experimente. Er sah sich die Kulturschale genau an und entdeckte einen Schimmelpilz, der offenbar alle Bakterien in seiner Umgebung am Wachstum hinderte. Alexander Fleming gelang es, den Pilz zu isolieren. Das neu entdeckte Bakteriengift nannte er Penicillin.

Zunächst blieb das Penicillin eine wissenschaftliche Kuriosität. Eine biologische Entdeckung allein reicht für den wirtschaftlichen oder medizinischen Erfolg nicht aus. Entscheidend ist die technologische Umsetzung. Und die erwies sich beim Penicillin als ausgesprochen schwierig. Erst in den späten Dreißigerjahren gelang es einer Oxforder Forschergruppe um den Biologen Howard Florey und den Chemiker Ernst Boris Chain, eine geringe Menge reines Penicillin zu gewinnen. Sie reichte aus, um zu zeigen, dass die neuartige Substanz Ratten vor einer ansonsten tödlichen Bakterieninfektion schützt. 1941 wagten sich die Forscher dann an die erste Behandlung eines Menschen. Ein Polizist aus London hatte sich beim Rasieren geschnitten, sich infiziert und drohte an einer Blutvergiftung zu sterben. Das Penicillin drängte das

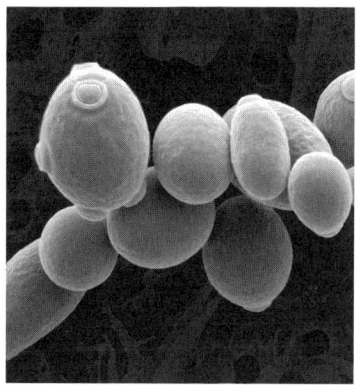

Hefepilze unter dem Rasterelektronenmikroskop

Penicillinpilz aus dem das Penicillin gewonnen wird

hohe Fieber zunächst zurück. Als die knappen Vorräte aufgebraucht waren, kehrte die Infektion aber zurück und endete letztlich tödlich. Der kurzfristige Erfolg vor dem tragischen Ausgang weckte das Interesse der amerikanischen Armee. Sie finanzierte Howard Floreys Forschung. Im Jahre 1944 gelang ihm endlich die großtechnische Produktion von Penicillin. Entscheidend war die Entdeckung einer verschimmelten Melone im Laborkühlschrank, denn der dort wuchernde Pilz bildete viel mehr Antibiotikum, als der aus Flemings Kulturschale. Dank des Penicillins und der anderen Antibiotika sank die Sterblichkeit an Infektionskrankheiten im Verlauf des 20. Jahrhunderts von anfangs 35 Prozent auf heute unter fünf Prozent. Alexander Fleming, Howard Florey und Ernst Boris Chain wurden 1945 mit dem Nobelpreis für Medizin geehrt.

In der Nachkriegszeit gab es immer mehr Medikamente und Nährstoffe aus dem Bioreaktor: eine Vielzahl von Antibiotika, Vitamine und Aminosäuren. Auch das als Wundermittel gefeierte Cortison konnte nur mithilfe von Bakterien hergestellt werden. Trotz dieser Erfolge blieb die oft angekündigte biotechnologische Revolution aus. Mikroben waren zwar nützlich, aber sie konnten nur eine begrenzte Produktpalette liefern. Versuche, etwa das Ernährungsproblem mithilfe von Bakterieneiweiß zu lösen, beflügelten zwar die Fantasie der Forscher, konnten den Geschmack der Verbraucher aber nicht überzeugen.

Der Griff ins Erbgut

Startschuss für die Gentechnik

Ein Experiment im Jahr 1973 rückte die Biotechnologie wieder in den Mittelpunkt des Interesses. Unter dem neuen Banner der Gentechnologie sollte die fast schon abgesagte Biorevolution jetzt endlich doch zum Sieg geführt werden. An der Universität von San Francisco arbeiteten zwei Wissenschaftler unabhängig voneinander auf ihren jeweiligen Spezialgebieten. Stanley Cohen beschäftigte sich mit Plasmiden. Einen solchen DNA-Ring hatte er aus Kulturen von Escherichia coli isoliert und R 6-5 getauft. E. coli ist ein Bakterium, das normalerweise friedlich den menschlichen Darm bewohnt. Inzwischen hat es aber auch einen zweiten Lebensraum erobert: das Labor. Der Plasmid R 6-5 enthält Resistenzgene, die mehrere Antibiotika unschädlich machen. Cohen übertrug den Plasmid auf andere Bakterien. Um zu prüfen, ob sie ihn aufgenommen hatten, behandelte der Mikrobiologe die Kulturen mit einem Antibiotikum. Die meisten Bakterien starben ab, aber einzelne Kulturen vermehrten sich weiter. Sie hatten den schützenden Plasmid aufgenommen. Stanley Cohen war damit die Übertragung einer natürlichen genetischen Eigenschaft zwischen Bakterien gelungen

Auch Herbert Boyer arbeitete mit E. coli, aber ihn interessierte das primitive Abwehrsystem des Bakteriums. Nicht nur Menschen, auch Mikroorganismen werden von Viren angegriffen. E. coli wehrt sich gegen diese Erreger, so stellte Boyer fest, indem es die Viren-DNA an bestimmten Stellen zerschneidet und zwar mit dem Enzym EcoR1. Die Erbsubstanz des Bakteriums selbst ist an den Zielsequenzen von EcoR1 mit einer Art molekularem Stoppschild versehen. So kann E. coli eindringende Viren abwehren, ohne die eigenen Gene zu gefährden.

Bakterienimmunsystem und Verbreitung von Antibiotikaresistenzen, diese Forschungsfelder haben eigentlich nicht viel miteinander zu tun. Herbert Boyer und Stanley Cohen kamen aber auf die Idee, ihre beiden Ansätze zu kombinieren. Es lohnt sich, dieses Experiment etwas genauer zu beschreiben. Schließlich handelt es sich nicht nur um die Geburtsstunde der Gentechnik, die Strategien von damals werden bis heute verwendet.

Die Forscher mischten zwei Plasmide mit Resistenzen gegen unterschiedliche Antibiotika. Die Erbgutringe wurden mithilfe von EcoR1 aufgeschnitten. Es entstand eine Mischung aus DNA-Bruchstücken, die jeweils die gleichen klebrigen Enden besaßen. Als sich nach einer Weile diese Enden zufällig wieder zusammengefunden hatten, wurde der molekulare Schnitt mit einer DNA-Ligase repariert. Das Ergebnis war ein Cocktail aus Einzelplasmiden und Kombinationen aus mehreren DNA-Molekülen, aus Ringen und langen Strängen mit losen Enden. Diese DNA-Mixtur übertrugen Herbert Boyer und Stanley Cohen dann in E.-coli-Zellen. Am Ende des Experiments hatten sie als erste Forscher nicht nur Gene neu kombiniert, das war ein Jahr zuvor schon Paul Berg gelungen. Sie hatten mit der DNA aus dem Reagenzglas auch das genetische Programm von Bakterien erweitert. Die Keime waren nicht nur gegen ein Antibiotikum resistent, sondern sogar gegen eine Kombination aus zwei Bakteriengiften.

Der Clou des Experiments war der Einsatz der Antibiotika. Gentechnologische Experimente sehen auf dem Papier gradlinig aus, ein Enzym schneidet, die klebrigen Enden kombinieren sich neu, alles wird wieder repariert und schon ist ein neues Gen fertig. In Wirklichkeit aber müssen sich die Forscher auf die Wirkung der Enzyme verlassen, die unsichtbar in einer Lösung häufig Millionen von DNA-Stücken gleichzeitig verändern. Dabei entstehen die gewünschten Produkte, gleichzeitig bildet sich aber ungleich viel mehr DNA-Schrott. Entscheidend ist es, die gewünschten Gene wiederzufinden. Das gleicht der Suche nach einer Nadel im Heuhaufen. Herbert Boyer und Stanley Cohen lösten das Problem kurzerhand durch die Beseitigung des Heuhaufens: Mithilfe der Antibiotika töteten sie am Endes des Versuchs einfach alle Bakterien ab, die entweder keine DNA oder aber Müll-DNA aufgenommen hatten. Deshalb konnten sie sicher sein: Die weißen Flecken entsprachen tatsächlich den ersten künstlich erzeugten E.-coli-Bakterien. Herbert Boyer und Stanley Cohen veröffentlichten ihr Experiment 1973 in einer Fachzeitschrift unter dem Titel: »Konstruktion biologisch aktiver Plasmide im Reagenzglas« (Proceedings of the National Academy of Sciences, 1973, 70[11]: S. 3240–4).

Letztlich benötigt niemand Bakterien mit noch mehr Resistenzen. Gleichwohl war das Experiment ein Durchbruch, weil es erstmals einen

Weg aufzeigte, Lebewesen nicht nur zu beschreiben oder in Versuchen zu beeinflussen, sondern sie neu zu gestalten. Schon ein Jahr später übertrugen die beiden Forscher Gene des Krallenfroschs auf E. coli und regten sie in der ungewohnten Umgebung auch zur Arbeit an. Damit war klar: Die neuen Methoden sind nicht auf Bakteriengene beschränkt, sie erlauben es den Forschern, die gesamte in der Evolution erstandene genetische Information für ihre Zwecke zu nutzen. Herbert Boyer und Stanley Cohen hatten die Biologie grundlegend verändert, aus einer analytischen zumindest eine teilweise auch synthetische Wissenschaft gemacht. Schon kurze Zeit nach den Experimenten sagte der Physiker und Biologe Joshua Lederberg: »This is going to be the greatest thing since sliced bread.« – »Das ist das Größte seit der Erfindung vorgeschnittener Brotscheiben.« (The uses of life von Robert Bud, 1993, S. 174)

Lesen lernen im Genom

Schon 1975, nur zwei Jahre nach den Erfolgen in San Francisco, machte ein Forscher aus dem englischen Cambridge Schlagzeilen in der Wissenschaft. Frederick Sanger hatte schon einen Nobelpreis erhalten. Ihm war es als Erstem gelungen, die Aminosäurenfolge eines Eiweißes, des Insulins, zu entschlüsseln. In den Sechzigerjahren wandte er sich der DNA zu und wieder entwickelte er eine Methode, die Reihenfolge der Bausteine abzulesen. Sein Verfahren nutzt geschickt den natürlichen Mechanismus der DNA-Verdopplung. Im Reagenzglas kann man diesen Prozess mithilfe der DNA-Polymerase nachstellen. Das ist ein Enzym, das in der Zelle das passende Gegenstück zu einem DNA-Einzelstrang synthetisiert. Dazu braucht es nicht mehr als ausreichend Nachschub an den vier Basen, etwas chemische Energie und einen Ansatzpunkt, einen sogenannten Primer. Das ist ein kurzes Stück DNA, das zu dem Einzelstrang passt und an ihn bindet. Frederick Sangers Einfall bestand darin, der DNA-Polymerase nicht nur die normalen vier Basen zur Verfügung zu stellen, sondern zusätzlich auch geringe Mengen eines genetischen Buchstabens mit einem Defekt am chemischen Rückgrat.

Frederick Sanger startete vier parallele Reaktionen, in denen jeweils ein anderer Buchstabe der DNA schadhaft war. Wann immer die DNA-Polymerase zufällig eine solche defekte Base in den neuen DNA-Strang einbaute, brach die Synthese ab, zurück blieb ein verkürztes DNA-Molekül. Entscheidend war, dass diese verkürzten Moleküle in einer Reaktion zwar unterschiedlich lang waren, aber immer mit dem gleichen Buchstaben der DNA endeten. Nach der absichtlich fehlerhaften DNA-Verlängerung trennte Frederick Sanger die vier Reaktionsgemische nebeneinander in einer Elektrophorese auf. Das kürzeste DNA-Stück wanderte am weitesten. Es bestand nur aus dem Primer und einer einzigen fehlerhaften Base. Dann folgte eines mit dem Primer und zwei Basen und immer so weiter. Auf dem Elektrophorese-Gel entstand eine Art Leiter, mit Sprossen in regelmäßigen Abständen. Jetzt konnte Frederick Sanger die Sequenz der DNA einfach ablesen. Zuerst suchte er nach dem kürzesten DNA-Stück. Fand sich das beispielsweise in der Spur, in der das Reaktionsgemisch mit dem defekten »A« aufgetrennt worden war, dann lautete der erste Buchstabe der Sequenz »A«. War die nächste Sprosse in der »G«-Spur, folgte auf das »A« ein »G«. Auf diese Weise gelang es Sanger als Erstem, eine komplette DNA-Sequenz

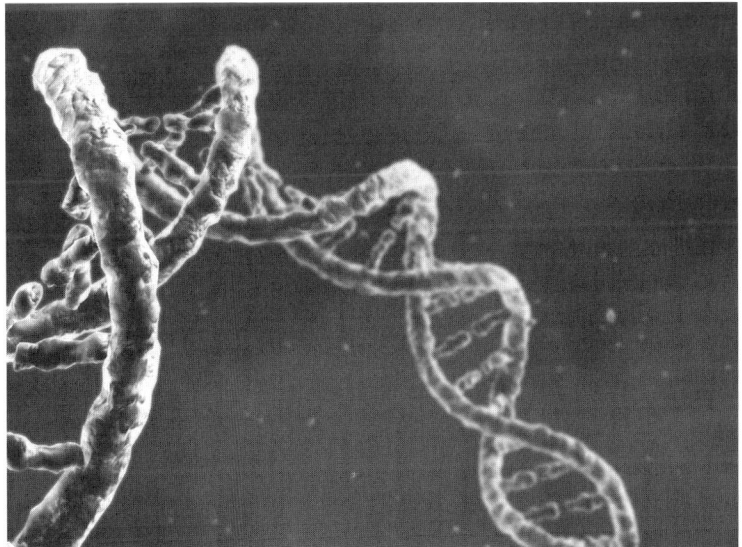

Computersimulation eines DNA-Stranges

zu entschlüsseln. Er sequenzierte die 5 375 Buchstaben eines Bakterienvirus namens phi-X174. Schnell folgten die Sequenz der Erbsubstanz der Kraftwerke der Zellen, der Mitochondrien, mit 16 338 Basen, und das Genom des Lambda-Bakterienvirus mit immerhin schon 48 500 Basen. Ein Erfolg, für den er 1980 zum zweiten Mal mit einem Nobelpreis geehrt wurde. Seitdem füllt eine Flut von Sequenzen die Datenspeicher. Einen guten Überblick gibt es bei der Genbank der Nationalen Gesundheitsinstitute der USA, NIH (http://ncbi.nih.gov/Genbank/). Im Februar 2006 konnte dort jedermann kostenfrei 54 584 635 Sequenzen mit insgesamt 59 750 386 305 Basenpaaren abrufen.

Ein Schnellkopierer für die Gene

1983, auf der Fahrt zu seinem Blockhaus in Kalifornien hatte der Molekularbiologe Kary Mullis einen Geistesblitz. Das Ergebnis war das Konzept der Polymerase-Ketten-Reaktion (PCR). Mit der PCR lassen sich winzige DNA-Spuren praktisch beliebig vermehren und damit analysieren. Ob die Geschichte von der plötzlichen Eingebung im Auto stimmt, sei dahingestellt. Schon früher hatten andere Forscher ähnliche Ideen entwickelt, aber es waren Mullis und sein Arbeitgeber, die Biotechnologiefirma Cetus, die aus einer guten Idee eine verlässliche Methode entwickelten.

Kary Mullis wollte Mutationen in Genen entdecken, doch solch eine genetische Veränderung besteht aus dem Austausch nur einer Base unter den drei Milliarden Buchstaben der menschlichen DNA. Die Veränderung zwischen all dem uninteressanten DNA-Material zu finden, ist außerordentlich schwierig. Mullis' Idee bestand darin, die gesuchte Gen-Sequenz gezielt zu vermehren, um so genug Ausgangsmaterial für die Analyse zu bekommen. Dazu wollte er die bewährte DNA-Polymerase verwenden. Allerdings erzeugt das Enzym von einem DNA-Vorbild nur eine DNA-Kopie. Ein langsamer Prozess, den die Natur sehr viel effektiver als die Forscher einsetzt. So kopieren Bakterien erst ihre DNA und teilen sich dann. 20 Minuten später haben beide Tochterzellen ihr Erbgut verdoppelt und teilen sich erneut. Weitere 20 Minuten später schwimmen acht Bakterien im Reagenzglas. Sieben Stunden nach der ersten Teilung hat die Kolonie die Millionengrenze passiert, nach einem halben Tag sind es schon 68 Milliarden Zellen und am Ende des ersten Tages bevölkern 10^{22} Bakterien die Nährlösung, wenn die dann nicht schon längst aufgebraucht ist. Wie sich dieses exponentielle Wachstum im Reagenzglas nachstellen lässt, erkannte Kary Mullis auf der berühmten Autofahrt. In einem ersten Schritt ließ er die DNA-Polymerase ausgehend von einem passenden Primer sein Ziel-Gen kopieren. So weit war alles wie gehabt. Doch dann erhitzte er die Lösung fast bis zum Siedepunkt, sodass sich die DNA-Stränge voneinander trennten. Anschließend wurde die Reaktion wieder auf Körpertemperatur abgekühlt. Ein zusätzlicher Primer, der ans andere Ende des gesuchten Gens passte, gab der DNA-Polymerase einen zweiten Ansatzpunkt. Entsprechend entstanden in der nächsten Vermehrungsrunde vier DNA-Stränge, alles Kopien des gesuchten Gens. In der nächsten Runde wurden daraus acht Kopien und von da an in einer explosionsartigen biologischen Kettenreaktion immer mehr. 1985 gelang es Kary Mullis, aus der DNA eines Patienten mit der Erbkrankheit Sichelzellenanämie, das defekte Gen für den roten Blutfarbstoff zu vervielfältigen. So konnte er mithilfe seiner PCR endlich die entscheidende Mutation nachweisen.

Kary Mullis erhielt eine Prämie von 10 000 Dollar und im Jahre 1993 den Nobelpreis für Chemie. Heute ist die PCR aus modernen Laboratorien nicht mehr wegzudenken. Die Polizei gewinnt mit ihrer Hilfe aus winzigen Spermaspuren von einem Tatort genug Material für einen genetischen Fingerabdruck. In einigen Ländern hilft sie im Rahmen der künstlichen Befruchtung, Erbkrankheiten an einer einzigen Zelle eines Embryos zu bestimmen. Sie hat sogar schon DNA aus Knochen der Neandertaler analysierbar gemacht und findet Spuren des AIDS-Erregers schon kurz nach einer Infektion.

Vom Gen zum Genom und darüber hinaus

Die PCR stand noch ganz in der Tradition der Analyse einzelner Gene. Doch während Kary Mullis noch an der Verfeinerung seiner Technik arbeitete, bereitete sich eine weitere Revolution in der Biologie vor. 1990 fiel der Startschuss für das Human Genome Project, den Versuch, alle drei Milliarden Basen des menschlichen Erbguts durchzubuchstabieren. Das war ein unerhörtes Vorhaben in den Lebenswissenschaften. Anders als etwa die an Großprojekte gewöhnten Physiker, arbeiteten die Biologen bis dahin allein oder in kleinen Gruppen. Das Human Genome Project erforderte eine andere Art der Forschung, eine industrialisierte Wissenschaft. Innerhalb von 15 Jahren sollten drei Milliarden Dollar ausgegeben werden. Kritiker fürchteten, dass hier für eine sinnlose Fleißarbeit Gelder verschleudert würden, die der Biologie für andere Forschungsrichtungen fehlen würden. Doch viele Wissenschaftler und Laien faszinierte die Vorstellung, das Buch des Lebens zu lesen. Die beteiligten Forscher wurden auch nicht müde, die zu erwartenden Vorteile auszumalen. Ein Projektbericht aus der Planungsphase formulierte das 1987 so: »Das Wissen um das menschliche Genom ist für den andauernden Fortschritt der Medizin ebenso notwendig, wie es das Wissen um die menschliche Anatomie für den heutigen Stand der Medizin war.« (http://www.ornl.gov/sci/techresources/Human_Genome/project/herac2.shtml) Als dann James Watson, der Mitentdecker der Doppelhelix, als Leiter der Human Genome Organisation (HUGO) gewonnen werden konnte, war das Projekt nicht mehr aufzuhalten.

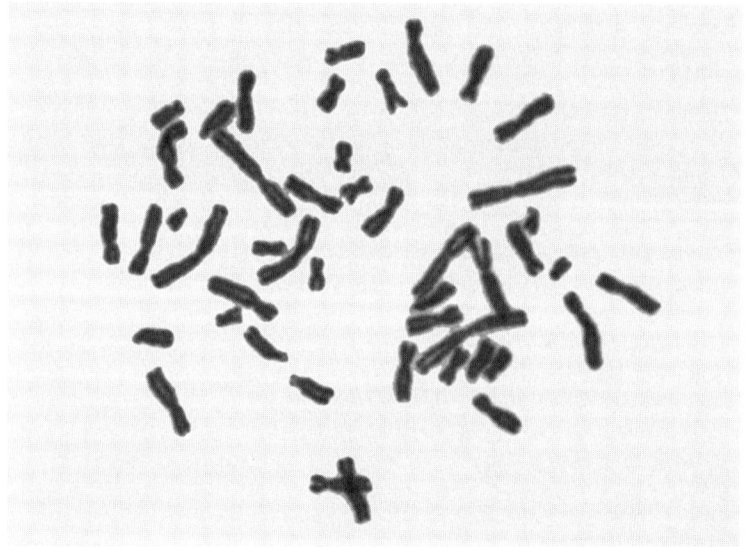

Chromosomen unter dem Rasterelektronenmikroskop

Forscher aus den USA, Großbritannien, Frankreich, China, Japan und auch aus Deutschland beteiligten sich an dem Gipfelsturm aufs Genom. Anfangs ging es schleppend voran. Mitte der Neunziger waren nur einige Virengenome komplett bekannt. Ein mageres Ergebnis für die Millionenbeträge, die die Genomlabore erhalten hatten.

Craig Venter, ein innovativer Forscher von den National Institutes of Health war unzufrieden mit den langsamen Fortschritten der »offiziellen« Genomprojekte und gründete kurzerhand ein privates Sequenzierunternehmen. TIGR, The Institute for Genome Research, gelang es 1995, die erste Sequenz für ein Bakterium vorzulegen, die 1,8 Millionen Basenpaare von Haemophilus influenzae, einem Erreger von Infekten der Luftwege. Diesen Erfolg erzielten die Forscher um Craig Venter, indem sie die etablierte Strategie quasi auf den Kopf stellten. HUGO ging die Genomforschung von oben nach unten an, erstellte erst genetische Karten, verfeinerte diese dann immer weiter, bis am Ende die Ebene der Sequenz selbst erreicht war. Craig Venter dagegen begann damit, zufällig Schnipsel der DNA zu sequenzieren und die so erhaltenen Basenfolgen wie ein Puzzle im Computer zusammenzufügen. Schrotschuss-Sequenzierung nennt sich diese Methode.

Die unterschiedlichen Strategien von HUGO und Venter erinnern ein wenig an die Entschlüsselung der DNA-Struktur. Der Top-Down-Ansatz des offiziellen Genomprojekts lässt sich mit dem systematischen Vorgehen von Rosalind Franklin vergleichen, während die Schrotschuss-Methode durchaus Parallelen zum spielerischen Ansatz von James Watson und Francis Crick zeigt. Und wie in den Fünfzigern belebte auch in den Neunzigern die Konkurrenz auf dem Feld der Genomforschung das Geschäft. Nur ein Jahr nach der ersten Bakteriensequenz entschlüsselten die HUGO-Forscher die Abfolge der zwölf Millionen Basenpaare der Bäckerhefe. Dabei handelte es sich um das erste sequenzierte Lebewesen mit Zellkern und mehreren Chromosomen. Danach ging es Schlag auf Schlag. 1997 das erste Tier, der Fadenwurm Caenorhabditis elegans, mit 97 Millionen Basenpaaren. Ein weiterer Punkt für HUGO. 1999 legten beide Parteien gemeinsam die rund 250 Millionen Basenpaare der Fruchtfliege vor. Zu diesem Zeitpunkt hatte Craig Venter zusammen mit einem Hersteller von Sequenzierautomaten ein neues Unternehmen namens Celera (von celer; lateinisch: schnell) gegründet.

Celera wollte die Schrotschuss-Technik auch auf das menschliche Genom anwenden. Im September 1999 begannen die Forscher mit der Sequenzierung. Wie sich später herausstellte, befand sich unter den Proben auch die DNA von Craig Venter. Da die Firma die neuesten Automaten einsetzen konnte, war die eigentliche Sequenzierung schon im Dezember beendet. Allerdings benötigten die Computer noch weitere sechs Monate und 500 Millionen Milliarden einzelne Sequenzvergleiche für das Zusammenpuzzeln der DNA-Schnipsel. Parallel hatte auch HUGO 85 Prozent der menschlichen DNA entschlüsselt, Sequenzen, von denen genau bekannt war, wie sie zusammengehörten. Wie schon bei der Doppelhelix zeigte sich auch hier, dass eine Kombination der verschiedenen Ansätze das beste Ergebnis liefert. Die Konkurrenten entschlossen sich, zusammenzuarbeiten. Celera stellte Sequenzdaten zur Verfügung, HUGO den dringend benötigten Ordnungsrahmen. Am 26. Juni 2000 präsentierten Craig Venter und Francis Collins im Weißen Haus in Washington eine Arbeitsfassung der drei Milliarden Basenpaare des menschlichen Genoms. Dass neben den Forschern auch der amerikanische Präsident Bill Clinton und der britische Premierminister Tony Blair anwesend waren, zeigt, welch große Bedeutung das Genomprojekt auch über die Wissenschaft hinaus gewonnen hat. Im Februar 2001 wurde dann die Sequenz sowohl in der britischen Zeitschrift Nature als auch im amerikanischen Gegenstück Science publiziert. Für die Öffentlichkeit gab es dabei zwei Überraschungen. Zum einen finden sich im Erbgut des Menschen nicht die erwarteten 100 000 Gene, sondern »nur« rund 30 000 Erbanlagen. Damit liegen Mensch und Maus in etwa gleichauf und sind rein rechnerisch nur doppelt so komplex wie zum Beispiel die Fruchtfliege. Der Unterschied zwischen Mensch und Tier muss sich also auf einer anderen Ebene finden lassen als auf der der bloßen Zahl der Gene. Diese Beobachtung führt zur zweiten Überraschung. Die Sequenz des Erbguts allein verrät noch wenig, interessant wird es erst, wenn die Funktion all der Gene verstanden wird. Das heißt, das menschliche Genom ist nicht ein Endpunkt der Forschung, sondern ein Anfang.

Der Blick von außen ins Genlabor

Visionen und Ängste

Anfang der Siebziger hatte die Gentechnik nicht mehr zu bieten als Bakterien, die fremde DNA vermehrten. Das hinderte die Forscher aber nicht daran, weitreichende Zukunftsperspektiven zu diskutieren. Die Gentechnik schien Lösungen für eine Vielzahl von Problemen zu bieten: neue, nebenwirkungsfreie Medikamente; Genpflanzen, die die Wüste ergrünen lassen und den Hunger in der Welt endgültig besiegen; Mikroben, die die Umweltverschmutzung des Chemiezeitalters einfach wegfressen; ein Ende der Erbkrankheiten oder für verschiedene Aufgaben genetisch optimierte Menschen. Ob die Wissenschaftler an die Werbesprüche für ihr junges Fachgebiet wirklich geglaubt haben, lässt sich heute nicht mehr überprüfen. Fest steht aber eines: Schon früh waren Wissenschaftler, Universitäten und Kapitalgeber bereit, hartes Geld auf den Erfolg der Gentechnik zu setzen.

Doch wo die einen nach Gewinnen schielten, sahen die anderen Gefahren. Der Wortführer der Kritiker war der renommierte Genforscher Paul Berg. Ihm war ein Jahr vor dem Experiment von Boyer und Cohen als Erstem die Neukombination von DNA im Reagenzglas geglückt, eine Leistung für die er 1980 den Chemie-Nobelpreis erhalten sollte. Der Forscher hatte seine Kombination von Viren- und Bakteriengenen aber nicht auf lebende Zellen übertragen. Dieser Schritt ging Paul Berg zu weit. Er sah zwar das Potenzial der Gentechnik, befürchtete aber, dass auf diesem Weg unbeabsichtigt neue Seuchen entstehen könnten. 1974 unternahm er deshalb einen ungewöhnlichen Schritt. Zusammen mit zehn weiteren Forschern veröffentlichte er in der Wissenschaftszeitschrift Science einen Aufruf, die gentechnischen Experimente vorerst ruhen zu lassen.

Problematisch erschien den Unterzeichnern vor allem E. coli, das »Arbeitstier« der Gentechnologen. Der natürliche Lebensraum dieses Bakteriums ist der Darm, es könnte die künstlichen Gene also leicht in den menschlichen Körper schmuggeln. Das war bedenklich, weil in vielen Laboratorien mit potenziell gefährlichen Erbanlagen experimentiert wurde, zum Beispiel mit Krebsgenen. Theoretisch könnte aus der

Kombination von Tumor-Gen und Darmkeim eine ansteckende Form von Krebs entstehen. Bei Weitem nicht alle Forscher teilten diese Befürchtungen. Das Moratorium für gefährliche Genexperimente wurde dennoch weitgehend eingehalten. Solch eine freiwillige Selbstbeschränkung zur Abschätzung möglicher Risiken hatte es in der Wissenschaftsgeschichte noch nicht gegeben.

1975 diskutierten dann 140 Wissenschaftler, Juristen, Beamte und Journalisten im kalifornischen Asilomar über die Gefahren der Gentechnik. Letztlich wurde beschlossen, das Moratorium für potenziell problematische Experimente bis zur Verabschiedung bindender Sicherheitsregeln fortzusetzen.

Schon 1976 veröffentlichten die Nationalen Gesundheitsinstitute der USA (NIH) Rahmenbedingungen für die Gentechnik. Deren Grundidee lautet: Vor einem Experiment wird die Gefährlichkeit der Gene und der Organismen abgeschätzt. Je problematischer die Kombination ist, desto höhere Sicherheitsanforderungen gelten. Standardexperimente können danach in normalen, aber besonders gekennzeichneten Laboratorien ablaufen. Versuche mit Krebsgenen, Viren oder mit verbreiteten Bakterien müssen dagegen in luftdicht abgeschlossenen Räumen stattfinden. Zusätzlich zu den bewährten physikalischen Barrieren errichtete man für die Gentechnik biologische Schranken. Als Vektoren dürfen nur Plasmide und Viren eingesetzt werden, denen vorher für die Verbreitung wichtige Gene entfernt wurden. Und die Laborstämme von E. coli sind künstlich so geschwächt, dass sie im Darm nicht mehr überleben können. Deutschland orientiert sich am Sicherheitskonzept der NIH. Die nach der Gefährlichkeit der Einzelkomponenten eines Experiments abgestuften Anforderungen und die Kombination von physikalischen und biologischen Barrieren finden sich in den 1978 in Kraft getretenen »Richtlinien zum Schutz vor Gefahren durch in-vitro neu kombinierte Nukleinsäuren«, die 1990 durch das Gentechnikgesetz abgelöst wurden.

Seit Mitte der Siebziger hat sich die Genforschung rasant ausgebreitet, die Technik wird rund um die Welt in vielen Tausenden von Laboratorien angewandt, von denen nur noch die wenigsten wirklich auf Genetik spezialisiert sind. Trotz der Flut der Experimente ist es bislang zu keinem ernsten Zwischenfall gekommen. Entsprechend wurden die

Bestimmungen für die Arbeit im Genlabor mehrfach gelockert. Rückblickend meint Paul Berg: »Einige Wissenschaftler waren sicher, dass die Gentechnik mit dem Feuer spielt. Andere glaubten, dass diese Zellen, Viren und neu kombinierten Gene keinerlei Risiko darstellen würden. Die überwältigende Mehrheit der heutigen Beurteilungen stimmt der zweiten Meinung zu.« (http://nobelprize.org/chemistry/articles/berg/ Asilomar and Recombinant DNA) Viele Forscher haben die Konferenz von Asilomar später kritisiert. Damals wäre das Bild vom »Risiko Gentechnik« in der öffentlichen Debatte fest verankert worden. In der Folge hätten viel zu strenge Bestimmungen den Fortschritt im Labor und in der Anwendung behindert.

Genforscher zwischen weißem Kittel und schwarzem Anzug

Kaum standen die Regeln für die Gentechnologie fest, gingen die Forscher zurück an die Laborbänke. Viele wollten sich aber nicht mehr auf die reine Wissenschaft beschränken. Sie verließen den Elfenbeinturm der Universitäten und versuchten ihr Wissen in der freien Wirtschaft zu vermarkten. Trendsetter in Richtung Markt war der Miterfinder der Gentechnologie, Herbert Boyer. Er gründete 1976 zusammen mit dem Investor Robert Swanson in San Francisco die Firma Genentech (Genetic Engineering Technology). Swanson hatte im Silicon Valley schon viel Erfahrung mit Hightech-Firmen aus der Computerbranche gesammelt. In der Gentechnologie sah er den nächsten wichtigen Innovationsmotor. Er sollte Recht behalten: Genentech ist bis heute ausgesprochen erfolgreich. Die Forscher des Unternehmens konnten als Erste ein menschliches Gen isolieren und das entsprechende Eiweiß in E.-coli-Zellen produzieren. Somatostatin ist ein kleines Hormon, das an der Regulation des Blutzuckers beteiligt ist. Medizinisch hat es kaum Bedeutung, für Genentech war es nur eine Fingerübung für das erste potenziell vermarktbare Produkt: das Insulin. 1979 gelang die Isolierung des menschlichen Insulin-Gens. Als Genentech ein Jahr später an die Börse ging, kletterte der Kurs innerhalb von Stunden von 35 auf 89 US-Dollar, der bis dahin schnellste Anstieg einer Aktie in New York. 1982 wurde das erste Gen-Medikament zugelassen, ein in

Bakterien nach einer menschlichen Anleitung hergestelltes Insulin. Die Biotechfirma war damals aber noch nicht in der Lage, die industrielle Produktion und eine professionelle Vermarktung selbst auf die Beine zu stellen und vergab die Lizenz für das rekombinante Insulin an Eli Lilly. Bis zum Jahr 1985 war Genentech aber so weit gewachsen, dass das Unternehmen sein nächstes Produkt, menschliches Wachstumshormon für die Behandlung kleinwüchsiger Kinder, allein auf den Markt bringen konnte. Inzwischen hat Genentech eine Vielzahl von Medikamenten entwickelt. 2005 betrugen die Einnahmen fast fünfeinhalb Milliarden US-Dollar, der Gewinn lag deutlich über einer Milliarde US-Dollar.

Genentech ist eine Erfolgsgeschichte. Kein Wunder, dass sich auch viele andere Forscher auf dem Parkett der Wirtschaft versuchten. Die Risiko-Kapital-Gesellschaften empfingen sie mit offenen Armen. Besonders rund um die traditionellen Zentren der Forschung an der West- und Ostküste der USA stieg die Zahl der Genfirmen rasant an. Die Börse liebte die DNA. Unternehmen mit geringen Umsätzen und wenig Aussicht auf kurzfristigen Gewinn konnten allein mit einer genetischen Vision massiv Kapital einwerben. Als vermarktbare Produkte allerdings immer länger auf sich warten ließen, trat eine gewisse Ernüchterung bei den Geldgebern ein.

Heute gehört es fast schon zum guten Ton für einen erfolgreichen Genforscher, auch an einer Firma beteiligt zu sein. Auch die Geldgeber erwarten zunehmend, dass Forschung nicht nur einem abstrakten Erkenntnisdrang folgt, sondern vor allem Projekten nachgeht, bei denen zumindest mittelfristig auch mit einer Anwendung zu rechnen ist. Das trägt sicherlich zu einer Verschiebung der Mittel in den Lebenswissenschaften hin zur Genforschung bei. Die Universitäten, aber auch Institutionen wie die Deutsche Forschungsgemeinschaft, hierzulande die wichtigste Quelle für Projektmittel, drängen die Wissenschaftler zudem, schon in einer frühen Phase auch an die Verwertung ihrer Ergebnisse zu denken – und das heißt vor allem, rechtzeitig einen Patentantrag einzureichen. Schließlich sind in der Vergangenheit nur allzu oft mit öffentlichen Mitteln geförderte Entdeckungen letztlich von privaten Firmen aufgegriffen und zu gewinnträchtigen Produkten weiterentwickelt worden. Forscher, die noch an die Arbeit eingeschlossen im

Elfenbeinturm gewöhnt sind, lassen hier leicht Chancen verstreichen. Eine gewisse Professionalität im Umgang mit den wirtschaftlichen Aspekten der Forschung ist also heutzutage auch in den Laboratorien unumgänglich.

Auf der anderen Seite wird die Doppelrolle als Wissenschaftler und Unternehmer auch kritisch betrachtet. Der freie Austausch der Forscher ist so frei nicht mehr, wenn alle im Hinterkopf auch finanzielle Interessen haben. Während früher der harte Wettbewerb um die erste Veröffentlichung die höchste Priorität hatte, muss heute die Publikation hinter der Prüfung durch die Patentanwälte zurückstehen und das sorgt für Verzögerungen. Trotzdem kommt es immer wieder zu Konflikten. Spektakulär war der Streit um die Entdeckung des AIDS-Erregers. Der Franzose Luc Montagnier hatte 1984 ein Virus aus Proben von AIDS-Patienten isoliert, das er LAV nannte. Ein Jahr später brachte der Amerikaner Robert Gallo ein Virus Namens HTLV-III mit der Immunschwäche in Verbindung. Beide Forscher entwickelten dringend benötigte Testverfahren, die einen entscheidenden Fortschritt für den Kampf gegen AIDS bedeuteten. Gallo hatte Proben aus Paris erhalten. Als sich herausstellte, dass LAV und HTLV-III identisch waren, kam es zu einem jahrelangen Streit. Hatte der Amerikaner selbst ein Virus isoliert oder hatte er nur mit einem französischen Erreger weitergearbeitet? Die beiden Wissenschaftler machten sich gegenseitig den Vorrang bei der Entdeckung des AIDS-Virus streitig, dabei ging es ihnen nicht nur um die Forscherehre, sondern vor allem auch um die Lizenzeinnahmen aus den Tests. Letztlich mussten zwei Präsidenten, Ronald Reagan und François Mitterrand, einen politischen Kompromiss finden, nach dem beide Seiten sich jeweils Ehre und Gewinn teilen würden.

Bio-Start-ups in Deutschland

Deutschland galt am Anfang des 20. Jahrhunderts als »Apotheke der Welt«. Hier forschten und lehren die besten Ärzte, hier saßen die führenden Arzneimittelfirmen, hier wurden die innovativen Medikamente entwickelt. Doch unter den Nationalsozialisten wurden viele der besten Köpfe vertrieben und nach dem Zweiten Weltkrieg hatte Deutschland seine Vorreiterrolle auf diesem Gebiet an Amerika verloren. Kein Wunder, dass die USA später auch die gentechnologische Revolution anführten, in den Laboratorien und auf dem Markt. In Deutschland wurde die Entwicklung im Bundesministerium für Forschung und Technologie aber aufmerksam verfolgt. Das erste Programm zur Förderung der Biotechnologie startete schon 1974, seitdem werden die Genforschung und deren Umsetzung in Produkte kontinuierlich unterstützt. Die rechtlichen Rahmenbedingungen der Arbeit in den Genlaboren legten 1978 die Richtlinien zum Schutz vor Gefahren durch in-vitro neu kombinierte Nukleinsäuren fest. Danach mussten entsprechende Experimente von der Zentralen Kommission für die Biologische Sicherheit (ZKBS) genehmigt werden. Die ZKBS hat 30 sachverständige Mitglieder, dazu zählen Mikrobiologen, Virologen, Genetiker, Ökologen und Sicherheitstechniker. Gegner der jungen Forschungsrichtung bemängelten von Anfang an, dass der Sachverstand der ZKBS nur von innen, aus der Gentechnik selbst kommt, kritische Fragen von außen finden in diesem Gremium keinen Platz. Nach den Richtlinien von 1978 dient die ZKBS aber auch nicht der Steuerung der Wissenschaft, sie soll nur sicherstellen, dass von den Laboren keine Gefahr ausgeht.

In den Achtzigern schlossen sich Universitäten mit anderen Instituten zu sogenannten Genzentren zusammen, zum Beispiel in Berlin, München, Heidelberg und Köln. In den Neunzigern förderte die Bundesregierung die Zusammenarbeit von Wirtschaft und akademischer Forschung. Vor allem der BioRegio-Wettbewerb war ein großer Erfolg. 17 Regionen aus ganz Deutschland entwarfen Entwicklungskonzepte, die auf die lokalen Stärken abgestimmt waren. Am Ende gab es drei Sieger-Regionen: München, das Rhein-Neckar-Dreieck und das Rheinland, die sich, auf fünf Jahre verteilt, 150 Millionen DM teilen konnten. Aber auch die »Verlierer« hatten gewonnen, zwar nicht das Geld vom Bund, aber eine Kultur der Kooperation zwischen Wissenschaft und Wirtschaft, die in den folgen Jahren mit Erfolg weiterentwickelt wurde. Der Einfluss des BioRegio-Wettbewerbs war weit über die direkt geförderten Regionen hinaus zu spüren.

Das Geld lag (fast) auf der Straße, kein Wunder, dass sich auch deutsche Forscher als Unternehmer versuchten, es gab einen Gründerboom in der Biobranche. Zwischen 1995 und 2001 wuchs die Zahl der Firmen von 75 auf 365 an, die zu ihren besten Zeiten über 14 000 Menschen beschäftigten. Dann aber platzte die »Biobubble« auch in Deutschland. Die Börsenkurse fielen, junge Unternehmen fanden keine Geldgeber mehr. In der Euphorie über die Entzifferung des menschlichen Genoms hatten Forscher und Finanziers vergessen, dass der Weg von einem Gen zu einem Medikament weit ist und vor dem Gewinn deshalb unausweichlich lange Jahre des »Geldverbrennens« liegen. Im internationalen Vergleich kamen die deutschen Unternehmen aber glimpflich davon, die Zahl der Firmen ist in etwa gleich geblieben, immerhin 30 Prozent machen schon Gewinne. Allerdings wurde zwischen 2001 und 2005 fast ein Drittel der Angestellten entlassen. In Deutschland fehlt nach einer Analyse der Berlin-Brandenburgischen Akademie der Wissenschaften derzeit weniger das Risikokapital als Managerqualitäten. Die Gen-Firmen sind meist um die Kompetenz eines Forschers herum gegründet, die Bedürfnisse der Kunden wurden zu lange als zweitrangig betrachtet. Doch hier hat ein Umdenken eingesetzt. Viele Firmen haben die teure Entwicklung innovativer Medikamente erst einmal zurückgestellt und verdienen Geld mit Dienstleistungen, wie dem Herstellen von Knock-out-Mäusen auf Bestellung – Mäuse in denen ein Gen gezielt ausgeschaltet oder in der Sprache der Boxer »ausgeknockt« wurde. Für klinische Studien, der wichtigsten Hürde vor der Zulassung von Arzneimitteln, sind die meisten Start-ups nach wie vor zu klein. Es gibt aber Licht am Ende des Tunnels, meint die Unternehmensberatungsagentur Ernst&Young. In einer Presseerklärung zum »Deutschen Biotechnologie Report 2006« kommentiert sie die Entwicklung mit den Worten: »Die deutsche Biotechnologie-Branche ist gestärkt aus der Krise hervorgegangen. Die positiven Auswirkungen der Konsolidierung werden nun endlich sichtbar. Es bilden sich mehr größere und schlagkräftigere Unternehmen, die auch die notwendige Finanzkraft haben, um auf Dauer im Wettbewerb bestehen zu können.« (http://www.ey.com/global/content.nsf/Germany/Presse_-_Pressemitteilungen_2006_-_Biotech_Report)

Ein gutes Beispiel für die Entwicklung der deutschen Biobranche ist Medigene, eine Firma, die 1994 als Ausgründung aus dem Münchner Genzentrum entstand und 2000 an die Börse ging. Ursprünglich planten die Forscher um Ernst-Ludwig Winnacker, mit Viren Tumoren

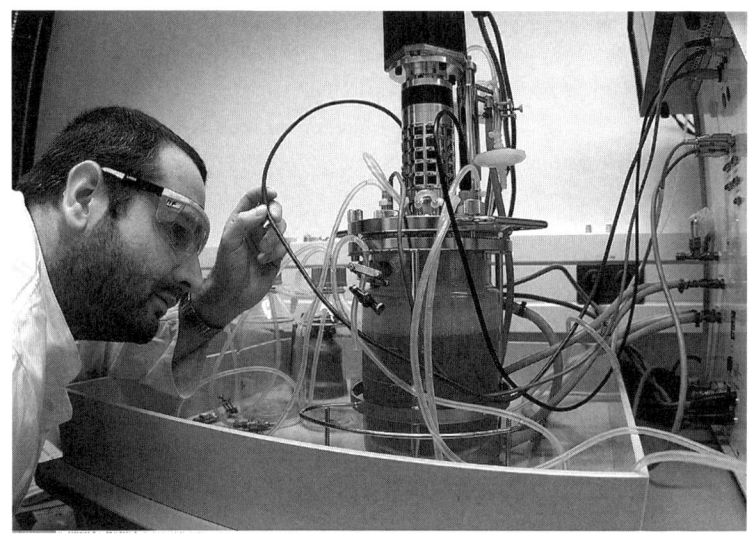

Medigene-Labor. Medigene ist spezialisiert auf die Forschung und Entwicklung von Pharmazeutika gegen Krebs

zu bekämpfen und Ansatzpunkte zur Behandlung der Herz-Kreislauf-Leiden auf der Ebene der Genregulation zu finden. Doch schon 1999 entschied sich Medigene, nicht nur selbst neuartige Wirkstoffe zu erforschen, sondern parallel auch Lizenzen für die Produkte anderer Hersteller zu erwerben, um sie für den deutschen und europäischen Markt zu entwickeln. Dieser breite Ansatz bewährte sich 2002, als es zu Rückschlägen bei einem Herzwirkstoff kam. Wenig später mussten auch einige Tumorprojekte eingestellt werden, aber die Entwicklungspipeline von Medigene war dank der Zukäufe nach wie vor gefüllt. 2004 brachte Medigene als erstes deutsches Biotech-Unternehmen ein Medikament auf den Markt: Eligard, das bei der Behandlung des Prostatakrebses eingesetzt wird. Eligard ist keine Eigenentwicklung, sondern wird in Lizenz vertrieben. Auch Polyphenon E steht kurz vor der Zulassung. Hier handelt es sich nicht um ein Produkt der Gentechnik, sondern um einen Extrakt aus grünem Tee, der zunächst gegen Genitalwarzen eingesetzt werden soll. Die flexible Unternehmensstrategie hat sich bewährt. Um Erfolg zu haben, muss eine Firma bereit sein, sich von den Gründungsprojekten zu trennen und sich bei Zukäufen vor allem an den Marktperspektiven zu orientieren. So kommt erst einmal Geld in die Kassen, mit dem sich die eigenen Entwicklungen, das sind derzeit vor allem Tumorwirkstoffe, vorantreiben lassen. Kreativität ist im Management mindestens ebenso gefragt, wie im Labor. Das war wohl die wichtigste Lektion für die deutsche Biotechnologie-Industrie. Wenn sie sie beherzigt, kann sie sich sicher stabilisieren und in Zukunft auch wieder wachsen. Dass sich die Gentechnik aber zum Motor der Gesamtwirtschaft entwickelt, oder in großem Maßstab die Arbeitsplätze bereitstellen kann, die in anderen Branchen wegfallen, ist in den nächsten Jahren wohl nicht zu erwarten.

Patente auf Leben – Erfunden oder entdeckt?

Wissen ist Geld, so lautet ein Leitmotiv der neuen Biologie. Doch um Wissen in Geld zu verwandeln, muss man es kontrollieren können. Dazu dienen Patente, sie spielen eine große Rolle im Wirtschaftsleben allgemein und auf dem Feld der Gentechnik im Besonderen. Die Firma Myriad Genetics besitzt ein Patent auf die Brustkrebsgene BRCA 1 und 2, die Harvard-Universität ließ ihre Onko-Maus patentieren, Syngenta erhebt Anspruch auf mehr als 1000 DNA-Sequenzen aus dem Reisgenom, ähnlich will Celera Genomics den Zugriff auf 6 500 menschliche Gene sichern. Patente auf Gene, auf Pflanzen und Tiere. Für die einen sind sie ein notwendiger Motor des Fortschritts, für die anderen eine fragwürdige Privatisierung der Natur.

Grundsätzlich gibt es drei Voraussetzungen für die Erteilung eines Patents: Neuheit, erfinderische Tätigkeit und gewerblicher Nutzen. Nun sind Gene nicht gerade neu, viele teilt der Mensch nicht nur mit der Maus, sondern ebenso mit der Fruchtfliege oder sogar der Hefe, sie existieren also schon seit vielen Millionen Jahren. Eigentlich können sie nur entdeckt und nicht erfunden werden. Doch das ficht Juristen nicht an. Schon 1958 hatten Merck&Co in den USA ein Patent auf einen Naturstoff, das Vitamin B 12, erhalten, 1977 zog Deutschland nach und erteilte ein Patent für Antamanid, ein Eiweiß aus dem Knollenblätterpilz, das auch zur Behandlung der Pilzvergiftung eingesetzt werden kann. Entscheidend für das Bundespatentgericht war, dass die Antragsteller das Eiweiß nicht nur entdeckt, sondern zugleich ein Verfahren zu seiner Gewinnung und Anwendung entwickelt hatten. Das isolierte Antamanid sei etwas anderes als derselbe Stoff in seinem natürlichen Zusammenhang. Nicht nur biologische Moleküle, auch Lebewesen können durch Patente geschützt werden. Schon Louis Pasteur erhielt 1873 ein Patent auf eine besonders gereinigte Bierhefe, knapp hundert Jahre später beanspruchte ein Mitarbeiter von General Electric ein Patent auf ein Bakterium, das er per Biotechnik in die Lage versetzt hatte, Ölteppiche abzubauen. 1980 wurde der Anspruch endgültig anerkannt, die Richter beriefen sich unter anderem auf den amerikanischen Kongress der schon früher festgelegt hatte: »Alles unter der Sonne, das von Menschen gemacht wurde«, ist patentierbar (zitiert nach U.S. Supreme Court, DIAMOND v. CHAKRABARTY, 447 U.S. 303 [1980]). Dass es sich hier um ein Lebewesen handelte, das nicht von Menschen gemacht, sondern nur von Menschen etwas verändert wurde, spielte für den Supreme Court keine Rolle. Wenn Bakterien patentierbar sind, dann ist es kein Wunder, dass sich auch der Zugriff auf Gene mit den Mitteln des Rechts sichern lässt. Den Anfang in Europa machte 1991 ein Patent auf das Gen für Relaxin, ein natürliches Hormon, das die Geburt erleichtert. Die Universität von Melbourne wollte das Hormon gentechnisch herstellen und im Rahmen der Geburtshilfe einsetzen. Für die Grünen war das Relaxin-Patent eine moderne Form der Sklaverei, da es den stückweisen Verkauf von Frauen beinhalte. »Im Grunde genommen wird ja der Mensch zur Erfindung eines Dritten erklärt«, meinte damals Hiltrud Breyer, Europaabgeordnete von Bündnis 90/Die Grünen, »und das ist auch eine Verletzung der Menschenwürde, denn der Mensch wird als eine Art biologisches Material betrachtet.« (Interview: V.W.) Aus der Perspektive der Justiz vermittelt ein Patent, anders als viele meinen, keinen Besitzanspruch. Die Universität von Melbourne kann also nicht Lizenzgebühren von jedermann verlangen, nur weil alle Menschen ein Relaxin-Gen besitzen. Das deutsche Patengesetz stellt in Paragraph 1a klar: »Der menschliche Körper in den einzelnen Phasen seiner Entstehung und Entwicklung, einschließlich der Keimzellen, sowie die bloße Entdeckung eines seiner Bestandteile, einschließlich der Sequenz oder Teilsequenz eines Genes, können keine patentierbaren Erfindungen sein.« (Patentges. § 1a [1]) Ein isolierter Bestandteil des menschlichen Körpers, also etwa ein Gen im Reagenzglas oder eine Zelle in der Kultur, kann dagegen patentiert werden »selbst wenn der Aufbau dieses Bestandteils mit dem Aufbau eines natürlichen Bestandteils identisch ist«. (Patentges. § 1a [2]) Ein Patent ist auch kein Freibrief für die Anwendung einer Erfindung. So nützt ein Patent auf ein Medikament gar nichts, wenn sein Besitzer keine Zulassung dafür erhält. Auch Patente auf embryonale Stammzellen unterhöhlen keineswegs das Deutsche Embryonenschutzgesetz. Ein Patent erlaubt es seinem Inhaber ausschließlich, allen anderen zu verbieten, mit der beschriebenen »Erfindung«, in diesem Fall dem Gen, Geschäfte zu machen. Patente sind Waffen der wirtschaftlichen Auseinandersetzung, mit der Alltagssphäre haben sie nur indirekt zu tun. Das hindert die Kritiker der Biotechnologie aber nicht daran, Genpatente als wichtiges Argument in der politischen Auseinandersetzung einzusetzen – Schlagworte wie »Patente auf Leben« klingen so überzeugend negativ.

In Deutschland ist, anders als in den USA, keineswegs alles Menschengemachte unter der Sonne patentierbar. Paragraph 2 des Patentgesetzes legt fest: »Für Erfindungen, deren gewerbliche Verwertung gegen die öffentliche Ordnung oder die guten Sitten verstoßen würde, werden keine Patente erteilt.« (Patentges. § 2 [1]) Für den Laien überraschend lautet allerdings der nächste Satz: »Ein solcher Verstoß kann nicht allein aus der Tatsache hergeleitete werden, dass die Verwendung der Erfindung durch Gesetz der Verwaltungsvorschrift verboten ist.« (Patentges. § 2 [1]) So kommt es zur paradoxen Situation, dass im Patentrecht längst nicht alles, was rechtlich verboten ist, auch gegen die guten Sitten verstößt. Auch international findet sich in den Patentgesetzen meist ein Hinweis auf die öffentliche Ordnung oder die guten Sitten, auf die praktische Arbeit hat er aber kaum Einfluss, selbst auf Napalmbomben gibt es in den USA Patente. Die meisten Juristen halten das Patentrecht für den falschen Ort, um moralische Fragen zu klären. Dafür sind andere Rechtsbereiche zuständig, etwa das Embryonenschutzgesetz oder die Tierschutzbestimmungen. 1998 hat die EU mit der Biopatentrichtlinie hier Neuland betreten. Zum ersten Mal wurden Bereiche aufgelistet, die gegen die guten Sitten verstoßen. Dabei handelt es sich um das Klonen menschlicher Lebewesen, die Veränderung der genetischen Identität der Keimbahn menschlicher Lebewesen, die Verwendung menschlicher Embryonen zu industriellen oder kommerziellen Zwecken, sowie die genetische Veränderung von Tieren, die diesen Leid zufügen, ohne wesentlichen medizinischen Nutzen für den Menschen oder das Tier zu bieten.

Genpatente als Fortschrittsbremse

Patente dienen dem Ausgleich der Interessen von Erfindern und Gesellschaft. Der Inhaber eines Patents erhält für 20 Jahre das exklusive Recht zur kommerziellen Nutzung seiner Erfindung, dafür legt er deren Details offen, sodass andere an Verbesserungen arbeiten können. Die Alternative wäre eine strikte Geheimniskrämerei in der Wirtschaft, die den Fortschritt verlangsamen würde. Die Entwicklung eines Medikaments dauert über zehn Jahre und verschlingt mehrere 100 Millionen Euro. Dieses finanzielle Risiko gehen die Firmen nur ein, wenn sie sicher sind, das Geld auch wieder hereinholen zu können. Nicht nur die großen Konzerne, sondern gerade auch die kleinen, innovativen Bio-Start-ups sind auf den Schutz der Patente angewiesen. Wenn sie ihre Forschung an ein etabliertes Arzneimittelunternehmen weitergeben wollen, verhindert allein das Patentrecht, dass der anvisierte Partner die Idee einfach ohne Gegenleistung übernimmt. Patente sind also notwendig, aber gerade auf dem Feld der Biotechnologie besteht die Gefahr, dass sie sich von einem Motor des Fortschritts zu seiner Bremse entwickeln.

Dafür gibt es eine ganze Reihe von Gründen. Zum einen wurden Patente auf Gene in der Anfangszeit sehr breit erteilt. Die Rechte des Brustkrebsgens BRCA 1 liegen bei der Firma Myriad Genetics. In der Patentschrift wird die Gen-Sequenz beschrieben sowie mehrere Mutationen, die erblichen Brustkrebs verursachen. Das ist die Erfindung, die Myriad der Öffentlichkeit zur Verfügung stellt. Das Unternehmen will aber nicht nur einen entsprechenden Gentest geschützt haben, sondern auch die Sequenz des Gens, jegliche Gentherapie und alle Versuchstiere mit verändertem BRCA-Gen. Hier zeigt sich ein wichtiger Unterschied zwischen Biopatenten und herkömmlichen technischen Patenten. Ein Patent auf eine Luftpumpe hindert niemanden daran, eine bessere Luftpumpe nach einem anderen Prinzip zu entwickeln. Die biologischen Wissenschaften müssen aber immer auf das Gen selbst zurückgreifen. Mit der Patentierung der BRCA-1-Sequenz hält die Myriad die Basis für jede weitere Arbeit auf diesem Feld in Händen.

Das Unternehmen Human Genome Sciences (HGS) ging noch einen Schritt weiter und ließ Gene patentieren, nur weil ihre Sequenz anderen bekannten Genen ähnelte. So gab es für das Gen CCR5 als Funktion vage an, es könne ein Ansatzpunkt für die Entwicklung entzündungshemmender Medikamente sein. Ein Jahr später fand ein anderer Forscher heraus, dass CCR5 entscheidend ist für den Angriff des AIDS-Virus auf die Zellen des Immunsystems. Damit rückte das bislang eher unbedeutende Gen in den Mittelpunkt des Interesses. Den wirtschaftlichen Nutzen aus dieser Entdeckung zieht aber jetzt teilweise HGS, dem Patent sei Dank. Das Beispiel zeigt, dass das Konzept der Stoffpatente, das sich bei Medikamenten bewährt hat, nicht recht zum Wesen der Gene passt. Natürlich ist ein Gen auch eine chemische Substanz, es wirkt aber nicht über seine Stofflichkeit, sondern über die in ihm enthaltene Information und diese Information spielt oft in verschiedenen Kontexten unterschiedliche Rollen. Mit einem Patent alle diese Funktionen abzudecken, führt offenbar zu Ungerechtigkeiten. Mit dieser Schwierigkeit steht die Gentechnologie nicht alleine da. So ist die Einführung von Softwarepatenten auf dem Gebiet der Informationstechnologie höchst umstritten.

Inzwischen gibt es eine breite Gegenbewegung, die der Patentierung der reinen Gen-Sequenzen ein Ende bereitet hat. Im deutschen Patentgesetz wird klar formuliert: »Die gewerbliche Anwendbarkeit einer Sequenz oder Teilsequenz eines Gens muss in der Anmeldung konkret unter Angabe der von der Sequenz oder Teilsequenz erfüllten Funktion beschrieben werden.« (Patentges. § 1a [3]) Damit sind globale Patente, wie der Anspruch von Celera auf 6 500 vom Computer ausgesuchte Sequenzen nicht zulässig. Die Patente gelten dann auch jeweils nur für die beschriebene Funktion, HGS könnte also die Anwendung des CCR5-Gens bei Entzündungen für sich beanspruchen, nicht aber den Einsatz im Rahmen der AIDS-Therapie. Im Übrigen hatte sich die Human

Genome Organisation schon 1996 auf Bermuda darauf geeinigt, alle Rohdaten innerhalb von 24 Stunden in die Datenbank GenBank einzuspeisen. Damit sind die Sequenzen öffentlich zugänglich und können nicht mehr über Patente privatisiert werden.

Auch die Wirtschaft sieht den »Patentrausch« der Achtziger und Neunziger inzwischen kritischer. Beim ersten Schritt über das Genom hinaus, bei der Kartierung der individuellen Unterschiede in der DNA, haben sich deshalb mehrere große Pharmafirmen mit dem Wellcome Trust zusammengeschlossen. Statt gegeneinander vorzugehen und den Fortschritt durch ein Dickicht aus sich überlappenden und widersprechenden Patenten zu behindern, haben sie vereinbart, alle Variationen sofort öffentlich zu machen und damit vor der Patentierung zu schützen. So werden sie zu einer allgemein zugänglichen Ressource, der Wettbewerb der Unternehmen findet erst auf einer späteren Stufe statt, wenn es darum geht, eine einzelne DNA-Variation mit einem bestimmten Krankheitsbild in Verbindung zu bringen. Auf dieser Ebene werden dann alle Beteiligten auch wieder versuchen, einen möglichst breiten Patentschutz etwa für eine konkrete Diagnosemethode zu erhalten.

Die Quellen der Gene

Die Bewegung gegen überzogene Biopatente konnte den grundsätzlichen Streit nicht beenden, der Schwerpunkt der Diskussion hat sich aber verlagert. Ein wichtiger Aspekt ist der Umgang mit den Kranken in der modernen Bioforschung. Wissenschaftliche Resultate entstehen nicht im luftleeren Raum, meist bilden Gewebe- oder Blutproben der Patienten einen entscheidenden Ausgangspunkt für die Laborarbeit. Das war lange Zeit unproblematisch, inzwischen kann aber Gewebe bares Geld wert sein, wie der Amerikaner John Moor feststellen musste. Ihm wurde in den Siebzigern im Rahmen einer Krebstherapie von dem renommierten Tumorspezialisten David Golde die Milz entfernt. Der Arzt konnte aus dieser Milz Zellen isolieren, die wichtige biologische Botenstoffe produzieren. 1984 patentierte Golde die Mo-Zelllinie, ohne seinen Patienten zu informieren. Später verkaufte er sie für über 1,7 Millionen US-Dollar. John Moore ging leer aus, das Patentrecht schützt allein die Leistung des Arztes, die wertvollen Zellen gefunden und vermehrt zu haben. Im Grunde funktioniert die ganze biomedizinische Forschung nach einem ähnlichen Muster. Die Ärzte bitten die Patienten im Namen der Wissenschaft um eine Blut- oder Gewebeprobe. In den vorgeschriebenen Aufklärungsbögen steht aber meist nur im Kleingedruckten, dass es dabei nicht nur um Erkenntnis, sondern vielleicht auch um Gewinn geht. Myriad und die Universität von Utah konnten die Bedeutung von BRCA 1 nur erkennen, indem sie Hunderte von DNA-Proben von Familien mit erblichem Brustkrebs untersuchten. Als Myriad das BRCA-1-Patent beantragte, sagte Fran Visco, Vorsitzende der National Breast Cancer Coalition: »Frauen gaben ihr Blut für diese Forschung. Ich kennen viele dieser Frauen und sie haben ihr Blut nicht gespendet, damit irgendein Unternehmen Millionen verdient.« (New York Times, 30.10.1994) Inzwischen fordert Myriad hohe Preise für den BRCA-1-Test, andere Anbieter haben wegen des Patents keine Chance, billigere Verfahren zu etablieren. Die Befürchtungen der Betroffenenorganisation haben sich also bestätigt.

Die Frage, woher eigentlich das Ausgangsmaterial der Gentechnologie stammt, ist nicht nur im Bezug auf Patienten interessant, sie betrifft auch den Interessenausgleich zwischen der Dritten Welt und den

Eine ausgestorbene Ameisenart, konserviert in Bernstein

Industrienationen. Der Großteil der biologischen Vielfalt, und damit auch die wertvollsten Gene für die Pflanzenzucht, findet sich in den Ländern des Südens. Immer wieder kommt es zu Fällen der »Biopiraterie«, bei denen westliche Konzerne das Wissen indigener Völker nutzen, um wertvolle Erbanlagen aufzuspüren, und sich dann dieses Wissen über Patente aneignen. Der bekannteste Fall ist sicher das Patent auf den Neem-Baum. In Indien ist der Neem-Baum seit jeher die Apotheke des kleinen Mannes. Mit den Zweigen kann man sich Zähne putzen, Tees aus den Blättern sollen Heilkräfte besitzen und ein Sud aus den Früchten liefert ein wirksames Insektenvertilgungsmittel. Seit einiger Zeit ist der Neem-Baum auch im Westen angekommen. Neem-Extrakte finden sich in Zahncremes und Shampoos, sie werden im biologischen Pflanzenschutz und in der Naturheilkunde verwendet. Damit wurde aus einer traditionell von Individuen und kleinen Gemeinschaften genutzten Pflanze ein Wirtschaftsgut. Für ein bestimmtes Neem-Extrakt zur Bekämpfung schädlicher Pilze hat die amerikanische Firma W.R. Grace in den USA und in Europa ein Patent beantragt und auch erteilt bekommen. Als diese Nachricht Indien erreichte, gab es große Proteste. Viele Inder fühlten sich enteignet und fürchteten, in Zukunft den Neem-Baum nicht mehr selbst nutzen zu dürfen. So weit reicht aber auch das Patentrecht nicht. Erstens gilt ein Patent immer nur in dem Land, in dem es erlassen wurde. Ein europäisches oder US-amerikanisches Patent hat also keinen Einfluss auf den Handel in Indien. Zweitens wurde in dem Patent nicht der Neem-Baum also solcher patentiert, sondern eine genau definierte Formulierung des Neem-Öls, die in dieser Form neu war. Traditionelle Zubereitungen waren von dem Patent also nicht betroffen. Obwohl die tatsächliche Reichweite des Patents also eher gering war, wurde das Neem-Patent in der öffentlichen Wahrnehmung zu einem Paradebeispiel für die Biopiraterie. Letztlich wurde das Patent widerrufen, da es weder neu sei, noch auf erfinderischer Tätigkeit beruhe.

In der Konvention von Rio zum Schutz der Artenvielfalt ist festgelegt, dass Einnahmen aus der Vermarktung der genetischen Ressourcen der Dritten Welt mit den entsprechenden Völkern geteilt werden müssen. Noch handelt es sich dabei aber eher um eine Absichtserklärung, konkrete Ausführungsbestimmungen fehlen. Die Weltorganisation für geistiges Eigentum will den Interessenausgleich aber im internationalen Patentrecht verankern, die genauen Formulierungen sind aber nach wie vor umstritten. Auch die europäische Biopatentrichtlinie enthält nur eine Sollvorschrift und keine verbindliche Regelung zur Offenlegung der Herkunft der verwendeten Gene. Kein Wunder, dass einzelne Länder des Südens ihre Interessen selbst in die Hand nehmen. Der Inselstaat Samoa im Südpazifik dürfte die erste Nation sein, die ein Pflanzen-Gen zum nationalen Besitz erklärt hat. Es geht um das Eiweiß Prostratin, das sich in der Rinde des Mamala-Baums befindet. Traditionelle Heiler nutzen die Rinde zur Behandlung von Virusinfektionen. Prostratin kann aber noch mehr, das Protein vertreibt das AIDS-Virus aus seinen Verstecken im Körper der HIV-Infizierten. In Kombination mit der Standardbehandlung kann das Virus so effektiver zerstört werden. Die Universität von Kalifornien hat zugesagt, die Einnahmen aus Prostratin-Medikamenten mit Samoa zu teilen. In Einzelfällen funktioniert die Zusammenarbeit zwischen den Ländern des Südens und den Forschern des Nordens also auch auf der finanziellen Seite.

Parallel nehmen die Firmenanwälte in den Industrieländern neue Bereiche ins Visier. Statt Leben patentieren sie jetzt Erkenntnis. Bestsellerautor Michael Crichton kann wohl kaum als Gegner der Gentechnik bezeichnet werden, schließlich lässt er in seinem Roman »Dinopark« Wissenschaftler aus ein paar in Bernstein konservierten Genschnipseln ganze Dinosaurier nachzüchten. Doch kürzlich platzte Crichton der Kragen. Unter der Überschrift »This Essay Breaks the Law« – »Dieser Essay verstößt gegen das Gesetz«, wetterte er in der New York Times gegen überzogene Ansprüche von Biotechnologiefirmen. Konkret ging es ihm um ein Patent der Firma Metabolite, in dem ein Bluttest auf die Aminosäure Homocystein dazu genutzt wird, einen Mangel an Vitamin B12 oder Folsäure zu diagnostizieren. Ein solches Patent auf einen Test ist in der Branche üblich und so hatte LabCorp, ein großes medizinisches Labor in den USA, zunächst keine Probleme damit, Lizenzen an Metabolite zu zahlen. 1998 entwickelte aber ein weiteres Unternehmen einen schnelleren Homocystein-Test, den LapCorp einsetzen wollte. Dagegen klagte Metabolite – und bekam in den unteren Instanzen Recht. Das Patent von Metabolite umfasste nämlich nicht nur einen konkreten Test auf Homocystein, sondern in Anspruch 13 auch jeden Versuch, von einem Homocysteinwert auf einen Vitaminmangel zu schließen. Patentiert wird damit nicht nur ein technisches Verfahren, sondern zusätzlich die Beschreibung eines biologischen Sachverhaltes. Da könnte man ja gleich die Tatsache patentieren, dass Äpfel zu Boden fallen, meint Michael Crichton. Konsequent weitergedacht müsste dann jeder Lizenzen zahlen, der dank der Schwerkraft nicht ins Weltall entschwebt.

Das klingt absurd, aber die Realität des Patentrechts ist häufig für Laien kaum nachzuvollziehen. Der Supreme Court hat die Berufung überraschenderweise nachträglich für nicht zulässig erklärt. Michael Crichton jedenfalls hofft, dass irgendjemand die Bremse für den Patentwettlauf auf dem Feld der Biologie zieht: »Die Unternehmen können sicherlich einen Test besitzen, den sie entwickelt haben, aber sie sollten weder die Krankheit besitzen, noch das Gen, das sie verursacht, oder die entscheidenden Zusammenhänge rund um die Krankheit. Diese Unterscheidung ist einfach, auch wenn die Patentanwälte versuchen, sie zu verwischen.« (New York Times, 19.3.2006)

Gentech-Debatten in Gesellschaft und Politik

Die Entwicklung der Gentechnik und der Biotech-Firmen erfolgte aus den Laboren heraus, mit kräftiger Unterstützung der wechselnden Bundesforschungsminister. Die neue Biologie wurde aber auch außerhalb der Kreise der Wissenschaft und ihrer Verwalter diskutiert. Kirchen, Gewerkschaften, Umweltgruppen, sie alle sahen in der Gentechnik ein wichtiges Thema, das sie nicht den »Experten« überlassen wollten. In Seminaren, Diskussionsveranstaltungen und Kongressen informierten sich die Bürger und formulierten eigene Meinungen. Dabei überwog zunächst ein Gefühl des Misstrauens und der Angst gegenüber der Wissenschaft. Was nicht zuletzt aus der Geschichte resultierte. Viele Forscher und sicher die Mehrheit der Genetiker hatten sich im Dritten Reich bereitwillig in den Dienst der Nationalsozialisten gestellt. Im Namen der Wissenschaft erklärten sie Juden und Osteuropäer zu minderen Menschen, lieferten so »objektive« Argumente für deren Vernichtung. Auch innerhalb der deutschen Rasse sorgten sich die Eugeniker um Erbgesundheit des Volkes und empfahlen, die Vermehrung der Blonden und Blauäugigen gezielt zu fördern, die der »Minderwertigen« zu unterbinden. Die tödlichen Menschenexperimente des Josef Mengele in Auschwitz waren zwar extreme Fälle, aber sie fügten sich in die vorherrschende Lehrmeinung an den Universitäten ein. Nach 1945 behielten viele Genetik-Professoren ihre Lehrstühle, die Aufarbeitung der Geschichte des Faches begann erst in Achtzigern. Das Misstrauen gegen die Gentechnik nährte sich aber nicht nur aus der Vergangenheit, genauso wichtig war der aktuelle Streit um die Atomkraft. Hier hatten die Kritiker das Gefühl, einem Machtapparat aus Forschung und Politik gegenüber zu stehen, der die Interessen und Ansichten der Bürger kaum berücksichtigte. Die Gentechnik, so fürchteten viele, könnte ihnen genauso »übergestülpt« werden, wie die Atomtechnik. So wie die Kernenergie Atomkerne spaltet, so zerstört die Gentechnik den Zellkern und gefährdet damit das Leben selbst, lautete damals ein Argument.

Die öffentliche Debatte unterschied sich maßgeblich von den Diskussionen innerhalb der Wissenschaft. Während die Forscher sich vor allem um konkrete Risiken, wie die Entstehung neuartiger Krankheiten sorgten, fragten die Bürger ganz grundsätzlich nach der Berechtigung der Genmanipulation. In kirchlichen Kreisen spielte der Gedanke, dass man die göttliche Schöpfung nicht verändern darf, eine wichtige Rolle. Ohne Rückgriff auf die Theologie hatte die Natur in den Augen der Umweltbewegung einen ähnlich herausgehoben Status, der durch menschliche Eingriffe nur herabgewürdigt werden kann. Die Gentechnik schadet in dieser Sicht der Umwelt ebenso, wie etwa der Gebrauch von Pestiziden oder die Zerstörung der Landschaft durch den Bau von Autobahnen. Die Manipulation der DNA geht aber tiefer, an die Wurzel des Lebens selbst, und wurde deshalb von vielen in den Achtzigern weit vehementer abgelehnt. Daneben galt auch der reduktionistische Ansatz der Gentechnologie als grundsätzlich verfehlt im Umgang mit der Natur, die nur ganzheitlich zu begreifen sei. Der Blick von außen auf die Gentechnik stellte auch ganz andere Fragen in den Mittelpunkt. Bei den Volkskrankheiten dachten die Forscher darüber nach, wie genetische Therapien aussehen könnten, die Kritiker dagegen vermuteten die Ursachen von Herzinfarkten oder Zuckerkrankheit in Stress, falscher Ernährung oder Umweltgiften und forderten, hier vorbeugend anzusetzen, statt nur die Symptome zu behandeln. Ähnlich kann man die Ursachen des Hungers in der Dritten Welt eher in mangelnden Erträgen vermuten oder aber in der Ungerechtigkeit der Verteilung. Entsprechend bietet sich einmal die Gentechnik als Lösung an, während sie in der anderen Perspektive das wahre Problem eher verschleiert. In den Achtzigern gingen hier die Emotionen hoch, ein Konsens zeichnete sich nicht ab. Zwei Vorhaben führen die Debatte vom Abstrakten zurück auf die konkrete Ebene. Das Chemie- und Pharmazieunternehmen Hoechst stellte 1984 einen Antrag zur Errichtung einer Anlage für die gentechnische Produktion von Insulin in Frankfurt. Schnell regte sich Protest, Bürgerinitiativen wurden gegründet, die Behörden wussten nicht recht, wie sie auf dem neuen Feld agieren sollten. Als dann Joschka Fischer Umweltminister einer rot-grünen Koalition in Hessen wurde, kam das Vorhaben ganz zum Erliegen. Letztlich erhielt Hoechst nach 14 Jahren Auseinandersetzung doch noch eine Genehmigung erteilt. Da produzierte die Firma schon lange gentechnisches Insulin in Frankreich. Die rote Gentechnik wurde letztlich auch in der deutschen Öffentlichkeit nach einigen Jahren Diskussion akzeptiert. Seit dem Genomprojekt ist die Gentechnologie geradezu populär geworden, insbesondere ihre Anwendung in der Medizin wird nicht mehr gefürchtet, sondern von häufig übertriebenen Hoffnungen begleitet.

Anders sieht es bei der grünen Gentechnik, bei den genmanipulierten Pflanzen aus. Sie rückten Ende der Achtziger in den Mittelpunkt der Kritik an der Gentechnik. Auch auf diesem Gebiet löste erst der Versuch der praktischen Anwendung, die erste Anpflanzung genetisch veränderter Pflanzen im Freiland, breite Proteste aus. Doch während die Widerstände das Hoechst-Projekt lange verhindern konnten, setzten sich bei der grünen Gentechnik schnell die Wissenschaftler durch. Das Kölner Max-Planck-Institut für Züchtungsforschung säte 1990 und 1991 ein ganzes Feld mit Petunien aus. Die Kritiker sahen darin den Versuch, die Freisetzung sozusagen auf dem Kuschelweg einzuführen. Eine Petunie wirkt schließlich nicht wie eine Killerpflanze. Eigentlich blühen die Gartenblumen rot oder blau, gelegentlich treten aber auch weiße Mutanten auf. Einer solchen weißen Pflanze hatten die Kölner Forscher mithilfe eines Gens aus dem Mais zu einer lachsroten Blüte verholfen. Mithilfe von Tausenden dieser blassen Blüten sollten springende Gene aufgespürt werden. Die Existenz dieser genetischen Vagabunden war lange umstritten. In den Fünfzigern hatte die Amerikanerin Barbara McClintock bunte Flecken auf Maiskörnern genau studiert und aus den Mustern geschlossen, dass nicht alle Erbanlagen fest an ihrem Platz auf den Chromosomen sitzen bleiben. Anfangs wurde sie dafür verlacht, 1983 erhielt sie aber den Nobelpreis, die springenden Gene waren zu einem wichtigen Forschungsthema geworden. Gerade weil sie so beweglich waren, ließen sie sich aber schlecht aufspüren. Die Kölner Forscher hofften, dass irgendwo in ihrem Petunienfeld ein springendes Gen zufällig in das künstliche Gen für die lachsrote Farbe hüpfen würde. Dann säße es gewissermaßen in der Falle und würde sich gemeinsam mit dem Farb-Gen isolieren lassen. Im Vorfeld betonten die Forscher immer wieder, dass die Gentechnik eine exakte Planung der Experimente ermöglicht. 1990 war aber ein heißer Sommer, statt vereinzelter weißer Blüten in einem Meer von Rosa, sahen sich die Forscher Tausenden ausgebleichter Pflanzen gegenüber. Ein springendes Gen konnten sie so nicht aufspüren. Die Reaktionen auf das Experiment hätten unterschiedlicher nicht sein können. Die Kritiker sahen in dem unerwarteten Ausgang des Experiments einen Beleg für die grundsätzliche Unmöglichkeit, die Effekte einer Genmanipulation vorherzusagen. Die Wissenschaftler betonten, dass entgegen mancher apokalyptischer Vorhersagen, die Genpetunien keineswegs die ganze Umgebung überwuchert hatten. Die blassen Petunien führten übrigens doch noch zu einer wissenschaftlichen Entdeckung. Der Hitzestress hatte einen bis dahin noch nicht bekannten Mechanismus der Genregulation aktiviert, die RNA-Interferenz. Sie ist bis heute ein aktuelles Forschungsthema. In der Öffentlichkeit hat sich das Image der Genpflanzen seit den Kölner Petunien aber kaum gebessert. Bei der grünen Gentechnik ist eben für die Bürger, anders als bei der Gentechnik in der Medizin, kein klarer Nutzen erkennbar.

Sowohl die Insulinfabrik von Hoechst als auch das Kölner Petunienfeld waren Kristallisationspunkte der öffentlichen Debatte rund um die Gentechnik. Sie trugen aber auch dazu bei, dass sich neben den Bürgern verstärkt auch ihre Vertreter, die Politiker, mit dem Thema beschäftigten. Die Umweltbewegung brachte ja mit den Grünen ihre eigene Partei

Protestaktion gegen genmanipulierte Nahrungsmittel

hervor. Bei deren Gründung stand der Protest gegen die Gentechnik sicher nicht im Mittelpunkt, aber er fand hier seine politische Heimat. Die Diskussion verlagerte sich weg von der Straße hinein ins Parlament. Damit kam es auch zu einer Verschiebung der Schwerpunkte. Im Parlament stand weniger die grundsätzliche Ablehnung jeden Eingriffs in die Schöpfung oder die Frage, ob die Gentechnik überhaupt den richtigen Ansatzpunkt zur Lösung der Probleme bieten würde, im Mittelpunkt; wichtiger waren konkrete Befürchtungen und Hoffnungen in Bezug auf die Arbeit an der Erbsubstanz. Einen entscheidenden Schritt hin zu dieser veränderten Wahrnehmung stellte die Enquete-Kommission »Chancen und Risiken der Gentechnologie« dar. Sie nahm 1984 auf Antrag der SPD und der Grünen ihre Arbeit auf, als weltweit erstes parlamentarisches Gremium zu diesem Thema. Der Auftrag lautete, besonders die ökonomischen, ökologischen, rechtlichen und gesellschaftlichen Auswirkungen in den Vordergrund zu stellen und bei der Anwendung bei Menschen den ethischen Aspekten besondere Aufmerksamkeit zu widmen. Als der Ausschuss die Arbeit aufnahm hatten nur die FDP und die Grünen klare Positionen zur Gentechnik, die allerdings nicht unterschiedlicher hätten sein können. Die Liberalen sahen vor allem die wirtschaftlichen und wissenschaftlichen Möglichkeiten, während die Grünen nur Risiken erkennen wollten. In den beiden großen Volksparteien gab (und gibt) es dagegen keine einheitliche Einschätzung der Gentechnik. Sowohl in der SPD als auch in der CDU/CSU fanden sich Befürworter und Gegner der neuen Biologie.

Nach einer Vielzahl von Anhörungen und umfassenden Beratungen legten die neun Abgeordneten und acht Sachverständigen der Enquete-Kommission 1997 einen Abschlussbericht vor. Er umfasst 431 Seiten und legt detailliert Problemzonen und Potenziale der Gentechnik dar. Unter den Abgeordneten gab es einen breiten Konsens für ein vorsichtiges Voranschreiten auf dem Feld der Gentechnik. In der Mehrheitsmeinung betonten sie die Chancen der neuen Methoden für Grundlagenforschung, Medizin, Landwirtschaft und Umweltschutz. In den über 200 Empfehlungen fanden sich aber auch zahlreiche kritische Anmerkungen, insbesondere zu den Gentests. Mit dieser Sicht der Dinge waren allerdings die Grünen nicht einverstanden. Anders als ursprünglich auch mit der grünen Stimme vereinbart, legten sie in letzter Minute ein umfangreiches Sondervotum vor. Obwohl es nicht der Geschäftsordnung entsprach, wurde es in den Abschlussbericht mit aufgenommen. Die Hauptforderung der Grünen lautete, »jede Anwendung der Gentechnologie zu stoppen, da diese Technologie nicht von einem breiten gesellschaftlichen Konsens getragen wird« (Bundestagsdrucksache 10/6775; S. 355) Damit konnten sich die Grünen aber nicht durchsetzen. Viele Vorschläge der Enquete-Mehrheit fanden 1990 in das Deutsche Gentechnikgesetz Eingang, das im internationalen Vergleich sehr strenge Auflagen für die Forscher macht. Im Lauf der Jahre wurden die Bestimmungen aber wieder gelockert, als die praktische Erfahrung zeigte, dass viele Befürchtungen überzogen waren.

Während die Gentechnik zur Normalität wurde, veränderte sich die Debatte ein weiteres Mal. Es geht nicht mehr um die Grundsatzfrage »Genmanipulation – ja oder nein«, sondern um die die vielen Details: Wer darf das Ergebnis eines Gentests erfahren, wie müssen gentechnisch veränderte Lebensmittel gekennzeichnet werden, welchen Status haben Patente auf DNA-Sequenzen? Der veränderte Blickwinkel spiegelt sich auch im Parlament wider. Nicht mehr die Gentechnik an sich wird diskutiert, sondern ihre Anwendungen, vor allem in der Enquete-Kommission Recht und Ethik in der modernen Medizin (14. und 15. Wahlperiode 1998 bis 2005). In diesem Gremium wurde über Gentests im Rahmen der Reagenzglasbefruchtung genauso gestritten wie zum Beispiel über die Patentierbarkeit von DNA-Sequenzen. Besonders heftig waren die Auseinandersetzungen bei der Stammzellforschung. Gerade auf die embryonalen Stammzellen setzen Forscher und Mediziner große Hoffnungen, doch diese zellulären Alleskönner lassen sich nur aus menschlichen Embryonen gewinnen, die dabei zerstört werden. Der Status dieser sehr frühen Reagenzglas-Embryonen, wenige Tage alt und nur aus einigen hundert Zellen bestehend, ist umstritten. Die Konfliktlinien verlaufen ein weiteres Mal quer zu den klassischen Parteigrenzen. In allen Parteien finden sich Politiker, die schon der befruchteten Eizelle den ganzen Schutz des Grundgesetzes zukommen lassen wollen und andere, die in den frühen Embryonen zwar ein Potenzial erkennen, Mensch zu werden, aber eben noch keinen vollwertigen Menschen.

Die Enquete-Kommission ist nicht das einzige politische Gremium, das sich mit der Biotechnologie befasst. Am 2.5.2001 wurde der Nationale Ethikrat vor allem auf Betreiben des damaligen Bundeskanzlers Gerhard Schröder (SPD) als »nationales Forum des Dialogs über ethische Fragen in den Lebenswissenschaften« (§ 1 Einrichtungserlass) gegründet. Schon in ihrer ersten Stellungnahme »Zum Import menschlicher embryonaler Stammzellen« stellten die 25 Experten aus Natur- und Geisteswissenschaften klar, dass sie nicht einfach die Wünsche der Forscher durchnicken würden. Der Bericht ist sehr differenziert. Er legt nicht fest, was ethisch ge- oder verboten ist, sondern macht vielmehr die verschiedenen Diskussionslinien deutlich. Letztlich gibt es keine Experten, die quasi objektive Vorgaben für das Feld der Biotechnologie liefern könnten. Die Entscheidung hängen von den Wertvorstellungen ab und die sind oft recht unterschiedlich und in jedem Fall wenig flexibel. Damit sind wieder die Politiker gefordert und ihre Aufgabe, Kompromisse zu finden. In Sachen embryonale Stammzellen gelang die Brückenbildung zwischen unversöhnlichen Gegensätzen 2002 über eine Stichtagsregelung. Danach ist die Gewinnung embryonaler Stammzellen verboten, deutsche Forscher dürfen aber mit ES-Zell-Linien arbeiten, die schon vor dem 1.1.2002 existierten. Der Kompromiss ermöglicht zum einen die Forschung und verhindert zugleich, dass ein Embryo im Namen der deutschen Wissenschaft zerstört wird.

Die hohe Kunst des Kompromisses wird in nächster Zeit noch häufiger gefordert sein. Auf dem Gebiet der Biotechnologie stehen wichtige Entscheidungen an. So ist ein Gentestgesetz genauso in Arbeit wie ein Gesetz zu den Fortpflanzungstechnologien und Regelungen zum Umgang mit der grünen Gentechnik. Hier wird es sicher noch heftige Diskussionen geben und auch beim Embryonenschutzgesetz sprechen Wissenschaftler und einzelne Politiker schon von einer notwendigen Überarbeitung. 30 Jahre nach dem Startschuss der Gentechnik ist die neue Biologie auf vielen Gebieten Alltag geworden, aber einzelne Anwendungen sorgen nach wie vor für Zündstoff, wie in den folgenden Kapiteln nachzulesen sein wird.

Gene in der Forschung

Das Gen für ...

Auf manchen Straßen Pennsylvanias begegnet man Pferdekutschen, tragen die Männer Vollbärte und die Frauen Strohhüte. Hier leben die Amish, eine protestantische Sekte, die im 18. Jahrhundert von Europa in die USA ausgewandert ist. Sie stammen von 150 deutschen und schweizerischen Auswandererfamilien ab. Seit vielen Jahren heiraten sie bevorzugt ihre Glaubensbrüder oder -schwestern. So kommt es, dass viele Amish-Kinder an Erbkrankheiten leiden. Die Amish stehen dem technischen Fortschritt kritisch gegenüber, in dieses Leben scheint die moderne Wissenschaft nicht zu passen. Und doch arbeiten einige Amish-Gemeinden schon seit vielen Jahren mit Genetikern zusammen. Die ungewöhnliche Partnerschaft hilft beiden Seiten. Ihre Eltern erhoffen sich von der Wissenschaft neue Behandlungsmöglichkeiten. Die Forscher auf der anderen Seite können in den gut dokumentierten Stammbäumen der Amish besonders leicht nach Genen suchen.

Die Clinic for Special Children in Strasburg bietet seit über 20 Jahren kostengünstige Behandlungen für Amish-Kinder an, gleichzeitig konnten viele Dutzend DNA-Defekte beschrieben werden. Viele verursachen erbliche Stoffwechseldefekte, bei denen eine spezielle Diät das Ausbrechen der Symptome verhindern kann. Hier helfen die Erkenntnisse der Genforschung also direkt den betroffenen Familien. Bei anderen Erbleiden ist dagegen keine Heilung möglich. Einige Amish-Familien haben ihre Kinder durch den plötzlichen Kindstod verloren. Ursache ist ein Defekt in einem Gen mit dem Kürzel TSPYL. Es ist im Gehirn und in den Hoden aktiv, seine genaue Aufgabe aber ist noch unbekannt. Die Forscher hoffen, dass eine genauere Analyse des Gens in Zukunft den Weg zu einer Therapie aufzeigt. Bis es so weit ist, ermöglicht ein Gentest eine schnelle Diagnose, sodass die betroffenen Kinder gezielt überwacht werden können.

Mit den gleichen Methoden, die bei den Amish zum Erfolg führten, sind inzwischen auch andere Bevölkerungsgruppen untersucht worden. Die Ursachen vieler klassischer Erbleiden konnten auf diesem Weg aufgeklärt werden. Das ist ein großer Erfolg der Genforschung.

Erbkrankheiten sind aber im Allgemeinen selten. Für die Gesundheit der Gesamtbevölkerung wichtiger sind Leiden wie Krebs, Herzinfarkt, Schlaganfall, Zuckerkrankheit, Depression oder auch der Alkoholismus, die zwar eine erbliche Komponente haben, aber sicher nicht nur von den Genen verursacht werden.

Kein Wunder, dass die Wissenschaftler nach den ersten Erfolgen bei klassischen Erbkrankheiten auch nach den genetischen Ursachen von Diabetes und Depression suchten. Und wieder waren es die Amish, die einen schnellen Weg zum Gen versprachen. In der Glaubensgemeinschaft ist die manische Depression besonders häufig. Die betroffen Familien hatten das Leiden als Gottes Wille hingenommen. Als in den Siebzigern Genetiker der Universität von Miami in ihre Dörfer kamen, erhielten die Kranken erstmals eine wirksame Therapie. Das war ein positiver Effekt der Forschung, lange bevor irgendein Gen identifiziert werden konnte. Erst nach jahrzehntelangen Studien gelang es, die manische Depression in einer großen Amish-Familie mit einer Veränderung auf dem Chromosom elf in Verbindung zu bringen. Die Zeitungen berichteten mit großen Schlagzeilen, das Gen für die Depression sei entdeckt. Ähnlich publikumswirksam wurden auch Gene für den Alkoholismus, die Schizophrenie, die Aggression, die Neigung zu Seitensprüngen oder eine Genregion für die Homosexualität präsentiert.

Gerade Gene, die die Persönlichkeit oder das Verhalten prägen, entfachen ein großes Medienecho. Die Meldung, dass andere Forscher den Zusammenhang nicht bestätigen konnten, schafft es dagegen kaum in die Tagespresse. Solche Studien mit gegenteiligem Ergebnis gibt es für alle eben genannten Gene. Auch die Bedeutung des Gens für die manische Depression verflüchtigte sich, als die Forscher einen größeren Stammbaum untersuchten. Inzwischen zeigten weitere Untersuchungen an größeren Familien der Amish, dass das Risiko für die manische Depression von mehreren Genen beeinflusst wird. Das ist vielleicht die wichtigste Erkenntnis der Genforschung: Komplexe Krankheiten sind eben das: komplex. Der unbestreitbar große Einfluss des Erbguts auf viele Krankheiten, aber auch auf Persönlichkeitszüge, konzentriert sich nicht auf ein kurzes Stück DNA, sondern verteilt sich auf viele Gene. Einige erhöhen das Risiko, etwa an einer Depression zu erkranken, andere stellen genetische Schutzfaktoren dar. Das zeigt einmal mehr, dass kein Gen für sich alleine wirkt. Es entfaltet seine Effekte immer erst im Zusammenspiel mit der »inneren« Umgebung, mit den vielen weiteren Erbanlagen. Und sie alle gemeinsam werden maßgeblich auch von der äußeren Umwelt beeinflusst. Das aber ist kein Argument gegen die reduktionistische Gentechnik. Erst ihre Methoden erlauben es, das Zusammenspiel der vielen Faktoren zu entwirren.

Gewalt aus den Genen?

Ein gutes Beispiel für das Auf und Ab der Genforschung bei einem komplexen Merkmal ist das angebliche Gewaltgen MAO A. Die Monoaminooxidase A ist am Stoffwechsel mehrerer Botenstoffe des Gehirns beteiligt. Eigentlich ist dieses Enzym nur für Spezialisten von Interesse, doch 1993 sorgte es für eine öffentliche Debatte in Deutschland. In den Zeitschriften Science und American Journal of Human Genetics hatten Forscher um Hans Hilger Ropers von einer großen niederländischen Familie berichtet, in der mehrere Männer eine leichte geistige Behinderung aufwiesen. Weiter heißt es: »Alle betroffenen Männer der Familie zeigen sehr charakteristische Verhaltensauffälligkeiten, insbesondere aggressives und zum Teil gewalttätiges Verhalten«, das sich in Einzelfällen auch in Brandstiftung und einer versuchten Vergewaltigung geäußert haben soll. (American Journal of Human Genetics, 52[6]: S. 1032–9) Nach einer genetischen Analyse kamen die Forscher zu dem Schluss, dass eine Mutation im MAO-A-Gen verantwortlich ist. »Zusammengenommen legt die Untersuchung dieser Familie eine Beziehung zwischen dem kompletten Fehlen der MAO-A-Aktivität und dem abnormal aggressiven Verhalten nahe.« Und weiter: »Eingedenk der großen Bandbreite der MAO-A-Aktivität in der normalen Bevölkerung, kann man fragen, ob das aggressive Verhalten auf den kompletten MAO-A-Mangel beschränkt ist.« (Science, [262]: S. 578–80) Hier wurde die Brücke von einer Veränderung in einem Gen zuerst zum Verhalten der betroffenen Männer und dann weiter zur Allgemeinbevölkerung geschlagen.

Die Entdeckung des ersten »Gewaltgens« sorgte selbst in Tageszeitungen für Schlagzeilen. Viele Forscher feierten die klare Verbindung von Biologie und gewalttätigem Verhalten. Ropers selbst dachte in einem Gespräch mit der Zeit sogar über praktische Konsequenzen nach: »Seit langem kennt die Rechtsprechung den Begriff der verminderten Zurechnungsfähigkeit. In moralischer Hinsicht wäre es schwer zu verteidigen, ein ungünstiges soziales Umfeld als strafmildernd zu berücksichtigen, eindeutig relevante genetische Faktoren jedoch nicht.« (Die Zeit, 22.4.1994) Zumindest in den USA war die Gesellschaft durchaus bereit, die neuen Erkenntnisse aufzugreifen. Der Anwalt eines verurteilten Mörders aus Georgia meldete sich bei Xandra Breakfield, einer Co-Autorin des Science-Artikels, und wollte seinen Mandanten untersuchen lassen. Wenn sich ein MAO-A-Defekt finden ließe, so die Überlegung, dann wäre ja das Gen und nicht die Person schuld an dem Verbrechen. Und dann säße der Mann ja wohl zu Unrecht in der Todeszelle.

Doch die Erkenntnisse und ihre Interpretation stießen nicht nur auf Zustimmung. In den Leserbriefseiten der deutschen Tageszeitungen fand eine heftige Auseinandersetzung statt. Zum wichtigsten Kritiker wurde der Genetiker und Wissenschaftshistoriker Benno Müller-Hill. In einem Interview bemängelte er vor allem die Sprache der Veröffentlichung: »Was stimmt, ist, dass in dieser Familie tatsächlich ein defektes MAO-Gen gefunden wurde, aber stimmt die Beschreibung dieser Personen? In diesem konkreten Fall wäre es meiner Meinung nach durchaus möglich zu sagen, die Personen, die diesen Phänotyp haben, sind leicht erregbar, fällen ihre Entscheidungen ohne langes Nachdenken. Das heißt, sie sind spontan nett und manchmal auch spontan weniger nett.« (Interview: V.W.) Später stellte Xandra Breakfield in einem Interview mit Science klar: »Eine defekte Monoaminooxidase A führt nicht automatisch zu Gewalt oder zu überhaupt einem Verhalten. Selbst bei diesem Syndrom, das große Auswirkungen im Stoffwechsel hat, gibt es Menschen, die glücklich verheiratet sind. Sie hatten die richtige Unterstützung.« (Science, [264]: S. 1689) Keine Rede mehr von einer Beziehung zwischen dem Gen und abnormal aggressivem Verhalten. MAO A hat einen Einfluss auf das Gehirn, doch der ist ziemlich unbestimmt. Ein Gewaltgen ist MAO A sicher nicht, obwohl das der ursprüngliche Artikel suggerierte.

Es wurde lange Zeit still um MAO A. Die Forscher untersuchten allenfalls den Effekt des Gens auf Mäuse. Das änderte sich im Jahr 2002. Wieder erscheint ein Artikel zum Einfluss des Gens auf das menschliche Verhalten, wieder in der Zeitschrift Science. Und doch könnte der Tenor nicht verschiedener sein. Die erste Publikation stand noch ganz unter dem Einfluss der »Das Gen für ...«-Philosophie, während die neue Untersuchung das Zusammenwirken von Genen und Umwelt in den Mittelpunkt stellte. Die Forscher um Terry Moffitt vom King's College in London machten sich eine weltweit wohl einmalige Studie zunutze. Die Dunedin Gesundheits- und Entwicklungsstudie verfolgt über Jahrzehnte das Schicksal von etwa 1000 Babys, die im Jahr 1972/73 in der Kleinstadt Dunedin in Neuseeland geboren wurden. Die Kinder wurden direkt nach der Geburt, im Alter von drei Jahren und dann immer im Abstand von zwei Jahren medizinisch untersucht. Gleichzeitig erhoben die Forscher jeweils eine Fülle von Daten zu den Lebensumständen dieser Kinder und später Erwachsenen.

Wie zu erwarten, wurden im Lauf der Zeit einige der Studienteilnehmer gewalttätig. Sie kamen entweder mit dem Gesetz in Konflikt, wurden von guten Bekannten als gewalttätig beschrieben oder zeigten in einem psychologischen Fragebogen entsprechende Neigungen. Terry Moffitt wollte wissen, ob das MAO-A-Gen etwas damit zu tun hat. Der völlige Ausfall des Gens wurde bislang nur in der einen niederländischen Familie beschrieben, dagegen sind eine aktivere und eine schwächere Variante des Enzyms weit verbreitet. Eine Analyse der Dunedin-Daten ergab schnell, dass die MAO-A-Form keinen Einfluss auf die Neigung zu gewalttätigem Verhalten hat. Während die Gene offenbar nicht so wichtig sind, ist schon lange bekannt, dass ein Umweltfaktor, nämlich Erlebnisse von körperlichem oder sexuellem Missbrauch in der Kindheit, später im Leben zu einer antisozialen Persönlichkeitsstörung führen kann. Dieser Zusammenhang fand sich auch in Dunedin, er war aber nicht besonders stark. Solche Narben an der Seele führen bei der Mehrheit der Betroffenen nicht zu Gewaltproblemen. Als Terry Moffitt aber die Umwelt- und die Gendaten kombinierte, fand sich ein starker Effekt. Nur zwölf Prozent der Studienteilnehmer hatten eine schwache MAO-A-Aktivität und zusätzlich Missbrauchserlebnisse in der Kindheit. Diese kleine Gruppe war aber für fast die Hälfte der Verurteilungen wegen gewalttätigen Verhaltens verantwortlich. 85 Prozent dieser Männer zeigte eine Form der asozialen Persönlichkeitsstörung. Genetischer Risikofaktor und Umweltbelastung gemeinsam haben also einen großen Effekt auf die Persönlichkeit. Anders als viele Meldungen nach dem Muster »DAS GEN FÜR …« ließ sich das Zusammenspiel von konkreter Genvariante mit konkreten Umweltbedingungen in der Zwischenzeit auch mit anderen Methoden bei weiteren Gruppen bestätigen. Der alte Streit, sind es die Gene, ist es die Umwelt, ist endgültig überholt. Das Aussehen, die Persönlichkeit, Krankheiten, sie alle entstehen erst im Ineinandergreifen von Anlagen auf der DNA und Anstößen von außen. Die Zukunft der Forschung liegt in dem Versuch, diese ganze Komplexität nicht auf einfache Modelle zu reduzieren, sondern in ihrer Gesamtheit zu erhellen. Gerade wenn es darum geht, den Einfluss der Umwelt zu verstehen, kann die Analyse des Erbguts ganz neue Blickwinkel eröffnen.

Einheit und Vielfalt

Das Humangenomprojekt hat das prototypische Erbgut des Menschen verfügbar gemacht. Die Folge der As und Ts, der Cs und Gs, die in Nature und Science veröffentlicht wurden, wird ein für alle Mal festgelegt. Doch diese Sequenz ist eine Abstraktion. Sie ist nicht der Idealtyp des menschlichen Genoms, sondern nur ein Beispiel für die Gene des Menschen. Es gibt andere Beispiele, so viele wie es Menschen gibt, und keine dieser individuellen Formen ist zunächst einmal besser oder schlechter. Es gibt große Unterschiede zwischen völlig gesunden Personen. Einzelne Gene können in sechs Kopien vorliegen, oder in 24, ohne dass das irgendeinen offensichtlichen Einfluss hat. Noch viel zahlreicher ist die Vielfalt auf der Ebene der einzelnen DNA-Bausteine. Statistisch betrachtet weicht jeder Einzelne von dem veröffentlichten Prototyp ungefähr alle 1000 Basenpaare ab. Bei drei Milliarden genetischen Buchstaben unterscheidet sich jedermann von jederfrau an drei Millionen Stellen auf der DNA. Es wird geschätzt, dass es rund zehn Millionen häufige Varianten gibt, die bei mindestens einem Prozent der Bevölkerung auftreten. Das bietet viel Raum für genetische Individualität.

Die Unzahl dieser winzigen genetischen Unterschiede, die single nucleotide polymorphism (SNPs, gesprochen snips), stehen dabei im Mittelpunkt des Interesses. Die meisten Variationen haben keine Folge, sie liegen in den Wüsten des Erbguts in der Junk-DNA. Andere dagegen sorgen für die vielen Unterschiede zwischen den Menschen, beeinflussen die Haarfarbe oder die Vorliebe für Milchprodukte, ein besonders feines Gehör oder das Rechentalent. All das ist für die Grundlagenforschung von Interesse, praktische Auswirkungen werden aber vor allem die SNPs haben, die für Unterschiede im Krankheitsrisiko verantwortlich sind.

Ein wichtiges Ergebnis der Genforschung lautet, dass die Unterschiede zwischen Schwarzen und Weißen, Asiaten und Indianern zwar ins Auge fallen mögen, dass sie aber nur die Oberfläche betreffen. Im Inneren, im Genom sind die Ähnlichkeiten zwischen den Menschen viel größer als die Unterschiede. Anders ausgedrückt, innerhalb einer Rasse gibt es viel mehr genetische Variation, als es Unterschiede zwischen den Idealformen der jeweiligen Rassen gibt. Die Genomforschung wird die Diskussion um die Bedeutung des Begriffs Rasse über kurz oder lang wieder neu entfachen. Forscher konnten Gene identifizieren, die sich noch in jüngster Zeit unter dem Druck der Evolution verändert haben. Die Liste ist lang, prominent vertreten sind zum Beispiel Gene, die mit dem Geruchssinn und der Entgiftungsleistung der Leber zusammenhängen. Sie haben sich möglicherweise der durch den Ackerbau veränderten Ernährung angepasst. Das macht Sinn, für die Forscher überraschend war aber die Entdeckung, dass in Afrika, Asien und Europa jeweils andere Gene den Einfluss der Selektion zeigen. Hinter der Hautfarbe verbergen sich also tatsächlich Unterschiede. Deren Auswirkung hat allerdings wenig mit dem Leistungsvermögen oder dem Charakter der Völker zu tun, sondern reflektiert vielmehr direkte Anpassungen an die unterschiedlichen Lebensverhältnisse. So sorgen fünf junge Genvarianten für die blasse Haut der Europäer, damit sie trotz der schwachen nördlichen Sonne genug Vitamin D erzeugen können.

Nach wie vor gilt: Betrachtet man einzelne Gene, ist es nicht möglich, auf die Rasse eines Menschen zu schließen. Die Sache sieht aber anders aus, wenn nicht nur ein Gen oder ein SNP, sondern viele Erbanlagen gleichzeitig betrachtet werden. Aus dem Muster der Gene lässt sich eine einigermaßen verlässliche Prognose über die Rasse ableiten. Der englische Forensic Science Service, die Wissenschaftliche Abteilung der britischen Polizei, hat schon begonnen, aus DNA-Spuren von Tatorten vorsichtige Prognosen über das Aussehen der Gesuchten abzuleiten. Die Wissenschaftler behaupten, über die Analyse von drei DNA-Stücken mit 85-prozentiger Sicherheit vorhersagen zu können, ob ein Täter kaukasischer (Kaukasier ist die Bezeichnung für weiße Europäer) oder afrokaribischer Abstammung ist. Noch ist allerdings nicht klar, ob die Hinweise der Polizei wirklich helfen, oder ob sie eher für Verwirrung sorgen. Schließlich liegen die Wissenschaftler nach eigenen Aussagen zu 15 Prozent falsch. Wenn sich die Polizei zu sehr auf die genetischen Daten verlässt, jagt sie möglicherweise einem Phantom hinterher.

Ein Beispiel für das Wiedererstarken der Kategorie »Rasse« in der Wissenschaft ist auch das erste Medikament, das in den USA speziell zur Behandlung von Afroamerikanern zugelassen wurde. In dieser Gruppe ist der Herzinfarkt seltener die Folge von zu viel Cholesterin als von einer Versteifung der Adern. Das Medikament BiDil soll die Blutgefäße flexibler machen. In Studien ist belegt, dass die Substanz bei Afroamerikanern tatsächlich bessere Ergebnisse erzielt als bei Amerikanern europäischer Herkunft. Genauso wahr ist aber auch, dass es viele Afroamerikaner gibt, die nicht von dem Medikament profitieren und dass viele »Weiße« mit ihm erfolgreich behandelt werden könnten. Der Begriff Rasse ist zu grob, um eine gute Entscheidungsgrundlage für die Ärzte zu bieten. Der Hersteller von BiDil sucht derzeit nach Markern im Genom, mit denen sich die Wirksamkeit des Medikaments vorhersagen lässt. Wenn das gelingt, könnte die Behandlung auf den Einzelnen maßgeschneidert werden, völlig unabhängig von der Hautfarbe.

Immer wieder Überraschendes

Genforschung ist business as usual. Gerade weil sie mit etablierten Methoden verlässliche Ergebnisse liefert, ist sie ja so beliebt. Das heißt aber nicht, dass das Gebiet nur gepflegte Langeweile zu bieten hat, im Gegenteil.

Im Staat der Zelle üben ausschließlich die Proteine die Kontrolle über die DNA aus, so viel galt unter Wissenschaftlern als ausgemacht. Doch 2002 kürte die Zeitschrift Science überraschend kurze RNA-Schnipsel zum Molekül des Jahres. Diese Schnipsel hatten lange als bloße Abbauprodukte der eigentlich interessanten Boten-RNA gegolten. Doch jetzt zeigte sich, dass sie eine wichtige Rolle bei der Genregulation spielten. Die sogenannte RNA-Interferenz wirkt auf der Ebene der Boten-RNA. Die kurzen RNA-Schnipsel können sich nach den Regeln der Basenpaarung an jede passende Sequenz einer Boten-RNA binden. Die so markierte Arbeitskopie eines Gens wird dann von spezialisierten Enzymen abgebaut. Obwohl das entsprechende Gen aktiviert ist, kann es keinerlei Wirkung entfalten, es ist praktisch abgeschaltet. Auch die RNA-Schnipsel selbst sind das Produkt besonderer Gene, im Erbgut von Säugern finden sich Hunderte davon. Da sie den klassischen Genen kaum ähneln, wurden sie lange als Junk-DNA betrachtet, heute gelten sie als Perlen im genetischen Müll. Ihre Bedeutung ist derzeit noch kaum erforscht. Bei einfacheren Tieren wie dem Fadenwurm werden bestimmte Entwicklungsschritte über den Mechanismus der RNA-Interferenz reguliert. Pflanzen setzen die iRNAs ein und in Maus und Mensch könnten die kurzen RNAs an der Entstehung von spezialisiertem Gewebe aus Stammzellen beteiligt sein.

Die Entdeckung eines völlig neuen Weges der Genregulation ist schon überraschend genug. Die iRNAs sind aber nicht nur von theoretischem Interesse. Sie sind auch ein einfacher Weg, um die Aktivität von Genen künstlich zu steuern. Nimmt man die Zahl der Publikationen als Maßstab, dann gilt die iRNA in der Krebstherapie und bei der Behandlung von AIDS und Hepatitis als besonders vielversprechend. Die erste klinische Studie wurde aber auf einem ganz anderen Feld begonnen. Bei der Makula-Degeneration wird der Fleck des schärfsten Sehens im Auge immer weiter geschädigt, bis die Patienten völlig erblinden. Es gibt verschiedene Formen der Makula-Degeneration, bei der feuchten Variante beginnen die Blutgefäße der Netzhaut unkontrolliert zu wachsen und versperren so zunehmend die Sicht. Die Ärzte können diesen Patienten kaum helfen. Neue Therapieformen werden deshalb dringend gesucht. Die Makula-Degeneration ist auch besonders geeignet für die Erprobung neuer Behandlungsansätze. Das Zielgebiet für eine wirksame Therapie ist klein, das erhöht die Erfolgschancen, außerdem ist es gegenüber dem Rest des Körpers auch relativ abgeschottet, sodass sich das Risiko von Nebenwirkungen in Grenzen hält. Gleich mehrere Firmen wollen das Wuchern der Adern mit RNA-Schnipseln stoppen, die ganz spezifisch einen Wachstumsfaktor für Blutgefäße abschalten. Diese Strategie hat sich auch schon im Tierversuch bewährt. Zwei amerikanische Firmen, Sirna (das Kürzel steht für small interfering RNA) aus San Francisco und Acuity Pharmaceuticals (acuity heißt Sehschärfe) aus Philadelphia, nehmen für sich in Anspruch, die ersten klinischen Studien mit einer iRNA durchgeführt zu haben. Die ersten Patienten wurden 2004 behandelt, es gab keine unerwarteten Nebenwirkungen, allerdings waren die Studien zu klein, um einen Erfolg der Therapie zu bestätigen. Die Ärzte hatten allerdings den Eindruck, dass die Sehkraft der Patienten zumindest nicht weiter abnahm. Auf dem Gebiet der feuchten Makula-Degeneration gibt es heute eine starke Konkurrenz innovativer Therapien. Ein Antikörper, der den Wachstumsfaktor für Blutgefäße blockiert, steht kurz vor der Zulassung. Ob sich die iRNA hier durchsetzen kann, wird erst die Zukunft zeigen. In jedem Fall gibt es für die Kranken erstmals begründete Aussicht auf eine wirksame Behandlung. Und die iRNA zeigt, wie sehr die Methoden der Gentechnik den Weg von einer völlig unerwarteten Entdeckung zu einer möglichen Anwendung verkürzt haben.

Sprachgen FoxP2

Was haben der Mensch, der Schimpanse und der Fink gemeinsam? Sie alle verständigen sich über Töne. Und wo liegt der Unterschied? In einem Gen namens FoxP2, das schon als das »Sprachgen« bejubelt wurde. Auch wenn es sicher keinen genetischen Hauptschalter gibt, der auf Knopfdruck eine verborgene Sprachfähigkeit freischaltet, ist FoxP2 doch ein gutes Beispiel, wie die moderne Biologie verblüffende Verbindungen von Art zu Art ziehen kann.

Eine englische Familie mit Sprachproblemen, die Öffentlichkeit kennt sie nur unter dem Kürzel KE, brachte die Forscher auf die Spur von FoxP2. Die Hälfte der Familienmitglieder von KE leidet unter schweren

Sprachschwierigkeiten. Die betroffenen Personen können zwar einfache Mundbewegungen, wie das Schlucken, problemlos ausführen, schnelle und komplizierte Bewegungsabläufe, wie sie für das flüssige Sprechen nötig sind, gelingen ihnen jedoch nicht. Ihre Sprache klingt deshalb extrem verwaschen. Zusätzlich haben sie auch Schwierigkeiten mit der Grammatik und das sowohl beim Sprechen als auch beim Verstehen. Trotzdem liegt ihre Intelligenz im normalen Bereich. Als sich 1990 Ärzte am Institut für Kindergesundheit in London den Stammbaum der Familie KE ansahen, erkannten sie schnell, dass das Sprachproblem schon seit drei Generationen wie ein dominantes Merkmal nach den Regeln Mendels vererbt wird (dominant bedeutet, dass nur eine der beiden Kopien des Gens defekt sein muss, um die Symptome hervorzurufen). Eine Analyse von DNA-Markern durch Forscher am Zentrum für Humangenetik des Wellcome Trusts in London ergab, dass die Mutation der Familie KE auf dem langen Arm des Chromosoms sieben liegen muss. Sie zerstört ein Gen, eben FoxP2.

Die Veröffentlichung der FoxP2-Mutation im Jahr 2001 sorgte für Schlagzeilen. Das Gen wurde schnell als »Sprachgen« bezeichnet, dabei stellten seine Entdecker immer klar, dass FoxP2 zwar ein wichtiges Teil im Puzzle der Sprachfähigkeit ist, aber sicher nicht allein für die menschliche Sprache verantwortlich ist. Es ist generell schwierig, aus den Folgen eines DNA-Defektes auf die Funktion des betroffenen Gens zu schließen. Wenn man bei einem Auto die Zündkerze entfernt, fährt es nicht mehr. Das heißt aber nicht, dass die Zündkerze allein das Fahrzeug fortbewegt, sondern nur, dass der Zündfunke offenbar eine entscheidende Rolle spielt. So ist es auch bei FoxP2. Das Gen ist ein Transkriptionsfaktor, es steuert die Aktivität vieler anderer Gene. Wieso FoxP2 gerade für die Entwicklung der Sprachfähigkeit wichtig ist, ist nach wie vor unklar.

Der Homo sapiens ist nicht der einzige Organismus mit FoxP2-Gen. Die Arbeitsgruppe um Svante Pääbo vom Leipziger Max-Planck-Institut für Evolutionäre Anthropologie hat die FoxP2-Gene von Maus, Schimpanse und Mensch verglichen. Das Eiweiß der Nager unterscheidet sich in nur drei Aminosäuren von dem des Menschen, der Menschenaffe zeigt sogar nur zwei Veränderungen. Das heißt zum einen, dass FoxP2 offenbar wichtig ist, sonst würde die Evolution nicht so konservativ an immer demselben Bauplan festhalten. Zum anderen schließen die Forscher aus ihren Daten, dass sich FoxP2 auf der Schwelle zur Entstehung des Menschen entscheidend verändert hat. In der Junk-DNA rund um das Gen finden sich viele Varianten bei unterschiedlichen Menschen. Das bedeutet, dass sich die menschliche Form des Gens ungefähr zu dem Zeitpunkt durchgesetzt hat, als der Homo sapiens in Afrika entstand. Mutig schließt Wolfgang Enard vom MPI für Evolutionäre Anthropologie: »Unsere Ergebnisse beweisen, dass Sprache vor 160 000 Jahren plötzlich zu einem wichtigen Überlebensfaktor wurde.« (Schweizer Sonntagszeitung, 18.8.2002) Nach seiner Ansicht ermöglichen die beiden Mutationen im FoxP2-Gen zumindest das Entstehen einer Vorsprache und so den Siegeszug unserer Art rund um den Globus.

Spekulationen vorerst, aber interessante Spekulationen. Gestützt werden sie von den Arbeiten einer anderen Max-Planck-Forscherin. Constance Scharff beschäftigt sich am MPI für Molekulare Genetik in Berlin nicht mit Menschen, sondern mit Vögeln. Genau wie Babys von ihren Eltern Worte und Sätze, müssen die Küken von Singvögeln Pfiffe und Melodien erlernen. Die dafür zuständigen Hirnstrukturen kennen die Forscher inzwischen genau. FoxP2 ist in diesen Regionen aktiv, aber nur in den Monaten, in denen die Vögel tatsächlich etwas Neues lernen. Bei den Zebrafinken ist das die Jugendphase, in der die pubertierenden Finken ihren Vätern zuhören. Kanarienvögel dagegen warten jedes Jahr mit einem neuen Lied auf, bei ihnen schwankt die FoxP2-Aktivität deshalb mit den Jahreszeiten. Tauben müssen ihr Gurren gar nicht erlernen, es ist ihnen angeboren. Trotzdem verwenden auch sie FoxP2, aber in immer gleichbleibender Menge. Das Muster der Genaktivität bei den Vögeln legt nahe, dass FoxP2 für das Erlernen von Lautmustern von Bedeutung ist. Ohne die passenden Vorbilder der Artgenossen aus der Umwelt kann es sicher keine Sprache erschaffen. Auf diesem Gebiet gilt noch mehr als ohnehin schon: Die Gene stehen nie allein, erst im Zusammenspiel mit den Anstößen aus der Umwelt können sie ihre Wirkung entfalten.

Ganz neu sind die Erkenntnisse, dass FoxP2 auch bei Mäusen an der Kommunikation beteiligt ist. Mäuse gelten nicht gerade als Sprachkünstler. Außer einem emsigen Rascheln produzieren sie kaum

Geräusche. Seit einiger Zeit ist aber bekannt, dass sie mit Ultraschall, also ganz hohen Fieptönen, kommunizieren. Wissenschaftler haben die FoxP2-Gene von Mäusen zerstört. Dabei verhinderten sie auch das korrekte Fiepen und damit die soziale Kommunikation der Nager. Das ist ein weiterer Beleg für die besondere Bedeutung des FoxP2-Gens für die Verständigung zwischen Tieren.

Die »-ome«

Im Kerngebiet der Molekularbiologie setzt sich der Blick aufs Ganze durch. Die Entzifferung des menschlichen Genoms war der Startschuss für diesen Trend. Inzwischen haben sich die industrialisierte Forschung und der Versuch, biologische Prozesse möglichst umfassend zu beschreiben, auch auf anderen Ebenen der Biologie durchgesetzt. Den Anfang machte dabei das Transkriptom, die Gesamtheit aller aktiven Gene. Mithilfe von DNA-Chips lassen sich die Mengen an Boten-RNA für Tausende von Genen gleichzeitig bestimmen.

Der große Vorteil dieses Ansatzes ist, dass er ohne Vorurteile auskommt. Während sich früher ein Forscher mit seinem Lieblingsgen beschäftigt hat, erlauben es die neuen Methoden in der Biologie, alle Genaktivitäten gleichzeitig in den Blick zu nehmen. Dabei stellt sich häufig heraus, dass neben den üblichen Verdächtigen noch ganz unerwartete Erbanlagen beteiligt sind. Allerdings ist es in der Fülle der Daten oft schwierig, das Wichtige vom bloß Zufälligen zu trennen. Im Lauf der Krebsentstehung ändert sich die Aktivität von Hunderten von Genen. Die meisten werden nur auf die Veränderungen weniger zentraler Hauptakteure auf der DNA reagieren. Diese wichtigsten Spieler zu identifizieren, ist alles andere als einfach und erfordert meist doch wieder die langwierige Arbeit mit Einzel-Genen.

Neben dem Transkriptom gibt es heute auch das Proteom, die Gesamtheit aller Eiweiße mit all ihren Varianten und Abwandlungen. Nachdem die Zahl der menschlichen Gene überraschend gering ausfiel, hoffen die Wissenschaftler, dass sich die Komplexität des Homo sapiens auf der Ebene der Proteine wiederfindet. Die Gene stellen die großen Weichen des Zellgeschehens, aber es sind die Eiweiße, die die

Feinabstimmung übernehmen. Jede Zelle überwacht ihre Umgebung mit einer Vielzahl von molekularen Antennen, wenn die ein Signal empfangen, lösen sie im Zellinneren eine Flut von Reaktionen aus. Häufig bekommen Regulatoreiweiße kleine molekulare Gruppen angeheftet, die sie entweder hemmen oder aktivieren, sodass sich nach und nach der Stoffwechsel an die neue Situation anpasst. Die Proteomik erlaubt hier einen genaueren Einblick in die Arbeit der Zelle.

Eine Zelle lässt sich aber noch detaillierter beschreiben. Das Metabolom, die Summe aller Stoffwechselprodukte, kann über eine Kombination eines Trennverfahrens (HPLC, Hochdruckflüssigchromatographie) und einer Analysemethode (Massenspektroskopie) erfasst werden. Das Ergebnis sind lange Listen von Zuckern, Fetten, Aminosäuren, Basen, Vitaminen und Zusatzstoffen. Gemessen daran wirkt das Proteom geradezu übersichtlich. Moderne Software kann die Einzelsubstanzen bekannten Stoffwechselwegen zuordnen und so ein wenig Ordnung schaffen. Für den Laien besonders interessant ist der Versuch, über eine Analyse des Metaboloms den reichhaltigen Geschmack der Wildtomaten zu verstehen und in Gewächshauspflanzen nachzuahmen.

Genom, Transkriptom, Proteom, Metabolom, es ist nur eine Frage der Zeit, bis die Forscher weitere »-ome« präsentieren. Entscheidend ist erstens eine leistungsfähige Analysetechnik, die es erlaubt, weg vom Einzel-Gen oder Protein, hin zur Gesamtheit einer Stoffgruppe zu kommen. Zweitens muss die Bioinformatik Werkzeuge bereitstellen, mit denen sich die sprudelnden Datenquellen in geordnete Kanäle lenken lassen. Zum Dritten erfordern die neuen Techniken aber auch eine andere Geisteshaltung der Forscher. Sie müssen sich davon verabschieden, als Erklärung eines Phänomens nur klare Ursache- und-Wirkung-Beziehungen zu akzeptieren. An ihre Stelle werden zumindest für eine Übergangszeit vor allem im Computer erzeugte Korrelationen treten. Auf der molekularen Ebene entfernt sich die Biologie damit von einer mechanistischen Interpretation und betont wieder die Beschreibung. So nähert sie sich dem Geist der Forschungsreisenden des 19. Jahrhunderts an, die aus aller Welt Tiere und Pflanzen mit nach Hause brachten, um sie zunächst einmal dem verblüfften Publikum vorzuzeigen. Die moderne Genforschung geht natürlich über ein bloßes Betrachten hinaus, ihre Beschreibungen beziehen sich auf Experimente und liefern deshalb

Einsichten zu konkreten Fragestellungen. Trotzdem, die Wissenschaftler sind gerade erst dabei, den noch nicht genau kartierten Kontinent der »-ome« zu betreten, eine gewisse Verwandtschaft des staunenden Blicks lässt sich nicht leugnen.

Bakterien in die Produktion

Schmeckt's Gen? Aromen und Enzyme

Lust auf Schokolade? Süß und fett und lecker – und meist mithilfe der Gentechnik hergestellt. Der Zucker in der braunen Masse stammt häufig nicht aus Zuckerrüben, sondern aus Maisstärke. Die schmeckt wie Mehl, deshalb muss sie für die Konfiseure erst mithilfe von Enzymen in normale süße Zuckermoleküle zerlegt werden. Die Enzyme werden heutzutage praktisch alle aus gentechnisch optimierten Mikroben isoliert. Um den Zucker und das Fett zu verbinden, verwenden die Zuckerbäcker Emulgatoren, Lecithin zum Beispiel, und das kann aus gentechnisch veränderten Sojabohnen stammen. Chemisch sind Zucker und Lecithin nicht von den Zutaten zu unterscheiden, die die Schokoladenmacher schon vor dem Siegeszug der Gentechnik in der Küche verwendet haben. Deshalb müssen sie nach dem Lebensmittelrecht auch nicht gekennzeichnet werden. Jeder, ob er will oder nicht, nimmt heute Speisen zu sich, die zumindest mittelbar in Verbindung zur Gentechnik stehen.

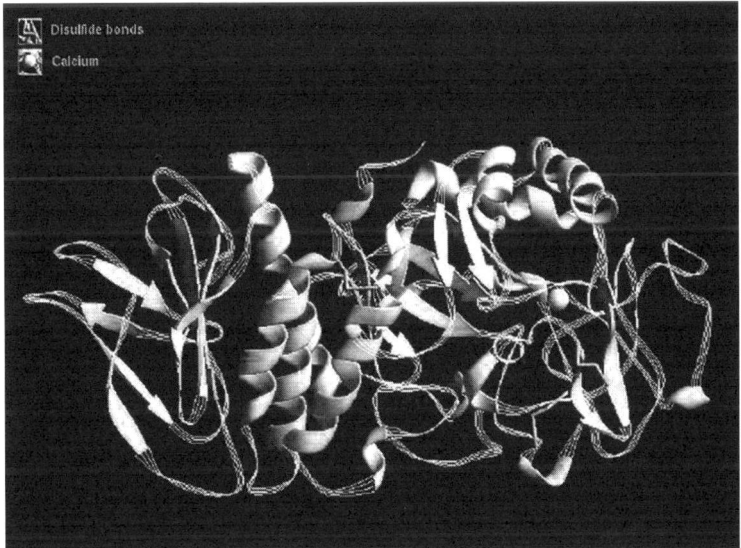

Computermodell eines Enzyms

Hefepilze und Bakterien erlauben es schon seit Urzeiten, den Speisezettel mit Sauerteig und Bier, Wein und Käse zu bereichern. Lange verrichteten die kleinen Hilfsköche ihre Dienste unerkannt und unbedankt. Seit über hundert Jahren werden sie aber auch ganz gezielt in die Nahrungsproduktion mit einbezogen. Den Anfang machte ein Schimmelpilz, der Alpha-Amylase produziert. Mit diesem Enzym lässt sich Stärke abbauen und so die Backeigenschaft von Mehl verbessern. Der erste in großen Mengen produzierte Lebensmittelzusatzstoff war die Zitronensäure, mit der sich Nahrungsmittel haltbar machen lassen. Sie wird schon lange nicht mehr aus Zitrusfrüchten isoliert, sondern von Aspergillus niger, einem Pilz, in großen Gärkesseln erzeugt. Auch andere Konservierungsstoffe, Aminosäuren, Vitamine und Aromastoffe kommen aus dem Bioreaktor. Es ist viel zu teuer, etwa den Geschmacksstoff Vanillin aus den Schoten der Gewürzvanille zu isolieren. Vanillin lässt sich aber auch chemisch aus Holzabfällen herstellen, das Produkt gilt nach dem Lebensmittelrecht als »naturidentisch«. Wenn die gleiche Substanz von Bakterien und Pilzen produziert wird, darf sie als »natürlich« in den Handel kommen.

Die Gentechnologie war zu Beginn eine Technologie der Mikroorganismen. Die Anwendung der neuen Methoden in der Lebensmittelindustrie lag daher nahe. Ein Beispiel ist das Vitamin B2. Jeder Mensch muss täglich ungefähr zwei Milligramm des Vitamins zu sich nehmen. Die Lebensmittel- und Kosmetikindustrie setzt es aber weniger wegen seiner gesundheitlichen Vorteile als wegen seiner gelben Farbe ein. In der Zutatenliste findet sich Vitamin B2 unter den Bezeichnungen »Riboflavin« oder »E101«. Früher wurde das Vitamin mit chemischen Verfahren aufwändig aus Traubenzucker hergestellt. Es gibt zwar auch Bakterien und Pilze, die das Vitamin auf natürliche Weise produzieren, die Ausbeuten für eine technische Nutzung sind aber zu gering. Die Mikroben konnten die Chemie erst wirtschaftlich ausstechen, als die Gentechnologen die Enzyme mit effektiveren Regulationssequenzen versahen. Die Bakterien und Pilze schalteten daraufhin in den Turbogang und steigerten ihre Produktion auf das bis zu 300 000-Fache. Die Umstellung auf die biotechnologische Produktion lohnt sich nicht nur finanziell, nach einer Studie des Umweltbundesamtes profitiert auch die Natur über einen geringeren Energieverbrauch und den Wegfall bestimmter Chemikalien. Für die Sicherheit des Verbrauchers sorgen strenge Bestimmungen. In der Produktion, wie in der Lebensmittelindustrie generell, dürfen nur Organismen eingesetzt werden, die keinerlei Risiko für Krankheiten in sich bergen (Risikogruppe eins der Zentralen Kommission für Biologische Sicherheit). Unabhängig vom Herstellungsverfahren müssen Nahrungsmittelzusatzstoffe hochgereinigt werden. Insbesondere dürfen sie keine Reste von DNA enthalten, die künstlichen Gene bleiben also im Bioreaktor und erreichen nicht Topf und Teller. Für die Behörden ist das Vitamin deshalb auch kein Produkt der Gentechnik, obwohl es von gentechnisch veränderten Mikroorganismen erzeugt wird. Aus diesem Grund sind Vitamin B2 und ähnlich hergestellte Zusatzstoffe auch nach der Novel-Food-Verordnung der EU nicht kennzeichnungspflichtig. Der Verbraucher erfährt nicht, dass sich hinter der Bezeichnung Riboflavin oder E101 indirekt auch Gentechnik verbirgt.

Gentechnisch hergestellte Enzyme finden in vielen Branchen Verwendung. Ein Klassiker ist der Einsatz von Trypsin in der Lederherstellung. Das Verdauungsenzym macht die Häute weicher. Es ist schon seit den Vierzigern auf dem Markt, wird inzwischen aber gentechnisch hergestellt. Auch in der Bekleidungsindustrie und bei der Papierherstellung kommen die Werkzeuge der Natur zum Einsatz. Größter Abnehmer ist aber die Waschmittelindustrie, die auf Verdauungsenzyme zur Fleckentfernung zurückgreift. Das deutsche Produkt Burnus war nur das erste Beispiel für das Potenzial der »Biowäsche«. Dank der Enzyme konnten in den Sechzigern auch empfindliche Stoffe bei niedrigen Temperaturen strahlend weiß (oder bunt) werden. Seit Mitte der Achtziger werden die meisten Waschenzyme in gentechnisch veränderten Mikroorganismen hergestellt. Der neueste Trend sind Enzyme aus kälteliebenden Bakterien, die auch im Schonwaschgang perfekte Reinheit versprechen.

Jeder Verbraucher dürfte schon über die Nahrung und die Waschmittel mit der Gentechnik in Berührung gekommen sein. Trotz der weiten Verbreitung dieser Produkte ist es bislang zu keinen größeren Gesundheitsproblemen gekommen – mit einer gewichtigen Ausnahme: In den USA starben 38 Menschen und 1500 weitere Personen erlitten bleibende Gesundheitsschäden, nachdem sie 1989 ein Tryptophan-Präparat eingenommen hatten. Die Aminosäure wurde damals als ein

»natürliches« Schlaf- und Beruhigungsmittel angepriesen. Außerdem sind Aminosäuren wie Tryptophan bei Bodybuildern beliebte Nahrungsergänzungsmittel, die den Muskelaufbau unterstützen sollen. In den Achtzigern kontrollierte ein japanisches Unternehmen, Showa Denko K.K. mehr als die Hälfte des US-Marktes an Tryptophan. Die Firma stellte die Aminosäure in einem komplizierten Prozess mit mehreren Bakterienstämmen her. Nach und nach optimierten die Wissenschaftler des Unternehmens diese Stämme mit gentechnischen Methoden. 1988 wurde ein solcher veränderter Bakterienstamm in die Produktion mit einbezogen, gleichzeitig vereinfachte Showa Denko K.K. aus Kostengründen die Reinigung des Tryptophans. Die Firma erwartete keine Probleme, schließlich war das Produkt zu 99,6 Prozent rein. Doch in den verbleibenden 0,4 Prozent verbarg sich ein Giftstoff, der die Blutkrankheit Eosinophiles Myalgie Syndrom (EMS) auslöst.

Bis heute ist nicht vollständig geklärt, was letztlich zu der Katastrophe führte. Kritiker der Gentechnik machen die genmanipulierten Bakterien für die EMS-Fälle verantwortlich. Sie betonen, dass ein neu eingeführtes Enzym eben nicht nur den geplanten Reaktionsschritt ausführt, sondern den ganzen Stoffwechsel auf unvorhersehbare Weise stören kann. Aufsichtsbehörden wie die FDA gehen dagegen davon aus, dass die veränderte Reinigung verantwortlich war. Letztlich zeigt die tragische Episode eines: Bakterienzellen sind keine Maschinen, sie können auf veränderte Bedingungen, sei es in ihrem Erbgut, sei es in der Produktion, auf unerwartete Weise reagieren. Und dass bedeutet, dass jede Charge eines biotechnologischen Produktes hochgereinigt und vor allem überprüft werden muss.

Hormone auf Bestellung

Enzyme und Aromen, das sind nur zwei der drei klassischen Produkte aus den Fermentationskesseln. Die dritte Gruppe sind die Medikamente. Penicilline und andere Antibiotika, dazu das vielfältig einsetzbare Cortison, sie alle werden schon seit Jahrzehnten von Bakterien und Pilzen hergestellt. Mithilfe dieser ausgesprochen wirksamen Substanzen konnten die Ärzte Millionen von Kranken heilen. Allerdings ließen sich nur relativ kleine Moleküle im Bioreaktor produzieren. Kompliziertere Wirkstoffe wie etwa das Insulin, das Wachstumshormon, die Blutgerinnungsfaktoren, Antikörper oder bestimmte Impfstoffe mussten mühsam aus biologischem Material gereinigt werden. Das hat zwei Nachteile: Erstens sind viele dieser Substanzen nur in geringen Mengen im Blut oder im Urin enthalten, man benötigt also viel Ausgangsmaterial. Zweitens besteht immer das Risiko der Übertragung von Krankheiten, wenn ein Medikament aus menschlichem oder tierischem Gewebe isoliert wird.

Rein mengenmäßig ist Insulin das bedeutsamste Hormon in der Medizin. In der Behandlung von Zuckerkranken ist es unverzichtbar. Insulin wurde ursprünglich aus den Bauchspeicheldrüsen von Schweinen und Rindern gewonnen. Für die Mitte der Neunziger sagten Experten einen Engpass voraus: Selbst wenn die Bauchspeicheldrüsen aller geschlachteten Schweine aufgearbeitet würden, hätten sie den Insulinbedarf nicht mehr decken können. Einen Ausweg wies schließlich die Firma Genentech, sie isolierte das menschliche Insulin-Gen und wandelte dann Bakterien zu Hormonfabriken um. Das unbegrenzt verfügbare Gen-Insulin kam 1982 auf den Markt und hat sich weitgehend durchgesetzt, obwohl das chemisch angepasste Schweineinsulin ebenso wirksam und verträglich ist.

Besonders gefährdet durch Krankheitserreger in Medikamenten sind die Bluter. Diesen Menschen fehlt aufgrund einer Erbkrankheit einer der Blutgerinnungsfaktoren. Die Folge: Schon kleine Verletzungen führen zu lebensgefährlichen Blutungen. In Deutschland leben etwa 7000 Bluter, die vorbeugend Gerinnungspräparate verwenden müssen. Sie werden meist aus Blutkonserven isoliert. Da die Gerinnungsfaktoren nur in Spuren im Blut enthalten sind, kombinierte man viele Tausend Konserven, um daraus den Wirkstoff zu gewinnen. In Deutschland gibt es dafür bei Weitem nicht genug Blutspenden, deshalb stammt der Großteil der Gerinnungspräparate aus den USA. Dort wurden Blutspenden gut bezahlt, kein Wunder, dass auch viele Drogenabhängige versuchten, mit ihrem Lebenssaft Geld zu verdienen. Dass hierin eine Gefahr liegt, wurde zu spät erkannt. Gerade unter Heroinnutzern sind Infektionskrankheiten wie Hepatitis weit verbreitet. Bei den Erregern handelt es sich um Viren, die bei der Reinigung der Gerinnungsfaktoren kaum zu

Transgene Schweine, die in den USA zur Gewinnung des Human Proteins C für Blutgerinnungspräparate eingesetzt werden

entfernen sind. Wenn auch nur eine einzige der für die Isolierung der Faktoren verwendeten Blutkonserven mit Viren verunreinigt ist, enthält auch das Endprodukt Krankheitserreger. Ende der Siebziger litten 95 Prozent aller Bluter, die diese Präparate täglich verwenden mussten, an einer Hepatitis-Infektion. Viele entwickelten eine Gelbsucht oder sogar eine Leberzirrhose. Seit Ende der Siebziger müssen die Spender deshalb nach bestehenden Krankheiten gefragt werden. Zusätzlich entwickelte die Firma Behring ein Verfahren zur Hitzeinaktivierung der Viren. Das neue Präparat wurde 1981 in Deutschland zugelassen. Obwohl das Bundesgesundheitsamt die anderen Hersteller aufforderte, das neue aber teure Verfahren zu übernehmen, waren noch bis 1983 infizierte Gerinnungsfaktoren auf dem Markt.

Diese Verzögerung von zwei Jahren hatte dramatische Folgen für die Bluter. Denn in dieser Zeit begann sich das AIDS-Virus in den USA auszubreiten. Der Erreger gelangte über einzelne infizierte Blutspender in die Gerinnungspräparate – allein in Deutschland steckten sich 1 846 Bluter über ihre Medikamente an. Viele von ihnen sind inzwischen an AIDS gestorben. Der erste AIDS-Fall bei einem Bluter wurde 1982 in Deutschland bekannt, aber erst 1985 schrieb das Bundesgesundheitsamt sowohl die Hitzeinaktivierung wie auch einen HIV-Test für Blutspender zwingend vor. Die Interessengemeinschaft Hämophilie geht davon aus, dass schnelleres Handeln 75 Prozent der Infektionen hätte verhindern können. Die zögerliche Reaktion machte später als Blut-AIDS-Skandal Schlagzeilen. In seiner Folge wurde das Bundesgesundheitsamt durch den Bundesgesundheitsminister Horst Seehofer aufgelöst. Die infizierten Bluter bekamen im HIV-Hilfe-Gesetz finanzielle Unterstützung zugesprochen.

Noch heute werden viele Gerinnungspräparate aus Blutkonserven gewonnen. Dank verbesserter Viren-Tests und Reinigungsverfahren gelten sie inzwischen als sehr sicher. Eigentlich war die gentechnische Herstellung von Gerinnungspräparaten ein nahe liegender Schritt, ihre Produktion erwies sich aber als schwierig. Gerinnungsfaktoren sind Eiweiße, deren Aminosäurekette nachträglich durch das Anhängen von Zuckermolekülen verändert wird. Diese sogenannte Glykosilierung ist ein Stoffwechselweg, der in Bakterien nicht vorkommt. Glykoproteine können deshalb nur in Zellen von Säugetieren hergestellt werden. Es ist zwar kein Problem, etwa Hamsternierenzellen im Labor gentechnisch zu manipulieren, die großtechnische Produktion mit diesen empfindlichen Zellen ist aber nach wie vor aufwändig. Erst in den Neunzigern konnte die Industrie entsprechende Verfahren etablieren. Sie sind aber noch immer so teuer, dass auch klassisch hergestellte Gerinnungsfaktoren nach wie vor auf dem Markt bestehen können.

Wirkstoffe vom Reißbrett der Gentechnologen

Alte Medikamente in großen Mengen und sicher herzustellen, ist gut, macht die Gentechnik aber nicht zu etwas Besonderem. Wirklich spannend wird es erst, wenn es um neue Wirkstoffe und neue Behandlungskonzepte geht. Die Gentechnik gibt den Ärzten Zugriff auf all die Stellschrauben, mit denen der Körper seinen Stoffwechsel und das Immunsystem reguliert. So können sie versuchen, das Krankheitsgeschehen gezielt zu beeinflussen. Ein Beispiel ist die Blutarmut. Normalerweise regt ein Hormon namens Erythropoietin, bekannt unter dem Kürzel EPO, die Bildung neuer Blutkörperchen im Knochenmark an.

EPO wird von der Niere produziert, doch bei vielen Patienten ist dieses Organ geschädigt. Die wichtigste Funktion der Niere, die Reinigung des Blutes von Schadstoffen, die dann über den Urin ausgeschieden werden, kann eine Dialysemaschine übernehmen. Der Mangel an EPO bleibt aber bestehen. Die Zahl der roten Blutkörperchen geht zurück, die Patienten fühlen sich erschöpft und angeschlagen. 1988 gelang es, EPO in Bakterien herzustellen. Dank der Gentechnik kann das Blutbild von Patienten mit Nierenproblemen und vielen weiteren Leiden wieder normalisiert werden. Heute ist das Hormon das umsatzstärkste Gentech-Medikament. Es gibt eine Vielzahl weiterer Krankheiten, die sich über neuartige Wirkstoffe aus dem Genlabor gezielt beeinflussen lassen.

Theoretisch könnten auch ganz neue Eiweiße erdacht und dann per Gentechnik auch wirklich hergestellt werden. Allerdings sind selbst Supercomputer überfordert, wenn sie die genaue Funktion einer Aminosäurekette vorhersagen sollen. Deshalb greifen die Gentechnologen meist auf in der Natur bewährte Proteinteile zurück und versuchen sie an neue Aufgaben anzupassen. Besonders nützlich sind die Antikörper. Sie erkennen und bekämpfen die Krankheitserreger, aber sie verschonen das gesunde Gewebe. Antikörper haben die Form eines Ypsilons. An den beiden kurzen Armen sitzen Bindungsstellen, die jeweils eine kleine Struktur eines Bakteriums, eines Virus oder eines Giftstoffes erkennen und dann festhalten. Sobald sie einen Gegner gefangen haben, ruft der lange Stil Hilfe herbei. Die Antikörper werden mitsamt ihrer Ladung von Fresszellen beseitigt oder einfach aus dem Blut entfernt. Der Körper weiß nicht, mit welchen Erregern er sich auseinandersetzen muss. Deshalb produziert er ständig auf Verdacht eine breite Palette von Antikörpern. Sie werden in den sogenannten B-Zellen gebildet. Jede einzelne B-Zelle bildet nur eine Sorte Antikörper, die nur eine chemische Struktur erkennt. Weil es aber Millionen verschiedener B-Zellen gibt, finden sich im Blut auch Millionen verschiedener Antikörper. Dringt ein Keim in den Körper ein, trifft er fast mit Sicherheit auf einen, der ihn zufällig bindet. Um die Infektion zu stoppen, stellt der Körper dann große Mengen der passenden Antikörper her. Sie patrouillieren auch nach der Heilung weiter im Blut, sodass sie eine erneute Infektion mit dem gleichen Erreger schnell beseitigen können.

In den Siebzigern entwickelten Georges Köhler und Cézar Milstein eine Technik, um gezielt einzelne B-Zellen zu isolieren und so Antikörper in reiner Form herzustellen. Für das Verfahren erhielten sie 1984 den Nobelpreis für Medizin. Die monoklonalen Antikörper binden wirklich nur an eine einzige chemische Struktur. Im Labor haben sie als zielgenaue Detektive die Arbeit mit Eiweißen revolutioniert. So wie sich spezifische Gene über die Hybridisierung mit einer passenden DNA-Probe entdecken lassen, so spüren monoklonale Antikörper Proteine auf. Sie können sie aus komplexen Mischungen, wie Blut oder Urinproben herausfischen, sie können sie auf mikroskopischen Bildern markieren oder auf den großen Elektrophorese-Gelen der Proteomiker identifizieren.

Die monoklonalen Antikörper haben das Labor heute verlassen und stehen auch den Ärzten und Patienten zur Seite. Für diese neue Aufgabe mussten die Waffen der Natur aber von der Gentechnik überarbeitet werden. Wenn die Mediziner gezielt einen Stoff im Gewebe mit einem Antikörper blockieren wollen, dann injizieren sie das Zielmolekül zunächst in eine Maus. Das Tier bildet daraufhin eine Vielzahl von Antikörpern. Die B-Zellen der Maus werden im Labor vermehrt und verglichen. Die Forscher suchen nach der B-Zelle, deren Antikörper das Zielmolekül am festesten bindet. Ist sie identifiziert, werden die genetischen Informationen für die kurzen Arme des Antikörpers herausgeschnitten. Der Rest wird verworfen, schließlich soll der Körper der Patienten mit so wenig Maus-Eiweiß wie möglich belastet werden. Die wertvollen Bindungsstellen aus dem Nagetier werden dann mit einem humanen Antikörperstil kombiniert, der in der Lage ist, das menschliche Immunsystem zu aktivieren. Dieses Zwittermolekül lässt sich in Säugetierzellen in großen Mengen herstellen.

Anfang 2006 waren 15 verschiedene monoklonale Antikörper in Deutschland zugelassen. Das bekannteste Präparat ist Herceptin, das in der Therapie bösartiger Brusttumoren eingesetzt wird. Auch gegen chronische Entzündungen wie Asthma, Schuppenflechte und Morbus Crohn lassen sich diese zielgenauen Wirkstoffe einsetzen. Die Behandlung der Rheumatoiden Arthritis ist durch monoklonale Antikörper wie Humira oder Remicade regelrecht revolutioniert worden. Sie richten sich gegen den Tumor-Nekrose-Faktor alpha (TNF-alpha). Einen

Botenstoff, der die Entzündung in den Gelenken anheizt. Die Antikörperpräparate können den Fortschritt des Gelenkabbaus stoppen und bessern deutlich die Beschwerden der Patienten im Alltag. Der Erfolg hat allerdings seinen Preis und das ist ganz wörtlich zu verstehen. Die Behandlung eines Rheumakranken mit einem monoklonalen Antikörper kostet im Jahr je nach Dosierung ca. 20 000 Euro. Auf der anderen Seite müssen die Patienten seltener ins Krankenhaus. Unterm Strich kann sich der Einsatz der Antikörper rechnen, allerdings werden Kosten und Einsparungen in verschiedenen Sektoren des Gesundheitssystems verbucht. Wenn Ärzte die teuren Medikamente aus dem Genlabor verschreiben, sprengen sie schnell ihr Budget. Das dürfte mit ein Grund dafür sein, dass 2004 nur ein gutes Fünftel aller Patienten mit einer Rheumatoiden Arthritis, die nach den Leitlinien einen TNF-alpha-Hemmer hätten erhalten sollen, auch tatsächlich mit diesen Präparaten behandelt wurden.

Wundermittel unwahrscheinlich

Der Einsatz der sogenannten Biologicals, der der Natur nachempfundenen Genmedikamente, ist eine Erfolgsgeschichte. In Deutschland waren 2005 über hundert gentechnisch hergestellte Arzneimittel auf dem Markt, die knapp ein Zehntel des Arzneimittelumsatzes in den Apotheken erzielten. Am häufigsten wird nach wie vor das Insulin in seinen verschiedenen Darreichungsformen verschrieben, aber auch EPO und die monoklonalen Antikörper sind sehr verbreitete Medikamente. Die positive Bilanz sollte aber nicht darüber hinwegtäuschen, dass auch die Signalstoffe aus dem Körper letztlich nur Medikamente sind. Ob sie klassischen Pillen überlegen sind, entscheidet nicht die Werbelyrik der Industrie, sondern die klinische Prüfung.

Höchstens einer von zehn erprobten Genwirkstoffen hält letztlich in der Praxis, was er bei seiner Konzeption versprach. Ein Beispiel ist das Interferon alpha, ein Botenstoff, mit dem der Körper die Abwehr gegen Viren koordiniert. Es erhielt viele Vorschusslorbeeren als wahres Wundermittel gegen diese Gruppe von Krankheitserregern. So wie sich die meisten Bakterien mit Antibiotika bekämpfen lassen, so hofften die

Forscher, würden die meisten Viren von Interferon alpha vernichtet werden. In der Praxis war der Effekt von Interferon alpha dann aber eher enttäuschend. Das Medikament wirkt bei verschiedenen Leberentzündungen, aber es ist definitiv keine Wunderwaffe gegen Viren. Genmedikamente sind auch nicht frei von Nebenwirkungen. Sie greifen zwar meist in einen genau umschriebenen biologischen Mechanismus ein. Aber die Natur ist sparsam und verwendet viele Botenstoffe an mehreren Stellen im Körper. So zeigen sich manchmal an unerwarteter Stelle störende Nebenwirkungen.

Auch die gentechnische Herstellung der Wirkstoffe ist aufwändig, erfordert ein hohes Maß an Kontrolle und eine ständige Überwachung. Das zeigte sich vor einigen Jahren bei der Produktion von EPO. Die amerikanische Firma Johnson & Johnson hatte schon viele Jahre ihr EPO-Präparat erfolgreich vertrieben, als sich 2001 bei mehreren Patienten die Blutwerte drastisch verschlechterten. Insgesamt waren 141 Menschen betroffen. Sie hatten Antikörper gegen das doch eigentlich naturidentische Genhormon entwickelt. Diese Antikörper zerstörten nicht nur das medikamentös verabreichte EPO, sondern zusätzlich auch die geringen Mengen, die ihre geschädigte Niere noch selbst bilden konnte. Letztlich verstärkte das Medikament so die Blutarmut, die es doch eigentlich bekämpfen sollte. Den Patienten war nur noch mit regelmäßigen Bluttransfusionen zu helfen. Die Nebenwirkung war ausgesprochen selten, sie trat aber bei den EPO-Versionen anderer Hersteller nicht auf.

Eine weitere Nebenwirkung der Genmedikamente ist schlicht ihre Verfügbarkeit. Als das Wachstumshormon noch aus den Hirnanhangdrüsen von Leichen isoliert werden musste, reichte die Menge kaum aus, um die schwersten Fälle von Kleinwuchs zu behandeln. Die Gen-Version des Somatotropin steht dagegen unbegrenzt zur Verfügung. Das weckt neue Begehrlichkeiten. Die Körpergröße beeinflusst auch den Erfolg im Beruf. Manche Eltern versuchen deshalb, ihren eigentlich normal gewachsenen Kindern per Hormonspritze einen Startvorteil zu verschaffen. Bekanntlich kann nicht nur das Wachstumshormon, sondern auch EPO missbraucht werden. Das blutbildende Hormon erhöht die Leistungsfähigkeit in den Ausdauersportarten. Besonders die Radfahrer gerieten unter Verdacht. 2004 wurden alte Urinproben der Tour de France aus dem Jahr 1999 nachuntersucht. Ende der Neunziger gab es noch keinen Nachweis für das Hormondoping. Inzwischen war es französischen Forschern aber gelungen, das natürliche und das künstliche Hormon zu unterscheiden. In zwölf von 80 der 1999 entnommenen Urinproben konnte EPO-Doping nachgewiesen werden. Selbst Tour-Sieger Lance Armstrong steht unter Verdacht, allerdings ist von der Urinprobe nichts mehr übrig, sodass der Test nicht wiederholt werden konnte.

Neben kleinen Kindern und Leistungssportlern sind die Senioren eine weitere Zielgruppe für das künstliche Wachstumshormon. 1997 veröffentlichte der amerikanische Arzt Ronald Katz ein Buch mit dem Titel »Growing young with HGH«. HGH steht für human growth hormone, menschliches Wachstumshormon. Angeblich handelt es sich um ein Wundermittel, das Fett ab- und Muskeln aufbaut, das Immunsystem stärkt und die Potenz steigert. Tatsächlich wird das Hormon manchen entkräfteten Krebspatienten zur Stärkung des Körpers gegeben. Die Mehrheit der Experten bezweifelt aber, dass sich mit Somatotropin das Rad der Zeit zurückdrehen lässt. Die Beispiele zeigen, sobald die Gentechnik einen neuen Stoff in großem Umfang verfügbar macht, wird es auch Überlegungen geben, wie er sich außerhalb des ursprünglichen Anwendungsgebietes einsetzen lässt. Allerdings sind die meisten Medikamente mit Lifestyle-Potenzial, wie der Stimmungsaufheller Prozac oder das Potenzmittel Viagra, klassische Pillen. Für ihre Erforschung aber waren die Methoden der Gentechnik unverzichtbar.

Das dunkle Kapitel

Nach den Terror-Anschlägen vom 11. September 2001 in den USA erfolgte nur eine Woche später der nächste Anschlag, allerdings auf ganz unauffälligem Wege: Die Terroristen verschickten ihre Waffen mit der Post. Am 18. September und am 9. Oktober brachten sie sieben Briefe auf den Weg, die an verschiedene US-Fernsehsender und Zeitungen sowie an die Büros von zwei Senatoren der Demokratischen Partei ausgeliefert wurden. Die Briefe enthielten Sporen des Milzbrand-Erregers Bacillus anthracis. 22 Personen steckten sich an, fünf starben. Dass die

Zahl der Opfer nicht höher lag, ist dem massiven Einsatz von Antibiotika zu verdanken. Die Säuberung der Postgebäude, der Redaktionen und Büros dauerte Monate und kostete weit über 200 Millionen Dollar. Mit geringem Aufwand hatten die Terroristen großen Schaden angerichtet. Die Anthrax-Briefe versetzen die USA erneut in Panik, die Bedrohung konnte jeden treffen und buchstäblich mit der Post kommen. Bis heute ist nicht geklärt, wer für die Anthrax-Anschläge verantwortlich war. Der Anthrax-Angriff in den USA ist der erste Terroranschlag mit Biowaffen der Neuzeit. Er ruft auf dramatische Weise in Erinnerung, dass nicht nur die Physik und die Chemie die Grundlage für Massenvernichtungswaffen bilden können, sondern auch die Biologie. Eine genaue Untersuchung der Sporen ergab, dass es sich um den Ames-Stamm von Bacillus anthracis handelte und zwar um eine Variante, an der in einem Forschungslabor des US-Militärs gearbeitet wird. Wer auch immer die Briefe abschickte, hatte wahrscheinlich Kontakt zu diesem Labor. Präsident George W. Bush will die Forschung auf dem Gebiet der B-Waffen dennoch ausweiten, um auf mögliche weitere Anschläge besser vorbereitet zu sein.

Bakterien und Viren gelten als Massenvernichtungswaffen, die auch kleine Nationen und Terrororganisationen mit geringem Aufwand herstellen können. Grundkenntnisse in der Mikrobiologie reichen aus, um gefährliche Erreger zu isolieren und zu vermehren. Schwierig ist dagegen ihre effektive Ausbreitung. So dürfen Anthrax-Sporen nicht zusammenklumpen, weil größere Partikel schnell von den Flimmerhärchen aus der Lunge entfernt werden. Die Sporen in den ersten Briefen vom 18.9.2001 waren nur wenig infektiös. Die Briefe, die später bei den demokratischen Senatoren ankamen, enthielten dagegen eine mit Hilfsstoffen aufbereitete und deutlich gefährlichere Präparation.

Schon heute können Terrorgruppen theoretisch unter einer ganzen Reihe von Killerkeimen und ihren Giften wählen. Kritiker der B-Waffenforschung, wie das amerikanisch-deutsche Sunshine Project, fürchten, dass die Gentechnik die Waffen aus der Natur in Zukunft »attraktiver« machen könnte. Dafür gibt es viele Möglichkeiten, so wurden Pestbakterien in Experimenten resistent gegen 16 Antibiotika gemacht, man hat Bacillus anthracis mit einer neuen Hülle versehen, so konnten ihn gängige Tests nicht mehr nachweisen. Es gibt die Idee, gefährliche, aber empfindliche Keime mit einer Art eingebauter Sonnencreme vor der UV-Strahlung zu schützen oder Giftstoffe auf bislang harmlose, weit verbreitete Bakterien zu übertragen. All diese Arbeiten laufen unter dem Etikett »Verteidigungsforschung«, die ja auch die Biowaffen-Konvention gestattet.

Aber selbst die ganz normale Wissenschaft produziert gefährliche Informationen. Eine australische Forschergruppe experimentierte mit einem Virus, das Mäuse unfruchtbar machen sollte, um der Nagerplage auf dem fünften Kontinent Herr zu werden. Sie verwendeten dazu ein Mäusepockenvirus, dem sie ein Gen für einen Botenstoff des Immunsystems einsetzten. Das Interleukin 4 sollte eigentlich die Produktion von Antikörpern gegen die Eizellen der Mäuse anregen. Tatsächlich legte es einen ganzen Zweig des Abwehrsystems lahm. Normalerweise sind die Mäusepocken eine harmlose Infektion für die Nager, das genveränderte Virus tötete aber sämtliche Versuchstiere innerhalb von neun Tagen. Im New Scientist sagte der Leiter der Arbeitsgruppe, Ron Jackson: »Wenn irgendein Idiot das menschliche Interleukin-4-Gen in das menschliche Pockenvirus einsetzen würde, dann dürfte dessen Gefährlichkeit dramatisch zunehmen.« (New Scientist, 13.1.2001)

Die neuen Möglichkeiten, Krankheitserreger bis hin zur Ebene der Gene zu beeinflussen, können auf vielfältige Weise missbraucht werden. Derzeit scheint es aber für Staaten wie für Terroristen nach wie vor effektiver zu sein, mit klassischen Sprengstoffen und Waffen zu töten, statt langwierige Forschungsprogramme auf dem Gebiet der schwarzen Biotechnologie zu finanzieren.

Gene im Gemüse

Die grüne Gentechnik feiert Geburtstag

Zehn Jahre ist es her, dass die ersten genetisch modifizierten Pflanzen (GM-Pflanzen) nicht nur erforscht, sondern zum ersten Mal auch kommerziell angebaut wurden. Zum Geburtstag gibt es viele Gratulanten, besonders in Europa aber auch kritische Stimmen. Die Erfahrungen werden entsprechend unterschiedlich bewertet, in einem Punkt sind sich aber fast alle Fachleute einig: Die Zeit der großen Worte in der Debatte um die genetisch modifizierten Pflanzen sollte vorüber sein. Die Gentechnik wird weder das Hungerproblem der Welt lösen, noch die Ökosysteme katastrophal verändern. Es gibt Erfolge und es gibt Probleme, aber sie bewegen sich auf deutlich niedrigerem Niveau als 1996 erhofft oder befürchtet.

Wo also steht die grüne Gentechnik heute? Eine Antwort findet sich in einer Studie des International Service for the Acquisition of Agri-Biotech Applications. Die ISAAA ist eine Lobbyorganisation, die grüne Gentechnik vor allem in der Dritten Welt fördern will. Nach Ansichten des ISAAA haben sich die GM-Pflanzen etabliert. 2005 wurden sie weltweit auf 90 Millionen Hektar angebaut, das ist eine Steigerung von elf Prozent gegenüber dem Vorjahr. Die Technik hat 8,5 Millionen Landwirte überzeugt, viele von ihnen in der Dritten Welt. Noch immer sind die USA die größten Produzenten von GM-Pflanzen, gefolgt von Argentinien, Brasilien Kanada und China. Insgesamt gibt es in 26 Nationen einen kommerziellen Anbau von GM-Pflanzen, in Europa stehen sie vor allem in Spanien auf dem Acker, kleinere Flächen gibt es aber auch in Portugal, Frankreich, Deutschland und der Tschechischen Republik.»Landwirte von den USA bis zum Iran sprachen transgenen Nutzpflanzen ihr großes Vertrauen aus, was die noch nie da gewesenen hohen Anbauzahlen belegen«, kommentiert Clive James, der Vorsitzende der ISAAA, in einer Pressemitteilung vom 11.1.2006.

Die Zahlen sind beeindruckend. Im Informationsmaterial des ISAAA fehlt aber eine wichtige Vergleichsgröße: Weltweit werden rund 1,5 Milliarden Hektar landwirtschaftlich genutzt. Genetisch modifizierte Pflanzen stehen also auf nur etwa sechs Prozent der Ackerfläche.

Die überwiegende Mehrzahl der Landwirte hat sich keineswegs von den Vorteilen der Agro-Biotechnologie überzeugen lassen. Das liegt vor allem an den Produkten der grünen Gentechnik: Auch im zehnten Jahr ihrer Anwendung gibt es im Grunde nur zwei wichtige Eigenschaften, die per Gentechnik auf die Pflanzen übertragen wurden. Zwei Drittel der GM-Pflanzen sind unempfindlich gegenüber einem Unkrautvernichtungsmittel (Herbizidtoleranz), ein Drittel hat einen eingebauten Insektenfraßschutz (Bt-Toxin). Pflanzen, die auf trockenen oder versalzten Böden wachsen, die Viren oder Pilzen widerstehen oder einen deutlich verbesserten Nährstoffgehalt besitzen, gibt es, sie spielen aber derzeit nur eine Nebenrolle.

Der rote Anfang der grünen Gentechnik

Heute wird die Biotechnologie auf dem Acker von Soja, Mais, Baumwolle und Raps geprägt, an ihrem Anfang aber standen Erdbeeren und Tomaten. Die ersten Schritte hin zu einer grünen Gentechnik machte die Forscherin Julianne Lindemann im Jahr 1987. Gekleidet in einen weißen Ganzkörperoverall, mit Helm und Luftflasche sprühte sie das Ice-minus-Bakterium auf Erdbeerpflanzen. Das Bild von der Frau im Mondanzug ging um die Welt und trug mit dazu bei, dass die Gentechnik in der öffentlichen Wahrnehmung mit einem Gefühl der Gefahr verknüpft wurde. Die Schutzkleidung hatten die Behörden vorgeschrieben. Die Wissenschaftler betrachteten sie eigentlich als unnötig und hatten davon wohl auch die Reporter überzeugt. Die schossen ihre dramatischen Fotos nur wenige Schritte vom Feld entfernt – in Alltagskleidung.

Das Ice-minus-Bakterium war die Idee von Steven Lindow. Der Pflanzenforscher interessierte sich für Frostschäden, die die US-Bauern jedes Jahr ungefähr eine Milliarde Dollar kosten. Besonders empfindlich reagieren Erdbeeren auf Eiskristalle. Ob es zu Frostschäden kommt, ist aber keine rein meteorologische Frage. Natürlich muss die Temperatur unter Null Grad sinken. Eis bildet sich aber nur, wenn es passende Kristallisationspunkte auf den Blättern gibt. Das können Staubkörner sein, aber auch Bakterien. Besonders wichtig ist hier Pseudomonas syringae.

Genetisch modifizierte Pflanzen im Labor

Dieser Allerweltskeim produziert ein Eiweiß, an dem sich besonders leicht Eiskristalle bilden. An der Universität von Kalifornien in Berkeley gelang es Lindow, das Gen für dieses Protein erst zu isolieren und es dann in den Bakterien zu zerstören. An der Oberfläche der neu hergestellten Ice-minus-Variante von P. syringae bilden sich keine Eiskristalle mehr. Wenn es gelänge, die normalen Bakterien auf den Erdbeeren durch die Ice-minus-Kreation zu verdrängen, dann sollten die empfindlichen Pflanzen auch eine frostige Nacht überstehen können. Mit diesem Konzept vor Augen beantragte die Firma Advanced Genetic Sciences (AGS) einen Test mit den Ice-minus-Bakterien.

Um den Antrag gab es eine jahrelange gerichtliche Auseinandersetzung. Die Gegner der Gentechnik warnten vor den unvorhersehbaren Folgen einer Freisetzung. Die Bakterien beschleunigen nicht nur auf Erdbeeren die Eisbildung, sondern auch in der Luft. Vielleicht würde es ja keinen Schnee mehr geben, sollten sich die Ice-minus-Keime unkontrolliert ausbreiten. Auf der anderen Seite argumentierte AGS, dass es auch natürliche Ice-minus-Mutanten von P. syringae gibt, die keinen nennenswerten Effekt auf das Wetter hätten. Irgendwann wurde AGS ungeduldig und testeten die Bakterien ohne Genehmigung an einigen Pflanzen auf dem Dach des Forschungsgebäudes. Ein Schritt, der dass

Misstrauen der Gentechnik-Kritiker noch verstärkte. Schließlich wurde die Erprobung der genmanipulierten Bakterien unter Auflagen genehmigt. Julianne Lindemann stieg in den Schutzanzug und besprühte die Erdbeeren. Anti-Gentechnik-Aktivisten rissen die Pflanzen später aus, dennoch wurden die Arbeiten fortgesetzt. Letztlich war der Frostschutzeffekt der Bakterien aber zu gering, um die Bauern zu überzeugen. So beendeten nicht etwa die Proteste oder mögliche Gefahren die kurze Karriere des Ice-minus-Bakteriums, sondern schlicht die Kräfte des Marktes. Trotzdem waren die Forschungen von Steven Lindow nicht ohne praktischen Nutzen. Heute wird die normale, die Ice-plus-Variante von Pseudomonas syringae in den Schneekanonen der Skigebiete eingesetzt, um bei Temperaturen um den Gefrierpunkt noch Eiskristalle erzeugen zu können.

Erdbeeren waren die ersten Pflanzen, die zumindest indirekt von der Biotechnologie profitieren sollten. Die erste genetisch manipulierte Pflanze, die es tatsächlich vom Acker in die Supermärkte schaffte war ebenfalls rot – die Flavr Savr Tomate. Tomaten werden leicht matschig, deshalb erntet man sie fest und grün, transportiert sie zu den Konsumenten und reift sie erst kurz vor dem Verkauf mithilfe eines Hormons nach. Dabei werden die Früchte rot, aber sie bilden kaum Aromastoffe, deshalb sind Billigtomaten selten ein Genuss. Die Firma Calgene wollte Geschmack und Transportfestigkeit mithilfe der Gentechnik vereinigen. Sie schaltete dazu das Gen für das Enzym Polygalacturonase aus, das die Zellwände abbaut und so die Tomaten weich werden lässt.

Die genetische Sabotage war technisch eine Herausforderung. Die gängigen Gentransfer-Methoden funktionieren nicht bei Pflanzenzellen, die, anders als Bakterien oder tierische Zellen, von einer festen Wand aus Zellulose umgeben sind. Die Gentechnologen mussten ihren Werkzeugkasten erweitern, um diese Hürde zu überwinden. Hilfe holten sie sich, wie nicht anders zu erwarten, aus der Natur. Das Agrobakterium tumefaciens ist ein Schädling von Apfelbäumen und Rosensträuchern. Es dringt über kleine Wunden in die Pflanzen ein und führt zur Bildung von Wucherungen, sogenannten Gallen, die dem Bakterium optimale Lebensbedingungen bieten. Entscheidend ist, dass A. tumefaciens die Gallenbildung nicht über irgendwelche Signalstoffe auslöst, sondern über spezielle Gene. Diese gefährlichen Informationen sind auf einem

Plasmid enthalten, das von den Pflanzenzellen aufgenommen und fest ins Erbgut eingebaut wird. Von dieser sicheren Position aus, beginnen die Bakterien-Gene, den Stoffwechsel des Opfers umzuprogrammieren. Es ist fast so, als ob das Agrobakterium ein Virus beschäftigt, das in seinem Auftrag für die Bildung der nährstoffreichen Gallen sorgt.

Für die grüne Gentechnik wiederum ist das Agrobakterium die perfekte Genfähre. Sie ersetzen im Plasmid von A. tumefaciens die Gene der Gallbildung durch ihre genetische Nutzlast. Bei der Flavr Savr Tomate handelte es sich um ein Gen, das die Bildung der Polygalacturonase hemmt. Anschließend wurde das veränderte Agrobakterium mit Tomatenzellen gemischt. Das Bakterium übertrug seinen Plasmid und damit das Anti-Matsch-Gen. Anschließend mussten aus den einzelnen veränderten Zellen ganze Tomatenpflanzen gezogen werden. Das ist kein Hexenwerk, schließlich sind Pflanzen, anders als Tiere, darauf eingerichtet, sich auch über Stecklinge zu vermehren. Dabei entwickelt sich aus einem kleinen Zweig oder einem Blatt wieder eine vollständige Pflanze. Statt einem Blatt nur eine einzelne Zelle als Ausgangsmaterial zu nehmen, ist nicht einfach, aber es ist biologisch betrachtet auch nichts grundlegend Neues. Dank der Hilfe des Agrobakteriums tumefaciens ist es heute kein Problem, viele Pflanzenarten genetisch zu manipulieren. Allerdings werden gerade die wirtschaftlich wichtigen Gräser normalerweise nicht von diesem Schädling befallen. Um Reis, Mais oder Weizen dennoch genetisch zu manipulieren, setzt man die Genkanone ein. Dabei wird die Nutz-DNA an winzige Goldkügelchen angelagert und dann mit einer ganz normalen Gewehrpatrone in Pflanzenzellen hineingefeuert. Dieser rabiate Ansatz ist nicht sonderlich effektiv, aber den Forschern reicht es ja auch aus, wenn einige wenige Zellen die Goldkügelchen aufnehmen und die DNA in ihre eigenen Chromosomen einbauen.

Doch zurück zur Flavr Savr Tomate. Die ersten Versuche, die Anti-Matsch-Früchte einfach auf Lastwagen zu verladen und quer durch die USA zu transportieren missglückten, statt fester Tomaten kam am Ende der Reise nur Ketchup an. Doch mit ein wenig mehr Aufwand war es tatsächlich möglich, die Flavr Savr Tomaten an der Pflanze reifen zu lassen und sie trotzdem fest in die Geschäfte zu bekommen. Die biotechnologische Seite des neuen Produktes funktionierte also.

Als schwierig erwies sich die Vermarktung. Ein erstes Hindernis war ein Rechtsstreit zwischen Calgene, dem Suppenhersteller Campbell Soup Company und einer britischen Biotechfirma, Zeneca Seeds, die ebenfalls eine Anti-Matsch-Tomate entwickelt hatte. 1994 erzielten die Unternehmen einen Kompromiss, nach dem Calgene die frischen Tomaten vermarkten und Zeneca Tomaten für Püree und Ketchup produzieren sollte.

1994 kamen die ersten Flavr Savr Tomaten in Chicago in die Supermärkte, deutlich als »GE«, genetically engineered, gekennzeichnet. Inzwischen hat sich die Bezeichnung »GM«, genetisch modifiziert, durchgesetzt. Trotz Protestaktionen von Aktivisten waren sie bei den Verbrauchern sehr populär, zeitweise kam Calgene mit den Lieferungen gar nicht nach. Letztlich waren die GM-Tomaten aber nicht ganz so unempfindlich wie erhofft. Es war nach wie vor sehr aufwändig, sie rot, reif und fest zum Kunden zu bekommen. In den Neunzigern lagen die Tomatenpreise niedrig, Calgene, hatte die modernsten Tomaten der Welt konstruiert und konnte doch keine Gewinne einfahren. Nur drei Jahre nach dem ersten Verkauf verschwand die Flavr Savr Tomate vom Markt.

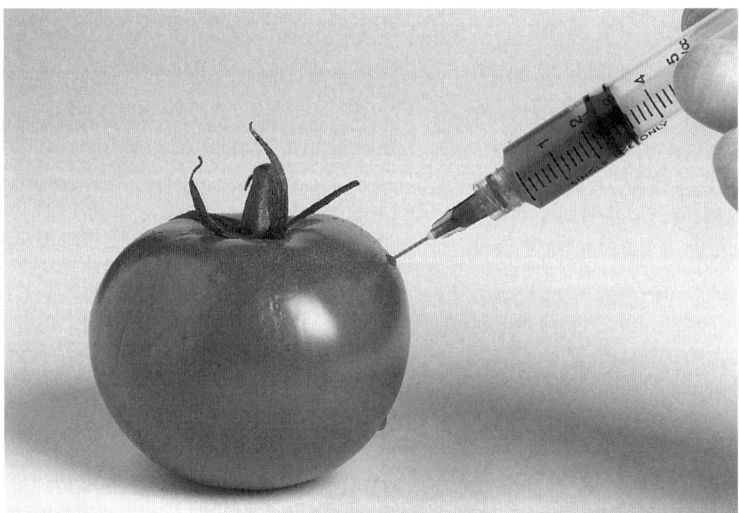

»Gentomate«

Gene für den Bauern

Erfolg hatte die grüne Gentechnik erst, als sie sich auf die Bedürfnisse ihrer Kunden konzentrierte. Und das sind weniger die Verbraucher im Geschäft oder die großen Lebensmittelkonzerne, sondern in erster Linie die Bauern. Letztlich sind es Landwirte, die Saatgut, ob nun genetisch verändert oder nicht, kaufen, und sie müssen von dessen Vorteilen überzeugt werden. Bauern wollen hohe Erträge erzielen, bei möglichst geringem Kapitaleinsatz. Die Ertragsseite ist nur schwer zu beeinflussen. Schließlich haben Saatguthersteller mit konventionellen Methoden schon sehr erfolgreiche Sorten produziert. Ihr Vorteil beruht in den meisten Fällen nicht auf einem überragend wichtigen Gen, sondern auf der ausgewogenen Kombination vieler Erbanlagen. Die Forscher in der grünen Gentechnik sind aber schon froh, wenn es ihnen gelingt, ein einzelnes Gen in die Pflanzen hineinzubekommen und dort dann verlässlich zu aktivieren. Optimierte Superähren in einem Schritt mit der doppelten Körneranzahl sind einfach kein realistisches Ziel für die Biotechnik.

Einfacher als den Ertrag zu steigern, ist es, auf dem Umweg über die Gentechnik die Produktion auf dem Acker billiger zu machen. Neben dem Saatgut und dem Dünger sind die verschiedenen Pflanzenschutzmittel ein wichtiger Kostenfaktor in der Landwirtschaft. Sie sollen Insekten bekämpfen oder Unkräuter zurückdrängen und auf diesen beiden Gebieten können einzelne Erbanlagen tatsächlich einen entscheidenden Vorteil bringen. Hier durften die Forscher also mit schnellen Erfolgen rechnen. Außerdem war den Unternehmen hinter der grünen Gentechnik dieses Geschäftsfeld vertraut. Die neue Methode wurde nämlich weniger von den traditionellen Saatgutfirmen, als von den großen Chemieunternehmen vorangetrieben. Die hatten sich nicht nur in Biotechnologie-Start-ups eingekauft, sondern übernahmen auch Saatgutfirmen. Im Endeffekt konnten sie den Bauern so ein komplettes Paket aus Agrochemikalien und den speziell daran angepassten Pflanzen zur Verfügung stellen.

Roundup Ready und Liberty Link heißen die erfolgreichsten Produkte dieser Vermarktungsstrategie. Bei Roundup (das Wort steht eigentlich für das Zusammentreiben einer Vieherde) und Liberty (das sich ursprünglich offensiver »Basta« nannte) handelt es sich um Totalherbizide, das heißt, sie sind Gift für jede Art von Pflanzen. Früher wurden sie eingesetzt, um den Acker vor der Aussaat von Unkraut zu befreien, zurück blieb nur braune Erde. Auch die Bahn hält ihre Schienen mit solchen Chemikalien von wucherndem Grün frei. Beide Totalherbizide sind sehr effektiv, für den Bauern aber nur von begrenztem Nutzen. Wenn er nach der Aussaat Probleme mit dem Unkraut bekommt, muss er auf andere Herbizide ausweichen. Roundup und Liberty zerstören ja auch seinen Mais oder seine Soja. Es sei denn, er hat Liberty-Link- oder Roundup-Ready-Pflanzen ausgesät. Sie haben jeweils ein zusätzliches Enzym-Gen, das die passenden Totalherbizide nicht blockieren können. Wenn also Unkräuter den Nutzpflanzen das Leben schwer machen, sprüht der Bauer das entsprechende Totalherbizid und zwischen den Mais-, Soja- oder Rapsreihen ist die Erde wieder frei von konkurrierenden Pflanzen.

Aus Sicht des Bauern und aus der der Umwelt verspricht die Kombination aus Herbizid und genmanipuliertem Saatgut Gewinn. Der Landwirt bezahlt zwar zunächst mehr, dafür muss er aber nicht so häufig spritzen. Statt, wie früher, schon vorbeugend alle Unkräuter zu vernichten, ist es bei den GM-Pflanzen möglich abzuwarten, ob die Unkräuter tatsächlich zum Problem werden. Welche Ersparnis das bringt, hängt von den lokalen Gegebenheiten ab. Aber nicht nur der Geldbeutel des Bauern profitiert von den genetisch veränderten Pflanzen. Sie können auch aus einer ökologischen Perspektive einen Vorteil darstellen. Liberty und Roundup gelten als vergleichsweise umweltverträgliche Herbizide, die in der Natur schnell abgebaut werden und weniger gesundheitsschädlich sind als die klassischen Pflanzenschutzmittel. Die Kombination aus Herbizid und GM-Pflanze erlaubt auch eine andere Form der Bodenbearbeitung. Früher pflügten die Bauern die Erde um, um Unkrautsamen von der Oberfläche fernzuhalten. Heute verwenden viele Farmer in den USA die »no-tilling«-Methoden, bei denen das Saatgut ohne vorherige mechanische Bearbeitung des Bodens ausgebracht wird. Das unvermeidlich mitwachsende Unkraut beseitigt später das Totalherbizid. Die Zahl der Fahrten auf dem Acker lässt sich so um mehr als die Hälfte senken. Das spart nicht nur Treibstoff, sondern vermindert vor allem auch die Erosion des Bodens.

Herbizidtolerante Soja, Mais, Raps und Baumwolle stellen mehr als zwei Drittel aller genetisch modifizierten Pflanzen. Die zweite wichtige Eigenschaft, die die grüne Gentechnik bislang auf den Acker gebracht hat, ist die Resistenz gegenüber Schmetterlingsraupen. Überraschenderweise stand der Biolandbau bei der Entwicklung der sogenannten Bt-Sorten Pate. Bt ist das Kürzel für Bacillus thuringiensis, ein Bakterium, das sich auf vielen Pflanzen findet. Wenn Raupen die Blätter annagen, nehmen sie die Bakterien mit auf. Im Darm der Insekten zerstört B. thuringiensis die Zellen mithilfe von Giften und vermehrt sich in den Überresten seiner Opfer. Die vielen B-thuringiensis-Varianten bilden weit über hundert verschiedene Insektengifte, die für Säugetiere ungefährlich sind. Schon seit den Dreißigern werden die verendeten Raupen eingesammelt und zu einem Spritzmittel verarbeitet. Bt ist das einzige im Ökolandbau zugelassene Insektizid.

Mehreren Firmen ist es gelungen, einige der Gene für die Insektengifte zu isolieren und auf Mais und Baumwolle zu übertragen. Sie bilden das Bt-Toxin ständig in Blättern, Früchten und Wurzeln. Damit sind sie vor gefräßigen Raupen geschützt. Die Insekten knabbern zwar etwas, sterben dann aber schnell ab. Die Gabe von chemischen Insektiziden kann deutlich reduziert werden. Sie ist nicht ganz zu vermeiden, weil nur Schmetterlingsraupen auf die Bt-Toxine reagieren. Andere Schädlinge, wie etwa Spinnmilben, können sich auch auf Bt-Pflanzen ungestört ausbreiten und müssen mit klassischen Methoden in Schach gehalten werden. Das Bt-Saatgut ist in der Anschaffung teurer, ob sich die Investition rechnet, hängt davon ab, wie hoch der Fraßdruck der Raupen ist. Für die Bauern gibt es noch einen zweiten Vorteil: Chemische Insektizide sind sehr giftig. In der Dritten Welt werden die Mittel häufig ohne Schutzkleidung versprüht, es kommt immer wieder zu schweren Vergiftungen. In China sterben jedes Jahr etwa 450 Bauern durch Insektizide. In dem asiatischen Land wird seit 1999 Bt-Baumwolle angebaut, die übrigens in China selbst entwickelt wurde. 2001 lag ihr Anteil an der Anbaufläche schon bei knapp einem Drittel. Der Einsatz von Insektiziden konnte um ein Viertel verringert werden, gleichzeitig ging die Zahl der Vergiftungen deutlich zurück. Während früher 22 Prozent der Bauern über Beschwerden durch die Insektizide klagten, hatten nur fünf Prozent der Landwirte Probleme, die die Bt-Baumwolle anpflanzten. Ähnliche

Erfahrungen gibt es auch mit Bt-Reis. Zumindest in China sind die GM-Pflanzen ein Erfolg. 2004 gab es allerdings einen Rückschlag. Feuchtes Wetter führte zur Ausbreitung von Wanzen, denen BT nichts anhaben kann. Die GM-Bauern mussten doch wieder zu Insektiziden greifen. Seit 1996 werden die genetisch manipulierten Pflanzen kommerziell angebaut. Inzwischen können die Bauern auch unter Sorten wählen, die mehrere Eigenschaften kombinieren, die gleichzeitig gegen Insekten und gegen ein Unkrautvernichtungsmittel resistent sind. Es gibt auch Baumwolle, die mehrere Gene aus Bacillus thuringiensis enthält und deshalb einen breiteren Fraßschutz bietet. In den USA können Firmen wie Monsanto, Bayer CropScience oder Syngenta zufrieden mit ihren Umsätzen sein. Sie haben den Großteil der Mais-, Soja-, Raps- und Baumwollbauern von ihren Produkten überzeugt. Das heißt aber nicht, dass die amerikanische Landwirtschaft völlig auf die grüne Gentechnik setzt. Es gibt viele Biobauern, die genetische Manipulationen ablehnen. Auch ein Sektor der industrialisierten Landwirtschaft will von den neuen Methoden nichts wissen: Bauern, die mit Weizen ihr Geld verdienen, lehnen GM-Pflanzen vehement ab. Anders als ihre Kollegen ließen sie sich von dem Versprechen eines einfacheren und billigeren Anbaus nicht überzeugen. Der Widerstand der Weizenbauern steht seit Jahren ohne zu wanken. Selbst die Agrarunternehmen haben diesen potenziell riesigen Markt abgeschrieben. Nach jahrelangen Forschungen am Weizen hat es zum Beispiel Monsanto aufgegeben, weiter an dieser wichtigen Nahrungspflanze zu arbeiten.

Neue Pflanzen = hohe Erträge?

In den USA, Kanada, Argentinien, Brasilien, China und Indien haben sich die neuen Sorten durchgesetzt. Dazu hat sicher auch eine aggressive Vermarktung beigetragen. Hochglanzbroschüren und Fernsehspots versprachen den Bauern große Gewinne beim Einsatz der GM-Pflanzen. Besonders in der Anfangszeit blieb die Realität aber weit hinter den Werbebotschaften zurück. Der Hauptgrund: Der Erfolg einer Pflanze liegt nicht in einem einzigen Gen. Die Saatgutunternehmen bieten von jeder Nutzpflanzenart viele Hundert Varianten an, die jeweils an andere Bedin-

Indo-amerikanisches Biotechnologie-Labor in Indien. Hier werden Pflanzen genetisch verändert, mit dem Ziel, diese an Indiens Umweltbedingungen anzupassen.

gungen angepasst sind. Die einen wachsen auf sandigen Böden, andere bevorzugen Lehm. Einige kommen gut mit Trockenheit klar, andere benötigen viel Wasser. Jeder Bauer muss für seine Böden und seine Wetterlage die optimale Sorte auswählen. Erst die Vielfalt des Saatguts sichert den Ertrag. Von den GM-Pflanzen existieren aber zunächst nur wenige Varianten. Kein Wunder, dass es im Jahr eins der grünen Gentechnik neben guten Ernten auch große Ausfälle gab. Im Staat Mississippi brachen an den Bt-Baumwollpflanzen von Monsanto die wertvollen Faserkapseln ab, die Ernte fiel mehr oder weniger aus. Monsanto musste den Farmern große Entschädigungssummen zahlen. Die Probleme wurden von Kritikern als Argument gegen jegliche Form der Genmanipulation betrachtet: Die künstlichen Gene würden schlicht nicht funktionieren. Die Firmen sahen in den Schwierigkeiten dagegen nur die Kinderkrankheiten einer neuen Technik. Inzwischen hatten die Saatgutunternehmen genug Zeit, die neuen Eigenschaften in alle wichtigen Sorten hineinzukreuzen, sodass für Ernteausfälle wieder eher das Wetter, als die Gentechnik verantwortlich ist. Insgesamt erhöhen die GM-Pflanzen in den USA die Erträge nicht wesentlich, den Bauern reichen aber die Einsparungen an Pflanzenschutzmitteln als Argument für den Kauf von GM-Saatgut.

Besonders dramatisch war der Effekt der mangelnden Vielfalt des Saatguts in Indien. Dort wurde 2002 erstmals Bt-Baumwolle angebaut. Im Bundesstaat Andhra Pradesh, dort liegen 14 Prozent der indischen Baumwollfelder, fiel die Ernte katastrophal aus. Die GM-Sorten waren nicht an die trockenen Böden dieser Region angepasst. Die indische Organisation Gene Campaign berichtete, dass 60 Prozent der Bauern noch nicht einmal ihre Kosten hereinholen konnten. In diesem Fall war der indischen Partner von Monsanto nicht zu Ausgleichszahlungen bereit. Einzelne Landwirte standen vor dem Ruin und waren so verzweifelt, dass sie sich umbrachten. Die Nachricht von den Gentech-Selbstmorden ging um die Welt.

Parallel erwies sich die Bt-Baumwolle in anderen Regionen Indiens als Erfolg. In Maharashtra, Karnataka und Tamil Nadu lagen die Erträge auf GM-Feldern deutlich höher. Und auch Forscher der Universität Bonn konnten in einem Feldversuch auf 395 indischen Bauernhöfen einen deutlichen Vorteil der Bt-Baumwolle nachweisen. Es wurden weniger Insektizide versprüht, gleichzeitig verbesserten sich die Erträge. In den USA dagegen blieben sie bestenfalls unverändert. Grund ist wahrscheinlich der unterschiedliche Fraßdruck der Insekten. In den USA werden »nur« etwa zwölf Prozent der Ernte von Insekten vernichtet, während die gefräßigen Raupen bis zur Hälfte der indischen Baumwollpflanzen zerstören können. Hier ist der Insektenbefall entscheidend für den Ertrag, deshalb entfalten die Bt-Pflanzen ihre Wirkung vor allem in tropischen Regionen.

In Argentinien setzte sich die GM-Soja schnell durch. Anfang der Neunziger war die Bodenerosion ein verbreitetes Problem in den fruchtbaren Pampas-Gebieten. Die Roundup-Ready-Soja erlaubte es, auf das Pflügen zu verzichten und die Äcker schonend zu bearbeiten. Das unvermeidlich aufschießende Unkraut konnte mit dem Totalherbizid beseitigt werden. Letztlich mussten die Bauern bei gleichen Erträgen deutlich mehr Unkrautvernichtungsmittel ausbringen als bei der traditionellen Form des Sojaanbaus. Allerdings konnten sie ganz auf den Einsatz hoch giftiger Chemikalien verzichten. Im Vergleich zu anderen Pestiziden gilt Roundup als relativ unbedenklich und zudem als billig. Inzwischen wird in Argentinien praktisch nur noch herbizidresistente Soja angebaut und zwar auf immer größeren Flächen. Im Export lässt sich mit der Futterpflanze viel Geld verdienen. Kein Wunder, dass viele Landwirte von der Produktion von Getreide für die lokalen Märkte auf den Anbau von Soja für Übersee umstellen. Nach Angaben von Greenpeace hat sich die Fläche der Sojafelder von 1996 bis 2004 von 6,7 auf 14,2 Millionen Hektar mehr als verdoppelt. 2,3 Millionen Hektar Wald und Savanne wurden gerodet, um Platz für riesige Soja-Monokulturen zu schaffen. Das dürfte sich negativ auf die Artenvielfalt in Argentinien auswirken. Auch die sozialen Kosten sind nicht zu unterschätzen. Die intensive Landwirtschaft kann vor allem von Großgrundbesitzern betrieben werden, kleine Bauern haben demgegenüber das Nachsehen. Der entscheidende Motor der Entwicklung ist die Nachfrage. Europa hat die Verfütterung von Tiermehl an Rinder in der Folge der BSE-Krise verboten. Soja ist ein guter Ersatz, um den Eiweißbedarf in den Ställen zu decken. So ist es letztlich der Fleischhunger der Europäer, der indirekt für einen hohen Sojaverbrauch sorgt und damit die Ausbreitung der problematischen Monokulturen in Argentinien fördert.

Nach zehn Jahren Erfahrung mit genetisch modifizierten Pflanzen lässt sich keine einheitliche Bilanz ziehen. Wie sich die Erträge und die Kosten für den Bauern entwickeln und welche Effekte der Anbau der GM-Sorten auf die Umwelt hat, hängt stärker von den jeweiligen Bedingungen ab als von der Genmanipulation. Eines aber ist klar: Die neuen Gene allein bewirken keine Wunder. Es kommt immer darauf an, dass die Sorte als Ganzes an die lokalen Bedingungen angepasst ist.

Monster auf dem Acker?

Die grüne Gentechnik beschert den großen Agrokonzernen Gewinne, sie kann unter bestimmten Bedingungen auch den Landwirten Vorteile bringen. Aus Sicht der Verbraucher bleibt aber die Frage: Ist die neue Methode sicher?

Hormone im Fleisch, Pestizide im Gemüse, auch wenn die tatsächlichen Gesundheitsrisiken gering sein mögen, jede Verunreinigung der Lebensmittel führt schnell zu einem Skandal. Kein Wunder, schließlich muss jeder essen, man kann einem möglichen Problem also schlecht ausweichen. Es ist auch kaum ein intimerer Kontakt vorstellbar als zu einem Schnitzel mit Kartoffelbrei, das man sich ja im wörtlichen Sinne einverleibt. Eine vorsichtige Grundhaltung ist da nur allzu verständlich. Am 10. August 1998 erregte der englische Forscher Arpad Pusztai in einer Fernsehsendung Aufsehen. Er hatte am Rowett-Forschungsinstitut in Aberdeen Ratten mit gentechnisch veränderten Kartoffeln gefüttert. Die Ergebnisse klangen wirklich besorgniserregend: Die Tiere hätten ein geschädigtes Immunsystem und das Gewicht einiger Organe sei deutlich verändert. Arpad Pusztai ist ein Experte für Lektine, Eiweiße, mit denen sich Pflanzen vor Milben oder Blattläusen schützen. Gegen diese saugenden Insekten wirken die Bt-Toxine nicht, Lektin-Gene könnten also eine wichtige Ergänzung für den genetischen Pflanzenschutz darstellen. Allerdings sind Lektine auch für Säugetiere giftig, deshalb müssen zum Beispiel Bohnen vor dem Verzehr gekocht werden. In Schneeglöckchen hatte man aber ein Lektin entdeckt, das vergleichsweise ungiftig war. Pusztai wollte die Sicherheit dieses Lektins prüfen. Dazu startete er drei parallele Versuche: Zum einen erhielten Ratten Futter aus rohen Kartoffeln, denen das Schneeglöckchen-Gen eingesetzt worden war und die deshalb das Lektin in den Knollen anreicherten. Eine andere Gruppe fraß normale Kartoffeln, denen das Schneeglöckchen-Lektin beigemengt wurde, eine dritte Kontrollgruppe bekam normale Kartoffeln ohne Lektin vorgesetzt. Die Schäden am Immunsystem und beim Wachstum traten nur bei den Ratten auf, die die genveränderten Kartoffeln erhalten hatten. Die Tiere, die das Lektin als Futterzusatz gefressen hatten, blieben gesund. Die Schlussfolgerung Arpad Pusztais lautete: Die Genmanipulation selbst verändert die Kartoffel und macht sie schädlich. Ein Knüller für die Nachrichten, der Beweis, dass GM-Pflanzen wirklich »Frankenfood« sind, gefährliche Produkte einer entfesselten Wissenschaft.

Pusztais Behauptungen waren spektakulär und spektakuläre Aussagen erfordern umfassende Belege. Die aber ließen auf sich warten. Normalerweise werden wissenschaftliche Durchbrüche nach einer kritischen Prüfung in Fachzeitschriften veröffentlicht. Diesen Kontrollmechanismus hatte Pusztai umgangen, indem er sich direkt ans Fernsehen wandte. Das war vielleicht kein Zufall, der Bericht der Untersuchungskommission des Rowett-Instituts jedenfalls hielt die Daten für zu uneinheitlich, um daraus klare Ergebnisse abzuleiten. Ein zusätzlicher

Kritikpunkt lautete, dass der Nährwert der verschiedenen Kartoffeln sehr unterschiedlich war, die genveränderten Knollen enthielten deutlich weniger Protein. Schon das allein könnte einen Einfluss auf die Immunabwehr gehabt haben. Ein Jahr später erschien ein Artikel von Arpad Pusztai in der Zeitschrift Lancet. Etliche Gutachter hatten zuvor von einer Publikation abgeraten, weil die Daten nicht zu interpretieren seien. Aber Lancet entschied sich doch für eine Veröffentlichung, damit die Experimente endlich beurteilt werden konnten. Der Artikel enthält weder Informationen zu einer Schädigung des Immunsystems noch zum Wachstum von Organen, die in dem TV-Interview im Vordergrund standen. Stattdessen konzentriert er sich auf Veränderungen in der Darmschleimhaut. Letztlich ist der Streit um die Lektin-Kartoffeln immer noch nicht entschieden. Es sind aber keine weiteren Belege dafür aufgetaucht, dass schon die Genveränderung an sich riskant ist. Die derzeit angebauten Bt- und herbizidresistenten Sorten verursachen in Fütterungsversuchen keine Probleme. Im Grunde läuft ja auch seit zehn Jahren ein großer Feldversuch mit genetisch modifizierten Nahrungsmitteln. GM-Soja und -Mais wurden an Millionen von Nutztieren

Greenpeace-Aktion gegen Genmanipulation in der Landwirtschaft, 2003

verfüttert, ohne dass Bauern von Problemen bei der Mast berichtet hätten. In den USA haben auch Millionen von Menschen Nahrungsmittel gegessen, die genetisch veränderte Pflanzen enthalten haben. Obwohl den Amerikanern nachgesagt wird, ein prozessfreudiges Volk zu sein, ist es bisher nicht zu Schadenersatzklagen gegen die Agrarunternehmen gekommen. Wenn es gesundheitliche Effekte der neuen Sorten gibt, dann sind sie in jedem Fall nicht besonders auffällig. Das ist erfreulich, aber kein Persilschein für die grüne Gentechnik. Viele Schadstoffe beeinträchtigen die Gesundheit erst über Jahrzehnte und werden dennoch streng reguliert. Deshalb muss jede neue GM-Pflanze sorgfältig auf mögliche Risiken untersucht werden. Dabei fallen den Unternehmen immer wieder Probleme auf. So sollte der Nährwert von Sojabohnen mit einem Eiweiß aus der Paranuss verbessert werden. Dieses Protein verursacht aber Nussallergien. Vorsorgliche Experimente zeigten, dass auch die mit dem Nuss-Gen ausgestatteten Sojabohnen bei Allergikern Reaktionen auslösen können. Die Produktion der Sojabohne wurde deshalb schon in einer frühen Entwicklungsphase gestoppt. Solche Probleme sind keine Einzelfälle. Nach fast zehn Jahren Forschung mussten australische Forscher ein Projekt einstellen, bei dem sie Erbsen durch ein Gen aus der Bohne vor einem wichtigen Schädling, einem Rüsselkäfer, schützen wollten. Das Experiment erschien unproblematisch, schließlich stehen Bohnen schon seit Jahrtausenden auf dem Speisezettel. Der Insektenschutz ließ sich auch problemlos auf die Erbse übertragen. In Fütterungsversuchen mit Mäusen zeigte sich aber, dass die GM-Erbsen schwere Allergien auslösen können. Die Erbsenzellen versehen das Protein mit etwas anderen Zuckerketten als die Bohnen und dieser kleine Unterschied hat offenbar einen großen Effekt auf das Immunsystem. Das Beispiel zeigt, dass sich theoretisch kaum vorhersagen lässt, ob ein eigentlich gut verträgliches Gen in einem neuen Lebewesen Nebenwirkungen auslöst. Fütterungsversuche sind deshalb für die Beurteilung von GM-Pflanzen entscheidend, sie sind aber nicht in allen Ländern vorgeschrieben.

Zusammenfassend lässt sich sagen, dass von den heutigen GM-Pflanzen wohl kein Gesundheitsrisiko ausgeht. Besonders Bt-Mais hat sogar Vorteile. Er ist weniger mit Fusarien belastet, Pilzen, die nierenschädigende Gifte produzieren. In Zukunft sollten aber alle neuen Sorten vor der Zulassung genau untersucht werden.

Gene auf Abwegen

Eine strenge Zulassung ist wichtig für die Nahrungsmittelsicherheit, genauso entscheidend sind aber auch effektive Kontrollen auf den Feldern. Denn ohne Kontrollen und ohne besondere Vorsichtsmaßnahmen werden sich die GM-Pflanzen mit den traditionellen Sorten vermischen, sodass der Verbraucher am Ende gar keine Wahl mehr hat und in jedem Fall GM-Nahrungsmittel auf dem Teller vorfindet. Dass diese Sorge berechtigt ist, zeigt eine lange Serie von Pannen in der grünen Gentechnik der USA. Am bekanntesten ist der Skandal um den StarLink-Mais der Firma Aventis CropScience, die heute zum Bayer Konzern gehört. Die Sorte enthält ein Gen von Bacillus thuringiensis, das einige Ähnlichkeiten mit bekannten Allergenen aufweist und deshalb nur für die Tierfütterung zugelassen wurde. Die amerikanische Umweltorganisation Friends of the Earth hatte im Jahr 2000 verschiedene Lebensmittel untersucht und Spuren von StarLink in Maischips der Marke TacoBell entdeckt. Offenbar funktionierte die Trennung von Futtermais und Mais für die menschliche Ernährung nicht. Die Behörden begannen eine umfassende Untersuchung, es stellte sich heraus, dass vier Prozent der Maisernte von 1999 mit StarLink verunreinigt waren. Das Maismehl hatte Eingang in eine Vielzahl von Nahrungsmitteln gefunden, 800 Produkte mussten aus den Regalen genommen werden, selbst in japanischen Knabberartikeln fand sich der GM-Mais. Bis nach Europa hatte es StarLink allerdings nicht geschafft. Letztlich konnte nie geklärt werden, wie das StarLink-Gen in die Nahrungsproduktion gelangte. Die Sorte wurde von Aventis CropScience vom Markt genommen. Obwohl Friends of the Earth versuchten, den StarLink-Skandal bekannt zu machen, blieb die Reaktion der amerikanischen Öffentlichkeit aus europäischer Sicht erstaunlich gelassen. Das Vertrauen der Verbraucher in die grüne Gentechnologie wurde kaum beeinträchtigt. Friends of the Earth konnten sich auch nicht mit der Forderung durchsetzen, in Zukunft nur GM-Sorten zuzulassen, die auch für den menschlichen Verzehr geeignet sind.

Von dem Futtermais ging wohl keine Gefahr für den Menschen aus, die eingeschränkte Zulassung war eine reine Vorsichtsmaßnahme. Es gab keine Experimente, die belegen würden, dass StarLink tatsächlich

Versuch zur Ausbreitung von BT-Mais in Deutschland

Allergien auslösen kann. Die Episode zeigt aber, wie leicht es auf dem langen Weg vom Acker auf den Teller zur Vermischung unterschiedlicher Sorten kommt. StarLink ist auch kein Einzelfall. Im April 2005 stellte sich heraus, dass die Schweizer Firma Syngenta über vier Jahre in den USA die nicht zugelassene Maissorte Bt10 vertrieben hatte.

Die Vermischung der Sorten ist besonders problematisch, wenn genetisch modifizierte Pflanzen überhaupt nicht für die menschliche Ernährung gedacht sind. Es gibt Raps-Varianten, deren Öl speziell als Schmierstoff geeignet ist, Kartoffeln für die Stärkeindustrie, und auch manche Arzneimittelfirmen wollen ihre Wirkstoffe auf dem Acker wachsen lassen. Am weitesten ist hier ProdiGene, ein Unternehmen, das sich darauf spezialisiert hat, Maispflanzen als Bioreaktor zu nutzen. Die Körner ihrer GM-Sorten sehen nicht nur golden aus, sie sind auch Gold wert, denn neben der üblichen Stärke enthalten sie auch Enzyme, Medikamente oder Impfstoffe. Doch solch ein genetischer Mehrwert ist nicht ohne Risiko. Wer will schon mit seinen Cornflakes auch ein Medikament einnehmen? Dass das keine unbegründete Sorge ist, zeigte sich 2002, als ein Bauer, der einen Acker von ProdiGene übernommen hatte, zu seiner Verblüffung zwischen seinen Sojabohnen auch Maispflanzen fand. Die stammten noch von ProdiGene und enthielten ein Medikament; welches, wurde nicht bekannt gegeben. Die Firma wäre eigentlich verpflichtet gewesen, nach der Maisernte die restlichen Samen zu vernichten, hatte aber offenbar das Geld gespart. Eine kurzsichtige Entscheidung, denn für Reinigungsarbeiten und eine deftige Strafzahlung musste ProdiGene drei Millionen Dollar aufbringen.

StarLink, Bt10 und ProdiGene sind drei Fälle, in denen eine unbeabsichtigte Verbreitung der genmanipulierten Pflanzen bekannt geworden ist. Wie häufig so etwas tatsächlich vorkommt, kann niemand sagen. Hätte der Bauer auf dem ProdiGene-Feld nicht Soja, sondern Mais angebaut, wären die Medikamentenpflanzen zwischen all den normalen Kolben gar nicht aufgefallen. Sicherheit können letztlich nur umfassende Untersuchungen der Nahrungsmittel bringen, die aber sind aufwändig. Es gibt keinen Test der generell jede genetische Modifikation erkennen könnte. Um eine GM-Pflanze aufzuspüren, muss man die passende DNA-Sonde verwenden. Noch sind nur wenige Genkonstrukte auf dem Markt. Wenn sich die Zahl der unterschiedlichen GM-Pflanzen aber erhöht, wird die Aufgabe für die Überwachungsbehörden schwierig werden.

Biolandbau zwischen GM-Feldern

Während in den USA das Problem der Trennung von GM- und traditionellen Sorten nur bei Medizinpflanzen für besonders wichtig gehalten wird, gilt es in Europa als zentral bei der Einführung der grünen Gentechnik. Die Verbraucher wollen sich für gentechnikfreies Essen entscheiden können und die Biolandwirte möchten ihnen entsprechende Produkte ohne Verunreinigungen anbieten. Die Koexistenz der grünen Gentechnik mit der traditionellen Landwirtschaft gelingt aber nicht automatisch. Selbst wenn die Sorten auf dem Acker und in der Mühle streng getrennt werden, ist es immer noch möglich, dass sich die neuen Gene über die Pollen ins Feld des Nachbarn ausbreiten. So kommt es, dass in den USA etwa ein Prozent der Maiskörner von konventionell bewirtschafteten Feldern von GM-Pflanzen abstammt. Dabei ist Mais eine Pflanze, deren Pollen gar nicht so weit fliegen. Rapspollen dagegen können vom Wind kilometerweit getragen werden, auch wenn der Großteil in der Nähe des Feldes liegen bleibt. Ein zusätzliches Problem sind Bienen, die über weite Entfernungen Pollen sammeln und letztlich in den Honig transportieren. Es gibt zwei einfache Wege, die Ausbreitung der GM-Pollen auf Felder von Biolandwirten zu beschränken: Der erste ist ein Sicherheitsabstand, der zweite eine sogenannte Mantelsaat. Dabei handelt es sich um einen schmalen Streifen von traditionellen Pflanzen, die rund um das Feld mit der genetisch veränderten Sorte angebaut werden. Beide Maßnahmen zusammen können die Ausbreitung der neuen Gene deutlich einschränken, aber nicht ganz verhindern.

Aus Sicht des Biolandbaus ist damit eine Koexistenz nicht möglich, weil Bioprodukte eigentlich keinerlei GM-Material enthalten dürfen. Diese Perspektive konnte sich in der Europäischen Union aber nicht durchsetzen. Die EU hat sich auf den Standpunkt gestellt, dass eine solch absolute Reinheit nicht erforderlich ist. Nach den Regeln der EU dürfen Produkte, die als gentechnikfrei vermarktet werden, bis zu 0,9 Prozent zufällige Verunreinigungen mit genetisch veränderten Sorten enthalten. Werden die GM-Anteile gezielt in dem Lebensmittel verarbeitet, müssen auch kleinste Spuren gekennzeichnet werden. Noch spielt der Anbau von GM-Pflanzen in Europa nur eine untergeordnete Rolle, deshalb ist es kein Problem, den Grenzwert einzuhalten. Sollten aber mehr Landwirte auf die grüne Gentechnik setzen, wird es unweigerlich zu Konflikten kommen.

Deutsche Versuche haben ergeben, dass sich der Grenzwert von 0,9 Prozent schon bei einem Abstand von zehn Metern zum konventionellen Maisfeld einhalten lässt. Bei der heutigen Aufteilung der Flächen dürfte es bei 85 bis 90 Prozent der Felder keine Probleme mit dem Pollenflug geben. Der Rest wäre über Sicherheitsabstände oder eine Mantelsaat in den Griff zu bekommen, allerdings müsste jeder Bauer kalkulieren, ob sich der Einsatz von GM-Pflanzen dann noch lohnte. Viele Konflikte sollten sich auch vermeiden lassen, wenn die Landwirte, wie schon jetzt üblich, ihre Pläne vorab aufeinander abstimmen.

Wilde Gene

Die Pflanzen aus dem Genlabor können nicht nur auf fremden Äckern wuchern, sondern sich auch in Richtung freie Natur aufmachen. In den ersten Jahren der grünen Gentechnik wurde immer wieder die Befürchtung geäußert, dass die GM-Pflanzen als Superunkräuter Wald und Flur überwuchern könnten. Tatsächlich wurden in Kanada Pflanzen entdeckt, die Resistenzen gegen mehrere Unkrautvernichtungsmittel aufgenommen hatten. Offenbar haben sich die fremden Gene über den Acker hinaus ausgebreitet. Doch anders als viele exotische Pflanzen aus anderen Erdteilen genossen diese GM-Bastarde keinen großen Überlebensvorteil. Es kostet eine Pflanze Energie, spezielle Eiweiße zu bilden, um vor einem Herbizid geschützt zu sein. Unter normalen Umständen ist das eine sinnlose Investition. Erst auf dem Acker, wenn tatsächlich gesprüht wird, könnten sich diese Pflanzen zu Störenfrieden entwickeln. Bislang gibt es aber immer noch Herbizide, mit denen sie beseitigt werden können.

Anders sieht die Situation bei Genen aus, die einen direkten Überlebensvorteil unter natürlichen Bedingungen bieten. In den USA haben Experimente gezeigt, dass ein Bt-Gen aus genetisch modifizierten Sonnenblumen zu deren wilden Verwandten auskreuzen kann. Die Bastarde waren vor Insektenfraß geschützt und bildeten deutlich mehr Samenkörner. Wilde Sonnenblumen sind in manchen Teilen der USA ein Unkraut, das Bt-Gen könnte deren Durchsetzungskraft durchaus vermehren. Aus diesem Grund sind bislang keine Bt-Sonnenblumen zugelassen.

Besondere Vorsicht ist geboten, wenn genetisch modifizierte Pflanzen in den Regionen angebaut werden, aus denen sie ursprünglich stammen. So kommt der Mais aus Mexiko, hier wächst nicht nur sein Urahn, das Gras Teosinte, die Bauern haben dort auch über Jahrhunderte eine große Vielfalt an Landsorten mit einem breiten Spektrum an wertvollen Eigenschaften herangezüchtet. Mexiko ist für den Mais eine genetische Schatzkammer, aus der sich Züchter aus aller Welt bedienen, wenn sie neue Hochleistungssorten entwickeln wollen. Im Abkommen zur Biologischen Vielfalt haben sich die Nationen der Welt 1992 in Rio dazu verpflichtet, solche Zentren der genetischen Vielfalt zu schützen und insbesondere zu vermeiden, dass genetisch modifizierte Sorten die Landrassen verdrängen. Mexiko hat deshalb 1998 den Anbau von GM-Mais verboten. Drei Jahre später erregte ein Artikel in der Wissenschaftszeitschrift Nature Aufsehen. Zwei Forscher von der Universität im kalifornischen Berkeley hatten Maisproben aus der Region Oaxaca im südlichen Mexiko untersucht und dabei mehrfach Spuren von GM-Mais gefunden. Die Forscher vermuteten, dass mexikanische Bauern illegal genetisch veränderte Sorten aus den USA eingeführt und angebaut hatten. Durch die Konkurrenz der genetisch veränderten Hochleistungssorten könnten die alten Landrassen verdrängt werden, so fürchten die Autoren. Nach der ersten Aufregung kam es zu einer völlig unerwarteten Wende: Die Zeitschrift Nature zog den Artikel zurück, ein bis dato einmaliger Vorgang. Angeblich sei die Arbeit fehlerhaft, vor allem wären die verwendeten Untersuchungsmethoden gar nicht in der Lage, verlässlich zwischen GM-Sorten und Landrassen zu unterscheiden. In der Folge entwickelte sich eine erhitze Debatte, die Ähnlichkeiten mit dem Streit um die Fütterungsexperimente von Arpad Pusztai hatte. Jede Seite warf der anderen vor, es ginge ihr nicht um die Wissenschaft, sondern darum, eine vorgefasste Meinung zu verbreiten. Im Nachhinein ist es schwer, festzustellen, ob sich wirklich GM-Sorten im Kernland des Maises ausgebreitet hatten. In der Genbank des Mais- und Weizenforschungsinstituts in Mexiko fanden sich unter den zur selben Zeit gesammelten Proben jedenfalls keinerlei Verunreinigungen. Die Regierung Mexikos startete eine Kampagne, in der die Bauern darauf hingewiesen werden, dass Mais aus den USA nur zur Fütterung, aber nicht zum Anbau geeignet ist. Offenbar hatte dieser Schritt Erfolg, denn eine neuere Untersuchung aus dem Jahr 2005 konnte in der Region Oaxaca keine Spuren von genetisch verändertem Mais mehr nachweisen.

Fest steht, dass die GM-Sorten unter günstigen Bedingungen den Acker verlassen können. Bislang wurde aber noch kein Fall bekannt, in dem sie sich auch tatsächlich etabliert hätten. Die Gefahr der Ausbreitung künstlicher Gene steigt mit deren Wirksamkeit. Ein Gen, dass es einer Pflanze erlaubt, mit einer Trockenperiode fertig zu werden, könnte sich wahrscheinlich auch in der Natur durchsetzen. Das würde auch für mit konventionellen Methoden gezüchtete Arten gelten. Es gibt umfangreiche Programme zur Sicherheitsforschung, die es erlauben, mögliche Risiken zumindest einzugrenzen. Für Umweltverbände gilt ein Ökosystem schon dann als beeinträchtigt, wenn darin einige wenige transgene Pflanzen wachsen. Die Verfechter der grünen Gentechnik wollen aber erst dann von einem Schaden sprechen, wenn die fremden Pflanzen das natürliche Gleichgewicht zwischen den etablierten Tier- und Pflanzensorten massiv verschieben. Wie so oft auf dem Gebiet der Gentechnik kann zwischen diesen Sichtweisen nicht aufgrund wissenschaftlicher Befunde, sondern nur auf dem Feld der Politik entschieden werden.

Biologische Vielfalt

Der Monarchfalter ist für viele Amerikaner ein Held aus dem Reich der Insekten. Der große, orange gemusterte Schmetterling fliegt jeden Herbst viele Tausend Kilometer zur Überwinterung nach Mexiko. Die nächste Generation kehrt dann als prächtige Frühlingsboten zurück in die USA. In Kanada wurde der Monarchfalter sogar zum Nationalen Insekt erklärt. Dieses Symbol der Ausdauer wird durch die Gentechnik gefährdet, so verkündeten 1999 die Schlagzeilen. Wissenschaftler der Cornell Universität in New York hatten Pollen von Bt-Mais auf die Blätter der Seidenpflanze gestreut und sie dann an Raupen des Monarchfalters verfüttert. Die Raupen wuchsen langsamer, einige starben sogar. Die Seidenpflanze ist das einzige Futter für den Monarchfalter, sie wächst häufig als Unkraut am Rand von Maisfeldern. Besonders im Korngürtel der USA können die Falter also durchaus mit den Bt-Pollen in Berührung kommen. Die grüne Gentechnik stand wieder einmal am Pranger. Allerdings stellte sich schnell heraus, dass sich das Laborexperiment nicht so direkt auf die natürlichen Verhältnisse übertragen lässt. Dort findet sich nur wenig Pollen auf den Blättern der Seidenpflanze. Füttert man die Raupen über Wochen mit realistischen Pollenkonzentrationen, wachsen sie tatsächlich langsamer. Hochgerechnet dürften im Korngürtel der USA etwa 2,4 Prozent der Monarchfalter betroffen sein. Außerhalb dieser Region wird wenig Bt-Mais angebaut, sodass die Falter dort sicher vor dem Insektengift in den Pollen sind. Auch wenn einige Raupen sterben, insgesamt ist die Population des Monarchfalters nicht durch die grüne Gentechnik gefährdet. Ganz im Gegenteil. Auf Bt-Mais-Feldern werden weniger chemische Insektizide versprüht und die töten die Raupen nicht nach Tagen, sondern innerhalb von Stunden. Deutsche Sicherheitsstudien mit dem hier zugelassenen Bt-Mais MON810 zeigen einen ähnlichen Trend. Auf den GM-Feldern finden sich mehr Schmetterlingsraupen als auf konventionell bewirtschafteten Flächen.

Die Angst um den Monarchfalter war übertrieben, doch das heißt nicht, dass die grüne Gentechnik keinen Einfluss auf die Lebensgemeinschaften am Rande der Äcker hat. Das hat besonders die Briten beschäftigt. Während Amerikaner die Felder vorwiegend als Produktionsflächen für Nahrungsmittel sehen, schätzen die Engländer ihre Äcker auch als Teil der Landschaft, der Natur. Um herauszufinden, ob die Landschaft durch die grüne Gentechnik in Gefahr ist, wurden herbizidresistente Pflanzen auf vielen Farmen über vier Jahre mit dem konventionellen Anbau verglichen. Die Forscher besuchten die 283 Testfelder insgesamt über 4000-mal, analysierten eine Million Pflanzen, 750 000 Samen und 1,5 Millionen Insekten, Würmer und Spinnen. Als diese beeindruckende Studie 2003 veröffentlicht wurde, konnten beide Seiten der Gendebatte einen Teil der Ergebnisse für sich verbuchen. Beim Anbau von Zuckerrüben und Raps lebten auf den GM-Feldern deutlich weniger Insekten, der konventionelle Anbau war für die Umwelt also verträglicher. Nur beim Mais hatte die Gentechnik die Nase vorn, allerdings verwendeten die konventionellen Bauern das Unkrautvernichtungsmittel Atrazin, ein besonders schädliches Herbizid, das in Europa verboten werden soll. Die Kritiker der Gentechnik sahen einen klaren Sieg der konventionellen Landwirtschaft und forderten die britische Regierung auf, die grüne Gentechnik zu verbieten.

Doch das wollten die GM-Befürworter nicht gelten lassen. Die Feldstudien haben nämlich noch einen zweiten wichtigen Befund ergeben. Es kommt gar nicht so sehr darauf an, ob das Saatgut nun genetisch verändert ist oder nicht. Viel entscheidender für das Ökosystem Acker ist die Art der angebauten Pflanze. Die Forscher hatten auf den konventionellen Zuckerrübenfeldern in ihren Fallen durchschnittlich 1707 Käfer gefangen, auf den GM-Flächen waren es nur 1576. Der Unterschied ist beachtlich. Doch auf Maisfeldern gleich welcher Sorte fanden sich nur halb so viele Käfer. Die Forscher vermuten, dass in den Weizenfeldern noch deutlich weniger krabbelt und kriecht und die bedecken immerhin die Hälfte der britischen Ackerfläche. Am besten für die Artenvielfalt in der Landschaft wäre es also, die Böden weniger intensiv zu bewirtschaften und vor allem jedes Jahr eine andere Pflanzenart anzubauen. Die Verbraucher wollen allerdings billige Lebensmittel und die kann es nur auf Kosten der Natur geben.

Gengemüse auf dem Teller

In den USA interessieren sich die Konsumenten kaum dafür, ob sie genverändertes Essen zu sich nehmen. In einer Umfrage war immerhin einem Viertel der Amerikaner nicht bekannt, dass sich überhaupt schon Produkte der grünen Gentechnik im Handel befinden. Die Europäer dagegen und hier insbesondere die Deutschen haben große Vorbehalte. Diesseits und jenseits des Atlantiks etablierten sich rund um die Gentechnik deshalb auch unterschiedliche Regulationskulturen. Schon bei der Zulassung der Flavr Savr Tomate hatte die amerikanische Nahrungsmittelbehörde FDA als entscheidendes Kriterium die substantial equivalenz eingeführt. Wenn eine gentechnisch veränderte Pflanze im Wesentlichen mit der schon immer angebauten Sorte übereinstimmt, dann kann sie als sicher für den Verbraucher betrachtet werden. Entscheidend für die Zulassung ist nicht die Methode, mit der ein Produkt hergestellt wird, sondern allein das Endprodukt selbst. Wenn die Flavr Savr Tomate aussieht wie eine Tomate, schmeckt wie eine Tomate und ähnliche Inhaltsstoffe hat wie eine Tomate, dann darf sie auch verkauft werden, eine besondere Kennzeichnung ist nicht erforderlich. In Europa dagegen wird betont, dass der Prozess der Herstellung eines Produktes sehr wohl bedeutsam für die Beurteilung ist. Dieser Ansatz erlaubt es, bei der Entscheidung zur Zulassung und Kennzeichnung einer genetisch veränderten Pflanze zum Beispiel auch die Umweltverträglichkeit des Anbaus und die Wünsche der Verbraucher mit einzubeziehen. Wenn die Konsumenten keine genetisch veränderten Tomaten essen wollen, dann ist das zu respektieren, ganz egal ob die Sorge nun begründet ist oder nicht.

Die Novel-Food-Verordnung schreibt seit dem Mai 1997 vor, dass genetisch veränderte Lebensmittel nicht nur zugelassen, sondern auch gekennzeichnet werden müssen. In der Regelung gibt es aber ein entscheidendes Schlupfloch: Sie gilt nur für Lebensmittel, in denen sich die GM-Anteile auch tatsächlich nachweisen lassen. Hochgereinigtes Sojaöl oder Maismehl enthalten aber keine DNA und können deshalb ohne Kennzeichnung verwendet werden. Rund 90 Prozent aller Produkte aus GM-Soja oder -Mais fallen deshalb im Supermarktregal nicht weiter auf. Während die USA die Kennzeichnungspflicht für ein Handelshemmnis halten, geht sie Verbraucherschützern nicht weit genug. Besonders in Deutschland ist die Unzufriedenheit groß. Die Kennzeichnung der Lebensmittel kann das Land aber nicht strenger regeln, als es die EU erlaubt. Deshalb entschloss sich die Bundesregierung, ein neues Label einzuführen. Waren, auf denen »Ohne Gentechnik« steht, enthalten garantiert nicht mehr als ein Prozent GM-Anteile (später 0,9 Prozent).

Während viele Supermarktketten und Lebensmittelfirmen ihren Kunden versicherten, keine genetisch veränderten Rohstoffe zu verwenden, ging der Nestlé-Konzern 1998 in die Offensive. Er brachte den »Butterfinger« auf den europäischen Markt, das erste Produkt, auf dem tatsächlich stand: »Aus genetisch verändertem Soja hergestellt.« Das Unternehmen hoffte, die Konsumenten mit einem guten Produkt von der grünen Gentechnik überzeugen zu können. Das Experiment misslang, nach nicht einmal einem Jahr verschwand der »Butterfinger« wieder aus den Regalen. Nach wie vor ist die Kennzeichnung als GM-Produkt eine gewichtige Bremse für den Verkauf eines Lebensmittels.

Seit April 2004 fallen genetisch veränderte Lebensmittel nicht mehr unter die Novel-Food-Verordnung, sondern werden nach einer eigenen Verordnung für genveränderte Lebens- und Futtermittel geregelt. Alle Lebensmittel, die mehr als 0,9 Prozent genetisch veränderte Pflanzen enthalten, müssen gekennzeichnet werden. Und zwar ganz gleich, ob der GM-Anteil zum Rezept gehört oder ob es sich um eine unbeabsichtigte Verunreinigung handelt. Die Kennzeichnungspflicht besteht sogar dann, wenn sich die genetische Veränderung im Endprodukt gar nicht mehr nachweisen lässt. Mit dieser Verordnung hat Europa endgültig den Herstellungsprozess und nicht das Endprodukt in den Mittelpunkt seiner Regulation gerückt. Eine wichtige Ausnahme von diesem Grundsatz: Fleisch von Tieren, die mit genetisch veränderten Pflanzen gefüttert wurden, muss nicht gekennzeichnet werden. Auch gentechnisch erzeugte Vitamine, Zusatzstoffe und Aromen fallen derzeit nicht unter die Verordnung. Bei der Zulassung wird, anders als in den USA, nicht nur die Gleichwertigkeit der Lebensmittel geprüft, es können auch eventuelle Auswirkungen auf die Ernährung, auf Tiere oder die Umwelt in die Entscheidung mit einbezogen werden. Die Zulassungen werden für zehn Jahre erteilt und müssen dann verlängert werden.

Bei ersten Untersuchungen der verschiedenen Lebensmittelüberwachungsämter im Jahr 2004 fanden sich bei bis zu 40 Prozent der Proben Spuren von genetisch veränderten Pflanzen. Der Grenzwert von 0,9 Prozent wurde aber nur in sehr wenigen Fällen überschritten, unter anderem bei importierten Nudeln, Tütensuppen und bei Konserven mit Sojasprossen. Bei einer Untersuchung des Lebensmittelamtes Freiburg entdeckten die Beamten nur ein einziges gekennzeichnetes Produkt, eine japanische Sojabohnenpaste, die als Hauptzutat »genetisch veraenderte Sojabohnen« aufführt. In Zukunft werden die Verbraucher diesen Hinweis häufiger sehen, weil eine große Ölmühle in Baden-Württemberg ab 2006 nur noch GM-Soja verarbeiten will.

GM-Anbau in Europa

Fest steht, die grüne Gentechnik beschleunigt die Industrialisierung der Landwirtschaft. Die Bauern Europas produzierten aber eher zu viel. Dank hoher Subventionen wuchsen die Getreideberge, schwappten die Milchseen über. Welchen Sinn macht es da, mit einer neuen Technik noch mehr aus den Böden, den Pflanzen und Tieren herauszuholen? Wäre es nicht vernünftiger, lieber den ökologischen Landbau, als die grüne Gentechnik zu fördern? Diese Fragen sind aus amerikanischer Perspektive unverständlich. Wenn eine neue Technik sicher ist, dann darf sie jenseits des Atlantiks auch eingesetzt werden, ganz gleich, welche möglichen Folgen sich im Weiteren ergeben. In Europa dagegen versucht die Politik neue Entwicklungen mitzugestalten. Dabei verfolgen die verschiedenen Nationen durchaus gegensätzliche Strategien. Österreich erließ 1997, trotz Genehmigungen auf EU-Ebene, einen Bann auf Import und Anbau von Bt-Mais, während die französische Regierung am 27. November 1997 die erste kommerzielle Freisetzung eines genetisch veränderten Maises in Europa genehmigte. Nur ein Jahr später allerdings forderte Frankreich, nach einer breiten öffentlichen Debatte, keine weiteren Pflanzen der grünen Gentechnik zuzulassen. Dieser Meinung schloss sich letztlich auch die EU-Kommission an, sodass im Oktober 1998 ein zwar nicht offiziell erklärtes aber dennoch wirksames De-facto-Moratorium zur Freisetzung gentechnisch veränderter Organismen in Kraft trat.

Damit war nur der Anbau einiger weniger, bereits zugelassener Sorten von Bt-Mais und herbizidresistentem Mais und Raps erlaubt. Vor allem in Spanien und Portugal wuchsen diese Pflanzen auch tatsächlich auf den Feldern. In den anderen Mitgliedsstaaten der EU bepflanzten die Bauern nur kleine Versuchsflächen – und auch die wurden oft genug bei sogenannten Feldbegehungen zerstört. Der Zorn der Kritiker der grünen Gentechnik traf dabei nicht nur den kommerziellen Anbau, sondern auch Felder, auf denen der Einfluss der GM-Pflanzen auf das Leben auf und um den Acker wissenschaftlich untersucht werden sollte. In Deutschland fördert das Bundesministerium für Bildung und Forschung schon seit vielen Jahren eine umfangreiche Sicherheitsforschung (www.biosicherheit.de). Hier wird untersucht, wie weit der Wind Rapspollen trägt, ob sich Reste der künstlichen DNA im Honig finden, wie verschiedene Insekten auf Bt-Pflanzen reagieren und wie sich eine Koexistenz zwischen grüner Gentechnik und Ökolandbau organisieren lässt. Solche Fragen lassen sich nicht am grünen Tisch entscheiden, sie müssen experimentell in der freien Natur geklärt werden. Das heißt also: Die Sicherheit von Freisetzungen kann nur mit Freisetzungen erforscht werden.

Das inoffizielle Moratorium der Europäischen Union konnte nicht von Dauer sein. In der globalisierten Welt gibt es keine Refugien, letztlich greifen überall die Regeln der Welthandelsorganisation WTO. Aus deren Perspektive ist das Moratorium ein Handelshemmnis. Schließlich musste dann auch Europa den genetisch veränderten Pflanzen die Tür öffnen. Dazu verabschiedete die EU im März 2001 eine Freisetzungsrichtlinie, die von den Mitgliedsländern in nationales Recht übertragen werden muss. Anders als in den USA ist eine umfangreiche Sicherheits- und Umweltverträglichkeitsprüfung vorgesehen, zudem müssen die Produzenten eine strikte Kennzeichnung ermöglichen. Die Zulassung ist deshalb im internationalen Vergleich langwierig. Seit 2004 haben aber schon etliche neue GM-Pflanzen diese Hürde genommen und dürfen damit eigentlich auf den Äckern von Portugal bis Polen angebaut werden. Nach wie vor verbieten aber Österreich, Griechenland und Ungarn die Einfuhr einzelner, auf EU-Ebene zugelassener Sorten.

In Deutschland sorgte die Umsetzung der EU-Richtlinie zur Freisetzung für einen langen Streit. Verbraucherschutzministerin Renate Künast griff 2004 schließlich zu einem Trick, um endlich zu einer verbindlichen Regelung zu kommen. Sie teilte das Gesetz in zwei Hälften, von denen die erste alles Wesentliche regelte, aber trotzdem nicht der Zustimmung des Bundesrates bedurfte. Ziel der grünen Ministerin war es, sicherzustellen, dass der Anbau genetisch veränderter Pflanzen in jedem Fall nicht die konventionelle Landwirtschaft beeinträchtigt. Neben einem beschleunigten Zulassungsverfahren regelt der erste Teil des Gesetzes deshalb die »gute fachliche Praxis« und vor allem Haftungsfragen. Bei der guten fachlichen Praxis geht es um Mindestabstände, Mantelsaaten und um Absprachen zwischen den Bauern. Wenn die GM-Pflanzen trotz dieser Vorsichtsmaßnahmen in das Feld des Nachbarn hinüberwuchern, dann hat der Anspruch auf Schadenersatz. Ein Schaden kann entstehen, wenn ein Ökobauer seine Produkte nicht mehr als »ohne Gentechnik« vermarkten kann, wenn ein konventioneller Landwirt, seine Ernte als »genetisch verändert« kennzeichnen muss, weil der GM-Anteil 0,9 Prozent übersteigt, oder wenn der Verkauf gar nicht mehr möglich ist, weil von einem Versuchsfeld noch nicht zugelassene Pflanzen auf den Acker nebenan gewandert sind. Lässt sich der Verursacher nicht aufspüren, müssen alle »Genbauern« der Nachbarschaft als Gesamtschuldner zahlen. Besonders diese letzte Regelung hat viel Kritik hervorgerufen. Damit sei das finanzielle Risiko des Anbaus der GM-Pflanzen für den Bauern oder auch für den Wissenschaftler, der etwa einen Freisetzungsversuch im Rahmen der Sicherheitsforschung plant, nicht mehr kalkulierbar. Derzeit überarbeitet das Bundesministerium für Ernährung, Landwirtschaft und Verbraucherschutz die gesetzlichen Regelungen. Bundesminister Horst Seehofer von der CSU will dabei vorerst vor allem die Forschung erleichtern, dem kommerziellen Anbau der GM-Pflanzen steht er eher skeptisch gegenüber.

Im Jahr 2005 war damit erstmals der Weg frei für den kommerziellen Anbau von Bt-Mais in Deutschland. Nicht allzu viele Bauern interessierten sich für die Hightech-Pflanzen. Das Standortregister verzeichnet für 2005 nur 58 Flächen mit etwas über 340 Hektar Fläche. Die GM-Bauern mussten mit Anfeindungen von anderen Landwirten und von Gentechnikgegnern rechnen; es kam auch wieder zu Feldzerstörungen.

Trotz der Probleme haben sich 2006 fast doppelt so viele Bauern für den Anbau der GM-Sorten entschieden, die Ackerfläche hat sich ungefähr verfünffacht und liegt bei mehr als 1700 Hektar. Offenbar muss sich der Anbau der GM-Sorten also gelohnt haben. Um ihn weiter zu fördern, hat das Getreidehandelsunternehmen Märkische Kraftfutter GmbH angekündigt, den Mais der konventionellen Bauern in der Umgebung von GM-Feldern zum Marktpreis aufzukaufen, ganz gleich, ob er nun mit Bt-Körnern verunreinigt ist oder nicht. Die Haftungsproblematik ist auf diesem einfachen Weg für alle Beteiligten erst einmal aus der Welt geschafft. Die grüne Gentechnik unternimmt also ihre ersten Schritte auch auf deutschen Äckern. Aber sie ist damit noch lange nicht eine normale Form der Landwirtschaft. Parallel schließen sich immer mehr Bauern zu gentechnikfreien Regionen zusammen. Dabei handelt sich um örtliche Absprachen der Landwirte und Bürger. Rechtlich ist es aber nicht möglich, einem Bauern in einer solchen Region den Anbau von Bt-Mais zu verbieten. Er hätte aber sicher mit großen Problemen in der Dorfgemeinschaft zu rechnen. Im Frühjahr 2006 gab es 92 solcher Initiativen, die eine Fläche von 851 000 Hektar umfassten und über 25 000 Landwirte repräsentierten. Das ist ein deutliches Zeichen gegen die grüne Gentechnik. Der befürchtete Krieg in den Dörfern ist aber ausgeblieben. In Deutschland arbeiten gut 800 000 Menschen in der Landwirtschaft. Die überwiegende Mehrheit der Bauern hat sich also bislang weder klar für noch klar gegen die grüne Gentechnik entschieden.

Die gentechnikfreien Regionen in Deutschland sind unverbindlich und klein. Auch in der EU insgesamt gibt es nur 160 Initiativen. Eine der größten, das Bundesland Oberösterreich, unterlag 2005 vor dem Europäischen Gerichtshof, als es den Anbau von GM-Pflanzen offiziell verbieten wollte. Außerhalb der EU hat sich am 27. November 2005 aber ein ganzes Land, die Schweiz, entschlossen, den Anbau der genetisch manipulierten Pflanzen für zunächst fünf Jahre auszusetzen. Die Gentechfrei-Initiative hatte ein Volksbegehren eingebracht und letztlich 55,7 Prozent der Stimmen für sich gewinnen können. Die Abstimmungssieger hoffen, dass sich eine Landwirtschaft ohne Gentechnik für die Schweiz zum Marketingvorteil entwickeln wird. In der Praxis dürfte das Moratorium vorerst kaum Auswirkungen haben, da eine erste Zulassung von GM-Pflanzen in der Schweiz wahrscheinlich sowieso länger als fünf Jahre benötigen dürfte.

Die zweite Generation: Gene für den Verbraucher

Die grüne Gentechnik ist zehn Jahre alt, sie hat viele Bauern überzeugen können, aber die meisten Verbraucher stehen ihr nach wie vor kritisch gegenüber. Nur 21 Prozent der Deutschen unterstützten 2003 gentechnisch veränderte Lebensmittel. Dafür gibt es viele Gründe, ein diffuses Unbehagen gegenüber der Gentechnik generell, eine besondere Wertschätzung »natürlicher« Nahrungsmittel, die Liste ließe sich fortsetzen. Entscheidend ist aber sicher auch, dass es bislang aus Verbrauchersicht keinen Grund gibt, GM-Lebensmittel zu kaufen. Die beiden derzeit verbreiteten Eigenschaften, Insekten- und Herbizidresistenz, nützen allein dem Bauern. Wenn die großen Konzerne breitere Schichten für die grüne Gentechnik gewinnen wollen, dann müssen sie auch etwas anbieten können. Ein wichtiger Trend auf dem Lebensmittelmarkt ist ein Zusatznutzen für die Gesundheit. Zwar weiß jeder inzwischen, dass er oder sie sich abwechslungsreich ernähren und auf Vitamine, Spurenelemente und ungesättigte Fettsäuren achten soll, doch diese Form des gesunden Essens ist aufwändig. Einen schnelleren Weg zum guten Gewissen am Esstisch versprechen Produkte, die etwa linksdrehende Milchsäure enthalten oder probiotische Bakterienkulturen. Ihr Nutzen für die Gesundheit ist nur selten in wissenschaftlichen Studien belegt; gekauft werden sie trotzdem.

Diesen Trend wollen sich die Hersteller von GM-Saatgut zunutze machen. Sie bieten inzwischen die ersten Pflanzen mit gesundheitlichem Mehrwert an und hoffen so, auch die Herzen der Verbraucher für die grüne Gentechnik gewinnen zu können. Seit 2005 werden in den USA Sojabohnen angebaut, die kaum noch Linolensäure bilden. Ihr Öl muss in der Verarbeitung nicht gehärtet werden, daraus hergestellte Produkte enthalten deshalb weniger Trans-Fettsäuren. Diese Stoffe gelten als Risikofaktor für Herz-Kreislauf-Leiden. Seit 2006 muss auch in den USA der Trans-Fettsäuregehalt von Lebensmitteln angegeben werden. Deshalb wollen Konzerne wie zum Beispiel Kellogg's die neuen Sojabohnen verwenden. Es ist wohl nur eine Frage der Zeit, bis auch europäische Verbraucher Produkte aus den Genpflanzen der zweiten Generation kaufen können. Ob sie dann auch gekauft werden, ist aber eine andere Frage. Die Gentechnikkritiker werden sicher den genetischen Gesundheitsnutzen nicht unwidersprochen lassen. Der niedrigere Linolensäureanteil ist nicht das Ergebnis einer genetischen Manipulation der Sojabohne, sondern wurde über konventionelle Züchtung erzielt. Dabei hat man aber genetische Marker zum schnellen Erkennen günstiger Kreuzungen verwendet. Das neue Merkmal wurde anschließend in herbizidresistente Sojabohnen eingebracht, sodass am Ende doch eine GM-Pflanze entstand. Interessant ist, dass es für Bauern und Lebensmittelhersteller offenbar kein Problem darstellt, die »fettoptimierten« Sojabohnen getrennt von den normalen Varianten anzubauen und zu verarbeiten. Das Beispiel widerlegt die Behauptung der USA, es sei wirtschaftlich nicht möglich, GM-Pflanzen und klassische Sorten auseinanderzuhalten und zu kennzeichnen.

Trans-Fettsäuren sind zusammen mit dem Cholesterin die bösen Buben unter den Fetten. Es gibt aber auch ölige good guys. Ein besonders positives Image haben die omega-3-Fettsäuren, die sich vor allem in fettigem Fisch finden. Nun sind Makrele und Aal nicht jedermanns Sache. Deshalb hat Monsanto begonnen, die omega-3-Fettsäuren in die Sojabohne zu holen. Dazu hat die Firma Gene aus einer Alge in die Pflanze gebracht, denn auch die Fische produzieren die omega-3-Fettsäuren nicht selbst, sondern nehmen sie mit ihrem Futter auf. Die Sojabohnen mit den Algen-Genen bilden tatsächlich omega-3, geschmacklich gilt ihr Öl als deutlich angenehmer als Fischöl. Wie sehr sich die

Gesundheitsaussichten tatsächlich mithilfe von omega-3-Fettsäuren verbessern lassen, ist umstritten. Fest steht aber, dass sich das Label »omega-3« gut vermarkten lässt.

Die Gentechnik kann nicht nur den Gehalt an Nährstoffen erhöhen, sie ermöglicht es auch, störende Eiweiße auszuschalten. Mehrere Firmen versuchen bei Reis, Soja und dem Apfel die Bildung der Hauptallergene zu unterdrücken. In diese Produkte könnten dann auch Allergiker wieder mit Genuss und ohne Angst hineinbeißen. Auch der Tabak wurde schon per Gentechnik entgiftet. Es gibt Sorten, bei denen ein Enzym blockiert ist und die deshalb kaum Nikotin enthalten. In Amerika werden die daraus hergestellten Quest-Zigaretten schon verkauft. Allerdings ist der gesundheitliche Wert solcher »verbesserter« Lebensmittel für die Verbraucher in Europa oder den USA fraglich, ganz gleich, ob sie Produkte der grünen Gentechnik sind oder nicht. Schließlich ist es bei dem umfangreichen Angebot an Lebensmitteln kein Problem, sich gesund zu ernähren.

Anders sieht die Situation in der Dritten Welt aus. Hier ist nicht nur der Hunger weit verbreitet, sondern auch ein Mangel an bestimmten Nährstoffen, zum Beispiel Vitamin A. Die grüne Gentechnik bietet hier den »Goldenen Reis« als ein wichtiges Element einer vollwertigeren Ernährung an. Die safrangelben Körner sind umstritten. Für die einen sind sie ein Beispiel für den sinnvollen Einsatz moderner Techniken in der Entwicklungshilfe, den anderen gelten sie als bloßer Werbetrick für die Gentechnologie. Die Weltgesundheitsorganisation schätzt, dass über 100 Millionen Kinder in Afrika und Südostasien unter einem Vitamin-A-Mangel leiden. In der Folge erblinden jährlich zwischen 250 000 und 500 000 Kinder. Die Vereinten Nationen wollen den Vitamin-A-Mangel bis zum Jahr 2010 weltweit beseitigen. Dieses ehrgeizige Ziel soll über Kampagnen für längeres Stillen, eine bessere Nutzung verfügbarer Gemüse, Vitamin-A-Tabletten und die Anreicherung von Lebensmitteln mit Vitamin A erzielt werden. In Südostasien ist Reis die wichtigste Kalorienquelle, die Reispflanze bildet das Provitamin A aber nur in den Blättern und nicht in den Körnern. Forscher aus Deutschland und der Schweiz haben mehrere Gene in den Reis übertragen, die dafür sorgen, dass Provitamin A auch in den Körnern eingelagert wird. Als der »Golden Rice« im Jahr 2000 erstmals vorgestellt wurde, stand auf der Titelseite des Time Magazine: »This rice could save a million kids a year« – Dieser Reis könnte jedes Jahr eine Million Kinder retten. Die Begeisterung der Forscher und der Medien war groß, aber verfrüht. Die Konzentration an Provitamin A lag so niedrig, dass man das Zwölffache der normalen Reismenge zu sich nehmen müsste, um genug Vitamin A zu erhalten, wie Greenpeace vorrechnete. Außerdem gibt es auch in Asien viele Gemüsesorten, die mehr Provitamin A enthalten. Statt auf Gentechnik sollte man lieber auf eine abwechslungsreiche Ernährung setzen, um den Vitamin-A-Mangel in den Griff zu bekommen. Inzwischen ist es den beteiligten Wissenschaftlern gelungen, einen verbesserten goldenen Reis zu konstruieren, der deutlich mehr Provitamin A enthält. Ein Kleinkind könnte mit einer normalen Portion dieses Reises etwa die Hälfte seines Tagesbedarfs an Provitamin A decken.

Es gibt noch zahlreiche weitere Eigenschaften, die die Gentechniker in naher Zukunft auf die Felder bringen möchten. So wollen sie endlich das Versprechen erfüllen, Pflanzen herzustellen, die besser mit Stress zurechtkommen. Weit fortgeschritten ist die Entwicklung von trockenresistentem Mais. Er wird wohl das erste Produkt der Pflanzengenomik sein, das den Markt erreicht. Die Forscher, wieder von Monsanto, haben nicht gezielt nach Genen im Wasserhaushalt gesucht. Stattdessen haben sie einfach jedes Pflanzen-Gen separat in die kleine Modellpflanze Arabidopsis übertragen und untersucht, wie die transgenen Gewächse zurechtkamen, wenn sie einmal nicht gegossen wurden. Mehrere Gene konnten die Abhängigkeit von der Gießkanne etwas lockern, vor allem sogenannte Hitzeschockgene, die eine Reparaturtruppe der Zelle in schwierigen Zeiten darstellen. Diese Hitzeschockgene wurden dann in den Mais übertragen. In Feldversuchen lieferten die GM-Pflanzen deutlich bessere Erträge. Es wird aber noch einige Zeit dauern, bis die amerikanischen Bauern die neuen Sorten auch tatsächlich anbauen können. Diese Gene sind natürlich nicht nur in den USA interessant, sondern vor allem auch in der Dritten Welt. Monsanto denkt zumindest darüber nach, seine Technologie zum Einsatz in Pflanzen zur Verfügung zu stellen, an denen der Konzern kein wirtschaftliches Interesse hat, die aber von großer Bedeutung für die Bauern in Afrika und Asien sind.

Neben Pflanzen mit »gesunden« Genen und stressresistenten Sorten arbeiten die Forscher noch an einer weiteren Gruppe von GM-Pflanzen. Sie sollen quasi als Bioreaktor auf dem Acker dienen und Wasser, Luft und Licht in wertvolle Rohstoffe umwandeln. Schon heute liefern Pflanzen wichtige Ausgangsstoffe für die Industrie: Biodiesel, also Treibstoff aus Biomasse, Industriestärke aus Kartoffeln, Holz für die Papierherstellung. All diese Rohstoffe könnten sich mithilfe der Gentechnik effektiver erzeugen lassen.

Die grüne Gentechnik kann aber mehr, als nur klassische Pflanzenprodukte verbessern. Beim »Pharming« werden teure Pharmazeutika billig auf der Farm in Mais oder Banane, Tabak oder Reis herangezogen. Das Büro für Technikfolgenabschätzung des Deutschen Bundestags hat in einer Arbeit zu den GM-Pflanzen der zweiten Generation 15 solcher Biopharmazeutika beschrieben, die schon in klinischen Studien erprobt werden. So kann ein Fett spaltendes Enzym aus genetisch modifizierten Maispflanzen gewonnen werden. Es soll die gestörte Verdauung von Mukoviszidose-Patienten normalisieren. Neben solchen therapeutischen Enzymen sind vor allem »Plantibodys« in der Entwicklung. Plantibodys entstehen, wenn Pflanzen menschliche Antikörper-Gene eingesetzt bekommen und dann die Eiweiße in großen Mengen bilden. Plantibodys lassen sich vielseitig einsetzen: Einer erkennt einen wichtigen Keim in der Mundhöhle und soll bei der Vorbeugung von Karies helfen. Andere könnten in der Krebstherapie Verwendung finden. Die Firma Large Scale Biology plant, aus dem Blut von Patienten mit dem Non-Hodgkin-Lymphom Krebszellen zu isolieren und genau dazu passende Antikörper in Pflanzen zu erzeugen. Für jeden Patienten müsste dann ein eigenes Therapiefeld reserviert werden, auf dem der genau zu seinem Blutkrebs passende Plantibody wächst. Verdauungsenzym, Kariesprophylaxe und Krebstherapie aus dem Beet werden allerdings frühestens 2008 zugelassen werden. Die beteiligten Firmen verdienen zum Teil aber schon heute Geld, indem sie Enzyme oder Antikörper nicht für die Therapie, sondern als Diagnostika oder Laborchemikalien anbieten.

Nicht nur Medikamente, auch Impfstoffe lassen sich auf dem Acker anbauen. Die Liste der empfohlenen Impfungen wird immer länger, für die Kinder sind die vielen Spritzen kein Vergnügen – vielleicht können sie in Zukunft einfach eine süße Impfbanane essen. Das Konzept ist besonders für die Dritte Welt interessant. Dort entstehen viele Infektionen durch unreines Wasser oder verdorbenes Essen. Die Erreger gelangen also über den Darm in den Körper. Eine Schluckimpfung erzeugt genau an dieser Barriere einen besonders wirksamen Immunschutz. Bananen oder Kartoffeln lassen sich auch ohne Kühlung lagern und sie könnten theoretisch sogar billig in jedem Dorf angebaut werden. Erste Studien an Menschen haben gezeigt, dass eine Kartoffel, die ein Hüllprotein des Hepatitis-B-Virus enthält, tatsächlich die Bildung von schützenden Antikörpern auslöst. Allerdings müssen die Knollen roh verzehrt werden und ein gutes Drittel der Probanden zeigte keine Reaktion, wäre also nicht geschützt. Deshalb wird es wohl auch in Zukunft keine Impfkartoffeln im Gemüsegarten geben. Die Forscher wollen aus den Pflanzen eher ein Trockenextrakt mit einer definierten Menge an Impfstoff gewinnen. Derzeit werden vor allem Pflanzenimpfstoffe gegen Hepatitis B, Cholera und die Durchfallerreger Rotaviren und E. coli erforscht.

Wie sich das Gebiet des Pharming entwickeln wird, ist derzeit kaum abzusehen. Ob die Produktion auf dem Acker wirklich so viel billiger als die Herstellung von Medikamenten und Impfstoffen in der Zellkultur ist, bleibt unter Experten umstritten. Fest steht, dass die Zulassungsbehörden hohe Anforderungen an die Reinheit und Gleichmäßigkeit des Produktes und vor allem an einen sicheren Anbau stellen werden. Gerade der letzte Punkt wird für Probleme sorgen. Um hohe Erträge zu erzielen, wollen die »Pharmer« ihre künstlichen Gene in etablierte und optimierte Nutzpflanzen einsetzen. Doch da besteht grundsätzlich die Gefahr der Vermischung der Medizinpflanzen mit normalen Nahrungsmitteln. Dass Medikamente am Ende auf dem Teller landen, muss in jedem Fall verhindert werden. Es wird deshalb diskutiert, ob Pharming generell nur in Pflanzen erlaubt werden sollte, die nicht verzehrt werden, zum Beispiel in Tabak. Diese Nutzpflanze ist schon auf hohe Erträge hin gezüchtet und kann einfach genetisch manipuliert werden. Vielleicht lässt sich ja per Gentechnik endlich die erste wirklich gesunde Variante des Tabaks erzeugen.

Gene in der Dritten Welt

Die grüne Gentechnik ist mit dem Versprechen angetreten, den Hunger in der Welt zu bekämpfen. Bislang ist davon wenig zu sehen. Die erfolgreichsten Produkte zielen auf die Märkte in den Industrienationen. Auch Argentinien füttert mit seinen riesigen Feldern von GM-Soja westliche Rindermägen und kann gleichzeitig Teile der eigenen Bevölkerung nicht adäquat mit Nahrung versorgen. Hunger ist in vielen Regionen eher ein politisches als ein technisches Problem. Der Reichtum der Entwicklungsländer konzentriert sich meist auf eine kleine Elite, während die Masse der Bevölkerung verarmt. Theoretisch ließe sich der Hunger also am schnellsten durch eine gerechtere Verteilung der vorhandenen Mittel beseitigten. Leider zeigt die Erfahrung, dass es alles andere als einfach ist, politische Ungleichgewichte zu verändern. Das gilt auch für das Verhältnis zwischen Erster und Dritter Welt. Solange Europa und die USA Nahrungsmittelüberschüsse hoch subventioniert in Entwicklungsländern verkaufen, können lokale Bauern nicht konkurrieren, leidet die Landwirtschaft vor Ort. Auch die Konsumgewohnheiten der westlichen Verbraucher tragen zum Hunger bei. Fleisch kommt in vielen Familien täglich auf den Tisch. Um eine Kalorie in Form eines Schnitzels oder einer Wurst zu erzeugen, müssen aber rund sieben Kalorien an Heu oder Soja verfüttert werden. Eine Reduktion des Fleischkonsums könnte die weltweit verfügbare Nahrungsmenge deutlich erhöhen. Das Problem des Hungers muss auf der Ebene der Politik und des persönlichen Essverhaltens angegangen werden. Das heißt aber nicht, dass eine Verbesserung der landwirtschaftlichen Produktion keine Rolle spielt. 1995 musste ein Hektar Ackerland 3,8 Menschen ernähren, wenn sich die Anbaufläche nicht dramatisch vergrößert, wird die gleiche Fläche im Jahr 2020 Nahrung für mindestens fünf Menschen erzeugen müssen.

Es gibt also Bedarf für neue, ertragreichere Anbaumethoden und die grüne Gentechnik ist ein Weg unter mehreren, der hier eingeschlagen werden kann. Die GM-Pflanzen der ersten Generation helfen vor allem Bauern, die Soja oder Baumwolle für den Weltmarkt produzieren. In Argentinien sind das meist Großgrundbesitzer, doch nach einer Schätzung des International Service for the Acquisition of Agri-Biotech Aplications,

ISAAA, bauen auch über sieben Millionen kleine Landwirte rund um die Welt genetisch verändertes Saatgut an. Nicht um sich davon zu ernähren, sondern um damit Geld zu verdienen. Bt-Baumwolle ist in China, Südafrika und Teilen Indiens ein großer Erfolg. Die Ernten waren größer, vor allem aber mussten die Bauern weniger Insektizide sprühen. Das erleichtert die Arbeit, schützt ihre Gesundheit und erhöht, trotz des teureren Saatguts, ihren Verdienst. In anderen Regionen Indiens brachen dagegen die Erträge auf den Bt-Feldern ein. Wie schon erwähnt, garantieren die gentechnisch veränderten Pflanzen nicht automatisch Gewinne. Wenn sie nicht an die lokalen Bedingungen angepasst sind, können sie mit traditionellen Sorten nicht konkurrieren. Auch in Südafrika ergibt sich ein gemischtes Bild: Einerseits bietet die Bt-Baumwolle tatsächlich Vorteile gegenüber den traditionellen Sorten. Trotzdem gehen die Anbauflächen zurück. Die Preise auf dem Weltmarkt fallen, unter anderem wegen der Subventionen für die Baumwollbauern der USA. Da lohnt sich der Baumwollanbau kaum noch, egal ob mit oder ohne Gentechnik.

Nach einer Untersuchung des International Food Policy Research Institute (IFPRI, www.ifpri.org) wurden unabhängig von den großen Biotech-Unternehmen über 200 verschiedene GM-Sorten erzeugt. Der Autor der Studie, Joel Cohen schreibt: »Viele Leute glauben, dass große, multinationale Konzerne die globale Entwicklung genetisch veränderter Nahrungsmittel kontrollieren. Aber es zeigt sich, dass viele arme Nationen über aktive öffentliche Biotechnologie-Forschungsprogramme verfügen. Sie beschäftigen sich häufig mit lokalen Pflanzensorten, um sie für die kleinen Bauern zu verbessern.« (http://www.ifpri.org/pressrel/2005/20050106.htm) Natürlich wird auch in der Dritten Welt an Mais, Reis, Soja und Baumwolle geforscht, aber eben auch an Bananen, Papayas, Hirse, Maniok, Süßkartoffeln, Kohlarten und vielen Bohnensorten, die bei der Ernährung der Landbevölkerung in Afrika und Asien eine große Rolle spielen. Wichtigstes Ziel der Genveränderung ist die Erhöhung der Widerstandsfähigkeit der Pflanzen vor allem gegen Viren, Pilze und Insekten. In den meisten Fällen arbeiten die Forscher mit in den jeweiligen Regionen akzeptieren Landrassen, die einerseits an die lokalen Gegebenheiten angepasst und die andererseits frei verfügbar sind. Allerdings belegt der Report auch große Hindernisse auf dem Weg vom Versuchsacker in den breiten Anbau. Vor allem die Zulassung ist schwierig. Während zu den gesundheitlichen und ökologischen Auswirkungen der »klassischen« GM-Sorten der großen Unternehmen inzwischen vielfältige Untersuchungen vorliegen, müssen die Regulationsbehörden erst noch von der Sicherheit der genveränderten Versionen von Bohnen oder Kohlsorten überzeugt werden. Derzeit ist es viel leichter, in der Dritten Welt eine kommerzielle Sorte auf den Markt zu bringen als eine auf die lokalen Bedürfnisse zugeschnittene GM-Pflanze.

Eine Erfolgsgeschichte der grünen Gentechnik ist die Papaya. Die großen Früchte gehören in vielen tropischen Ländern, von Thailand über Brasilien bis Hawaii, zu den Grundnahrungsmitteln. In fast allen Regionen ist die Ernte durch das Papaya-Ringspot-Virus bedroht. Erkrankte Bäume sind schwer geschädigt, sie bilden kaum noch Blätter, auf den wenigen Früchten zeichnen sich die dunkelgrüne Ringe ab, denen das Virus seinen Namen verdankt. Lange Zeit bestand die einzige effektive Schutzmaßnahme im schnellen Abholzen infizierter Plantagen. Auf Hawaii trat das Ringspot-Virus 1992 auf und verbreitete sich trotz umfangreicher Fällungen in nur zwei Jahren in der gesamten Anbauregion. Die Papaya ist nach der Ananas das zweitwichtigste Exportprodukt der Bauern auf Hawaii. Die Pflanzenkrankheit war für viele der meist kleinen Farmen eine Katastrophe, ihre Erträge halbierten sich. Der Virologe Dennis Gonsalves übertrug ein Gen für das Hülleiweiß des Virus in Papayas. Das Gen funktioniert ähnlich wie eine Impfung: Den Pflanzen wurde eine Infektion vorgegaukelt und sie aktivierten vorsorglich ihre Schutzmechanismen. 1995 bestätigten Freilandversuche auf Hawaii, dass die GM-Papaya das Ringspot-Virus abwehren kann. Das US-Landwirtschaftsministerium sorgte dafür, dass alle Lizenzfragen im Sinne der Bauern geklärt werden konnten. 1998 wurden die ersten Samen der virusresistenten Sorten »SunUp« und »Rainbow« kostenlos an die Landwirte abgegeben.

Inzwischen gibt es wieder eine blühende Papaya-Industrie auf Hawaii, etwa die Hälfte der Bäume ist genetisch verändert. Ihre Früchte können derzeit nur in die USA exportiert werden. Japan, das früher 35 Prozent der Papayas abnahm, hat die genetisch veränderten Früchte noch nicht zugelassen.

Die GM-Papaya wurde von öffentlichen Institutionen erzeugt und konnte den Bauern kostengünstig zur Verfügung gestellt werden.

Länder wie Jamaika und Thailand haben ebenfalls große Probleme mit dem Papaya-Ringspot-Virus. In beiden Ländern konnte Dennis Gonsalves inzwischen lokale Sorten per Gentechnik vor dem Virus schützen. In ersten Feldversuchen zeigten die GM-Papayas, dass sie tatsächlich resistent sind und gute Erträge liefern. Trotzdem ist die Einführung ins Stocken geraten. Thailand hat jegliche Zulassungsstudien gestoppt. Das Land fürchtet, den Exportmarkt Europa zu verlieren, wenn es den Anbau gentechnisch veränderter Papayas ermöglicht. Auch in anderen Ländern Südostasiens ist es unklar, ob und wann die virusresistenten Papayas zugelassen werden.

Das Beispiel der Papaya zeigt, dass sich GM-Pflanzen entwickeln lassen, die den Bauern der Dritten Welt wichtige Vorteile bieten. Entscheidend für den Erfolg ist aber weniger die Biotechnologie selbst als die Rahmenbedingungen. Das fängt bei der Zulassung an, in vielen Ländern gibt es noch keine gesetzlich festgelegten Regularien. Auch die Verteilung des Saatguts ist häufig ein Problem, so fehlen in vielen Regionen Afrikas Zuchtbetriebe, die gentechnisch veränderte Sorten in die lokal verwendeten Linien einkreuzen können. Wichtig ist in jedem Fall die Frage der Lizenzen.

Arbeiter waschen Papayas

Bei den Papayas haben Monsanto und Syngenta ihre Patente für die Forschungsphase zur Verfügung gestellt; wenn die Früchte aber nicht nur auf die lokalen Märkte gelangen, sondern in großem Umfang exportiert werden sollten, muss neu verhandelt werden. Allerdings gibt es derzeit noch keinen internationalen Markt für virusresistente Papayas. Erst wenn auch GM-Varianten von Maniok, Hirse, Erdbohne, Banane, Süßkartoffel und Alfalfa zur Verfügung stehen, wird sich zeigen, welchen Beitrag die Gentechnik zur Versorgung der Landbevölkerung leisten kann. Wenn es eine Lehre aus dem Einsatz der Biotechnologie in der Dritten Welt gibt, dann die, dass es keine allgemeinen Regeln gibt und jedes Land selbst herausfinden muss, auf welchen Feldern sich der Einsatz der grünen Gentechnik lohnt.

Systemwechsel oder Business as usual?

Der Handel mit Saatgut ist inzwischen ein Geschäft der großen Konzerne. Sie haben im Lauf der Jahre viele der traditionellen Saatguterzeuger übernommen und bieten den Landwirten Pakete aus Pflanzenschutzmitteln und passenden Samen an. Weltweit werden mit Insekten- und Unkrautvernichtungsmitteln Umsätze von 29 Milliarden Dollar, mit Saatgut von 13 Milliarden Dollar erzielt. Drei Viertel des Marktes teilen nur sechs Konzerne unter sich auf: Syngenta, Bayer CropScience, Monsanto, DuPont, BASF und Dow. Allerdings stagnieren die Umsätze oder gehen langsam zurück. Die großen Sechs sind alle auf dem Feld der grünen Gentechnik aktiv. Bei Syngenta macht das GM-Saatgut aber nur zwei Prozent des Gesamtumsatzes aus. Ganz anders ist die Situation bei Monsanto. Das Unternehmen aus Saint Louis hat seit den Achtzigern klar auf die grüne Gentechnik gesetzt. Heute stammen schätzungsweise 90 Prozent aller weltweit angebauten GM-Pflanzen von Monsanto. Die Firma ist damit zum Synonym für die Gentechnologie in der Landwirtschaft geworden.

Die Geschäftspraktiken von Monsanto sind immer wieder auf Kritik gestoßen. In vielen Ländern der Welt gilt das sogenannte Bauernprivileg. Es besagt, dass jeder Landwirt einen Teil der Ernte zurückbehalten und im nächsten Jahr als Saatgut einsetzen darf. Mit dem Aufkommen der Gentechnik ist dieses uralte Recht ausgehöhlt worden. Die Gene in den neuen Pflanzen sind durch Patentansprüche geschützt. Die Situation ist ähnlich der beim Kauf von Software. Die darf zwar genutzt, aber nicht beliebig kopiert werden. Analog darf der Bauer GM-Saatgut in einer Saison anbauen und die Ernte verkaufen. Aber er darf sie nicht »kopieren«, sprich erneut aussähen. Monsanto verkaufte sein herbizidresistentes Saatgut in den USA im Paket mit dem passenden Wirkstoff Roundup. Im Kaufvertrag sicherte der Bauer nicht nur zu, dass er das Saatgut weder weitergeben noch selbst im nächsten Jahr anbauen wird, er räumt Monsanto auch ein Recht zur Kontrolle seiner Felder ein. Von diesem Recht machte Monsanto umfassend Gebrauch. Eine eigene Abteilung mit 75 Mitarbeitern kümmert sich nur um die Verfolgung von Bauern, die angeblich Saatgut erneut aussähen. Der Konzern unterhält eine kostenfreie Hotline, bei der anonym über mögliche Vertragsverletzungen berichtet werden kann. Zusätzlich überwachten Detektive, zum Teil von der berühmten Detektei Pinkerton, einzelne Landwirte. Jedes Jahr gibt es rund 500 Verdachtsfälle auf illegale Nutzung von Monsanto-Pflanzen, oft enden sie in einem Vergleich, in über 90 Fällen ging Monsanto aber auch vor Gericht.

Berühmt wurde die Auseinandersetzung zwischen Monsanto und dem kanadischen Rapsbauern Percy Schmeiser. Für viele war das ein typischer Fall von »David gegen Goliath«. Der Rechtsstreit begann 1998. Unbestritten wuchs ein großer Anteil Roundup-Ready-Raps auf einem Feld Schmeisers. Der Bauer hatte aber nie bei Monsanto Saatgut gekauft. Für den Konzern war die Sache klar: Hier wurde patentrechtlich geschütztes Saatgut illegal angebaut. Aus Schmeisers Perspektive sah die Sache aber ganz anders aus. Er hatte wie immer konventionelles Saatgut ausgesät. Am Rand seiner Felder fuhren aber Lastwagen von Monsanto entlang. Der Wind hatte Samen hinüber geweht und so wuchs nun eine Mischung aus konventionellem und GM-Saatgut. Percy Schmeiser argumentierte, dass nicht er die Rechte von Monsanto verletzt, sondern umgekehrt der Konzern seine Felder mit GM-Pflanzen verschmutzt hatte. Als der Bauer die GM-Pflanzen entdeckte, protestierte er aber nicht, er sammelte die Samen ein und säte im nächsten Jahr aus. Nach jahrelangem Gerichtsstreit entschied der kanadische Supreme Court 2004 zugunsten von Monsanto. Entscheidend war nicht, dass der Roundup-Ready-Raps auf Schmeisers Feldern wuchs, sondern dass er ihn bewusst wieder ausgesät hatte. Ein Bauer muss also, anders als in der Presse oft dargestellt, nicht fürchten, verurteilt zu werden, nur weil der Wind ihm die falschen Samen aufs Feld geweht hat. Die Richter verhängten zudem kein Zwangsgeld, weil Percy Schmeiser nicht von dem GM-Raps profitiert hatte. Ganz so eindeutig war der Sieg von Monsanto also nicht.

Monsanto ist sicher extrem in dem Versuch, die Kontrolle über das Saatgut zu behalten. Die Firma steht aber nicht alleine da. Auch in Deutschland müssen Bauern, die geschützte Sorten anbauen, dem

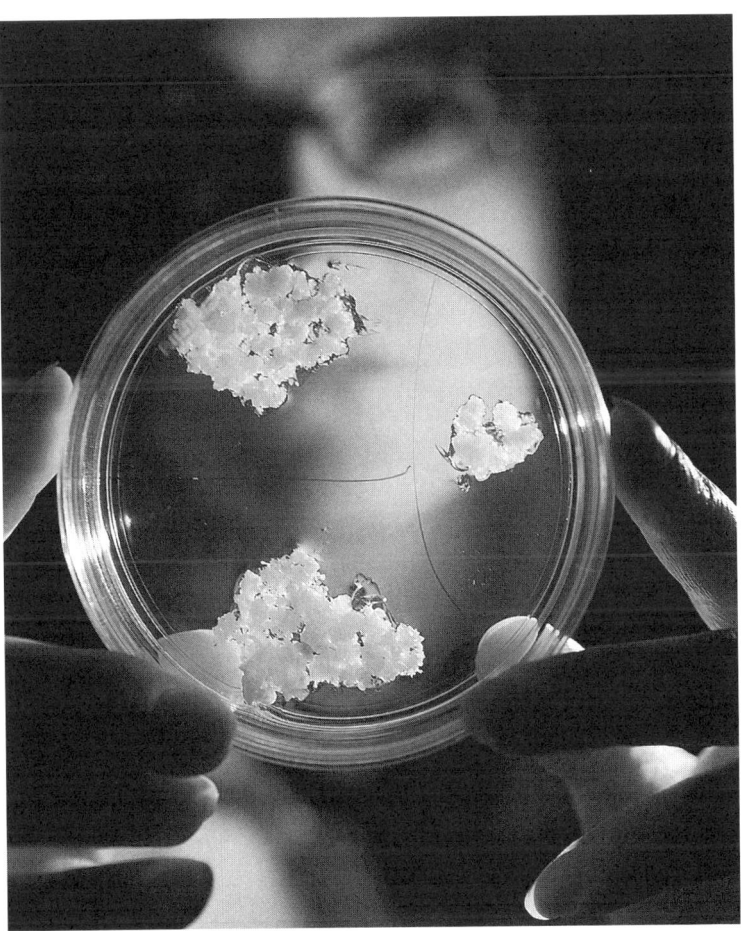

Im Monsato-Labor wird GM-Mais gezüchtet

Züchter jedes Jahr eine Gebühr überweisen, ganz egal, ob es sich um genetisch veränderte oder konventionelle Pflanzen handelt. Das Geld ist auch fällig, wenn sie die Samen selbst von ihrer eigenen Ernte abgezweigt haben. Die Bonner Firma Saatgut-Treuhandverwaltungs GmbH überwacht im Auftrag der Züchter, was die Landwirte auf ihren Feldern so alles pflanzen. Dazu verschickt das Unternehmen jedes Jahr über 100 000 umfangreiche Fragebögen. Ähnlich wie Monsanto versucht die Saatgut-Treuhand aber auch über verdeckte Einkäufe in Hofläden die Bauern auszuspionieren. Immer wieder kommt es zu Gerichtsverfahren, bei denen die Bauern zu empfindlichen Strafen verurteilt werden. Natürlich müssen die Züchter ihre Einkünfte sichern, Datenschützer bemängeln aber, dass die Saatgut-Treuhand weit über das Ziel hinausschießt. Die Firma wurde deshalb 2005 mit dem Big-Brother-Preis in der Kategorie Wirtschaft »geehrt«.

Der Anbau der genetisch veränderten Pflanzen verschiebt das Kräfteverhältnis am Acker. Die Bauern geben alte Rechte ab, in der Hoffnung, mit den neuen Pflanzen höhere Profite zu erzielen. Wenn in Zukunft die GM-Pflanzen der zweiten Generation den Acker erreichen, sind weitere Veränderungen in der Landwirtschaft wahrscheinlich. Sorten mit speziellen Ölgehalten oder erhöhten Vitaminanteilen müssen getrennt verarbeitet werden, um ihren Mehrwert auch tatsächlich in einem höheren Preis zu realisieren. Das könnte dazu führen, dass Nahrungsmittelkonzerne direkt Verträge mit den Bauern abschließen und genaue Qualitätsvorgaben vereinbaren. Die Landwirte wären dann weniger freie Unternehmer als feste Angestellte eines Großunternehmens, der Bauernhof die verlängerte Werkbank der Lebensmittelindustrie. Das entspricht zwar nicht dem Bild von der ländlichen Idylle, ist aber schon heute gang und gäbe. In Deutschland sind es vor allem Zuckerrübenbauern, die vielfach über feste Verträge an die Zuckerhersteller gebunden sind. In den USA lassen zum Beispiel Popcorn-Produzenten den passenden Mais gezielt anbauen. Schon seit Jahren geht die Entwicklung hin zu einer immer industrialisierteren Landwirtschaft. Der Bauernhof ist ein Wirtschaftsunternehmen und die Felder Produktionsmittel. Nur Romantiker denken hier noch an die ländliche Idylle, es geht ums Geld. Die grüne Gentechnik hat diesen Trend nicht hervorgebracht, aber sie kann ihn noch einmal deutlich verstärken.

Tiere nach Maß

Doping im Stall

Wenn es Nacht wird in den Aquarien und die Schwarzlichtlampen ihr violettes Licht verströmen, dann schwimmen »Night Pearl« und »Glowfish« als leuchtende Tupfen durchs dunkle Becken. In den USA und in Taiwan sind die ersten genetisch veränderten Tiere schon auf dem Markt. Keine Superschweine oder Turbokühe, sondern Haustiere, kleine Zebrafische, die rot oder grün fluoreszierende Eiweiße bilden. Offensichtlich ist die Gentechnik in der Tierzucht noch weit vom kommerziellen Durchbruch entfernt, wenn ihr einziges Produkt eher spielerischer Natur ist. »Glowfish« und »Night Pearl« sollten eigentlich nicht an Aquarienliebhaber verkauft werden, sondern den Wasserwerken per Lichtsignal Schadstoffe anzeigen. Die kleinen Fische enthalten Leuchtstoffe aus einer Seeanemone bzw. einer Qualle, die, zur Freude der Aquarienbesitzer, ständig aktiv sind. In Zukunft sollen die Farb-Gene durch einen genetischen Schalter kontrolliert werden, der beispielsweise auf Spuren von Hormonen reagiert. Die Fische würden dann aufleuchten, sobald sich zu viel Östrogen im Trinkwasser findet. Rein theoretisch, so sagen die Forscher aus Taiwan, könnten die Fische in fünf verschiedenen Farben strahlen, je nachdem, welchen Schadstoffen sie begegnen. In die Entwicklung der lebendigen Umweltampel muss noch viel Forschungsarbeit gesteckt werden. Ein Glück, dass schon jetzt ein wenig Geld hereinkommt, durch den Verkauf der bunten Gentiere an moderne Fischfreunde.

Noch können die Bauern keine genetisch modifizierten Tiere bestellen, trotzdem spielt die Biotechnologie auch heute schon eine wichtige Rolle im Stall. In den letzten 50 Jahren hat sich die Milchleistung der deutschen Durchschnittskuh verachtfacht: Die Bauern melken jedes Jahr rund 8000 Liter Milch aus ihrem Euter. Diesen Leistungssprung verdanken die Landwirte vor allem den Züchtern. Und die wiederum setzen auf Technik, wenn es um die Fortpflanzung im Stall geht. Natürlich besteht das A und O der Zucht nach wie vor darin, geeignete Stiere und Kühe zu paaren. Der natürliche Weg der Fortpflanzung dauert aber einfach zu lange, um Hochleistungsherden aufzubauen. Deshalb sehen die Zuchtstiere kaum je eine Kuh, sie bespringen künstliche Attrappen, ihr Sperma wird eingesammelt, verdünnt, tiefgefroren. Die Bauern ordern den Samen dann per Katalog und lassen ihre Kühe vom Tierarzt befruchten. Ein guter Bulle kann auf diesem Weg 10 000 Nachkommen in den Ställen platzieren. Auch die besten Kühe bekommen ihre Kälber nicht mehr selbst. Per Hormonspritze reifen ihre Eizellen gleich dutzendweise, werden herausoperiert, im Reagenzglas mit den Superspermien befruchtet und dann von weniger wertvollen Kühen als Leihmütter ausgetragen. Die Zahl der Kälber lässt sich so leicht verzehnfachen. Die Reproduktionstechniken wurden für den Stall entwickelt und optimiert, lange bevor Louise Brown, das erste Retortenbaby, 1978 in England auf die Welt kam. Die künstliche Befruchtung beschleunigt die ansonsten langwierige Zucht und ermöglicht erst die Erzeugung des passenden Tiermaterials für die modernen Fleisch-, Eier- und Milchfabriken auf dem Land. Nur zehn Prozent der Milchkühe und 40 Prozent der Mastschweine sind in Deutschland heute noch die Frucht einer natürlichen Paarung.

So technisch die Fortpflanzung auf dem Bauernhof auch sein mag, sie arbeitet noch immer mit demselben Genmaterial, das auch schon den Landwirten der Vergangenheit zur Verfügung stand. Die Gentechnik erlaubt es aber, die Zucht effektiver zu gestalten. Noch nicht, indem sie tatsächlich fremde Gene in die Nutztiere hineinbringt, aber indem sie hilft, unerwünschte Erbanlagen auszusondern. Beim Rind ist die Weaver-Krankheit gefürchtet. Von dem Erbleiden betroffene Kälber bekommen Bewegungsstörungen, können nach ein paar Monaten nicht mehr aufstehen und sterben schließlich. Noch ist das verantwortliche Gen nicht gefunden, aber Marker in seiner Umgebung sind bekannt. Mit einem Gentest identifizieren moderne Züchter Kühe und Stiere, die das Risiko-Gen für die Weaver-Krankheit in sich tragen und schließen sie von der Fortpflanzung aus. Auf diese Weise wird die Krankheit zumindest seltener.

Die Biotechnologie kann den Bauern aber nicht nur bei der Tierzucht zur Seite stehen. Sie bietet auch Produkte an, mit denen selbst Hochleistungskühe noch prallere Euter bekommen. Seit 1993 ist in den USA und einigen weiteren Ländern der Einsatz des Rinderwachstumshormons (Bovines Somatotropin, BST) im Stall gestattet. Alle zwei

Wochen bekommen die Kühe das Hormon gespritzt und geben dann durchschnittlich zwölf Prozent mehr Milch. Das Hormon wird von Monsanto hergestellt; die Firma gibt an, dass in den USA etwa ein Drittel der Milchkühe den Leistungssteigerer erhalten. Ihre Milch muss nicht gekennzeichnet werden. Chemisch unterscheidet sie sich kaum von normaler Milch, nur die Menge des Wachstumsfaktors IGF-1 (insulinähnlicher Wachstumsfaktor 1) ist im Durchschnitt leicht erhöht. Die Werte befinden sich aber noch im natürlichen Rahmen. Obwohl IGF-1 mit einigen Krebsarten in Verbindung gebracht wird, gilt die Milch als gesundheitlich unbedenklich, selbst in Ländern, die den Einsatz von BST verboten haben. Der Grund für Kanada, die EU, Australien, Neuseeland und Japan das Hormon nicht zu verwenden, ist die Gesundheit der Kühe. Die BST-Spitzen erhöhen die Häufigkeit von schmerzhaften Euterentzündungen um ein Viertel. Es ist unklar, ob es sich dabei um einen direkten Effekt des Hormons handelt, oder ob das Euter durch die schiere Menge der Milch überlastet ist und deshalb leichter erkrankt. Zusätzlich treten einige weitere Tierkrankheiten etwas häufiger auf. In der EU besteht seit 1993 ein Moratorium für den Verkauf und den Einsatz des Rinderwachstumshormons, die Produktion von BST für den Export bleibt aber erlaubt.

Das pelzige Reagenzglas

Hierzulande gibt es keine transgenen Haustiere zu kaufen, auch in den Ställen finden sich nur die traditionellen Rassen von Rind, Schwein und Huhn. Das heißt aber nicht, dass die Gentechnik sich die Insekten, Fische und Säuger noch nicht vorgenommen hätte. Ganz im Gegenteil: Die genetisch veränderten Tiere gelangen nur nicht in den Verkauf, sie leben im Labor. Die Zahl der Versuchstiere ging in den Neunzigern deutlich zurück. Ein Grund war die Entwicklung von Ersatzmethoden für die gesetzlich vorgeschriebene Prüfung der Giftigkeit von Chemikalien. Obwohl der Schutz der Tiere seit 2002 im Grundgesetz verankert ist, sinkt die Zahl der Versuchstiere in jüngster Zeit aber nicht weiter ab. Vor allem die Grundlagenforscher haben einen großen Verbrauch an Ratten, Mäusen und Fischen und dafür ist nicht zuletzt der Erfolg der Gentechnik verantwortlich. Mit ihrer Hilfe können sich die Wissenschaftler heute das passende Tier für ihre jeweilige Fragestellung konstruieren.

Die Maus ist dabei das Lieblingstier der Forscher. Weltweit werden jedes Jahr 25 Millionen Mäuse an die Labore verkauft. In Deutschland sind es weit über 700 000, das ist die Hälfte aller Versuchstiere.

Der Weg von der Wildmaus zum pelzigen Reagenzglas ist lang. Die Methoden der Gentechnik sind auf die Arbeit mit Zellen zugeschnitten. Mit dem Schrotschussverfahren versucht sie, künstliche Gene gleich millionenfach zu übertragen. Wenn die meisten ihr Ziel nicht erreichen – kein Problem. Es reicht aus, die wenigen erfolgreich veränderten Zellen zu isolieren und weiter zu vermehren. Die Arbeit mit Pflanzen ist schwieriger, aber nicht grundsätzlich anders. Die Forscher mussten nur lernen, den natürlichen Vorgang der Vermehrung über Setzlinge zu erweitern, bis sich aus einer manipulierten Pflanzenzelle ein ganzes Gewächs regenerieren ließ. Die Entwicklung einer Maus oder auch einer Fruchtfliege ist da viel komplizierter. Sie beginnt nicht mit einer x-beliebigen Zelle, sondern einem hoch spezialisierten biologischen Wunderwerk: der befruchteten Eizelle. Die enthält nicht nur alle Gene von Vater und Mutter, sondern auch noch eine ganze Entwicklungsmaschinerie, die sicherstellt, dass sich die genetische Information auch entfalten kann. Bei den Säugetieren reicht selbst das noch nicht aus. Die Eizelle kann sich nur im Körper der Mutter entwickeln, verbunden mit ihrem Blut, versorgt durch ihre Nährstoffe, eingehüllt in ihre Wärme. Erst nach Wochen oder Monaten ist das junge Leben selbstständig genug, um endlich das Licht der Welt zu erblicken.

Hier einzugreifen konnte nur mit der Hilfe der Tierzüchter gelingen. Die Züchter sahen in der Reagenzglasbefruchtung nur ein Mittel zum Zweck; einen Weg, selbst zu bestimmen, welche Eizelle mit welchem Spermium zusammenkommt. Mit ihrer Technik hatten sie aber zum ersten Mal die Eizelle aus dem Dunkel des Mutterleibs ins helle Licht der Laborlampen gebracht. Die Gentechniker erhielten damit die Möglichkeit, ihre Methoden direkt am Beginn des (tierischen) Lebens einzusetzen. Während die Arbeit mit Zellkulturen ein Massengeschäft ist, bei dem Verluste nicht ins Gewicht fallen, erfordern Experimente mit Eizellen Fingerspitzengefühl. Im Vergleich zu Rindern oder Schweinen ist das Lieblingstier der Genetiker, die Maus, winzig. Es ist aufwändig, die Eizellen der Nager zu gewinnen. Ihre Zahl ist deshalb begrenzt; statt Millionen von Zellen, stehen maximal einige Hundert zur Verfügung. Die eigentliche Genübertragung nehmen die Forscher individuell per Hand vor. Dabei blicken sie durch ein Mikroskop auf eine Schale voll körperwarmer Nährlösung. Die befruchtete Eizelle wird von einer winzig dünnen Glasröhre angesaugt und so festgehalten. Ein zweites Glasröhrchen, diesmal aber mit scharfer Spitze, enthält die künstlichen Gene. Am Mikroskop befindet sich ein Mikromanipulator. Seine Mechanik übersetzt die groben Bewegungen der Forscherhand auf die Ebene der Zellen. Eine Drehung an einem Rad lässt die Glasspitze ein paar Tausendstel Millimeter nach vorne gleiten. Ganz sacht nähert sie sich der Eizelle, dellt deren Hülle zunächst ein und durchsticht sie dann. Der Wissenschaftler spritzt einen winzigen Tropfen der Genlösung ins Innere der Eizelle. Jetzt enthält sie nicht nur die Erbinformationen von Mäusemutter und Mäusevater, sondern zusätzlich auch die künstliche DNA. Geht alles nach Plan, wird sie diese Gene zufällig irgendwo in die Chromosomen einbauen. Wenn sich die manipulierte Eizelle dann in einer Mäuseleihmutter entwickelt, wird am Ende eine transgene Maus geboren, eine Maus mit einem zusätzlichen Gen.

So weit die Theorie. In der Praxis ist die Manipulation von Mäuseeizellen ein heikles Geschäft, das trotz aller Mikromanipulatoren eine ruhige Hand und ein Quäntchen Glück erfordert. Auch dann hat die Injektion der Gene höchstens in einem Prozent der Versuche Erfolg. Viele der transgenen Mäuse sterben früh, etwa wenn die Eizelle zu sehr geschädigt oder beim Einbau des künstlichen Gens eine wichtige Erbanlage zerstört wurde. Andere sind vielleicht gesund, vererben die neue Eigenschaft aber nicht weiter, weil sich die fremde DNA nicht fest in die Chromosomen integriert hat. Wenn die Zucht der veränderten Mäuse aber gelingt, erhalten die Forscher einen ständigen Nachschub an Versuchstieren nach Maß. Die ersten genetisch veränderten Mäuse wurden der staunenden Öffentlichkeit 1981 präsentiert. Sie trugen das Gen des Ratten-Wachstumshormons in sich und waren doppelt so groß wie ihre Artgenossen.

Berühmter noch wurde die Onko-Maus der Harvard-Universität. Diese Maus hatte ein menschliches Krebsgen erhalten und entwickelte deshalb schnell verschiedene Tumoren. Die Forscher hofften, mit ihrer Hilfe die Krebsentstehung besser zu verstehen und neue Medikamente testen zu können. Ein wertvolles Tier, dachte sich die Harvard-Universität, und reichte einen Patentantrag ein. Im April 1988 wurde die Onko-Maus vom US-Patentamt als erstes Tier überhaupt zum geistigen Eigentum erklärt. Die Universität verkaufte ihre Rechte schnell an das Chemieunternehmen DuPont, das die Onko-Maus für rund 40 Dollar das Stück in ihrem Katalog anbot. Der Preis war moderat, die Onko-Maus wirtschaftlich dennoch ein Flop. Im Kleingedruckten des Vertrags mussten sich die potenziellen Käufer verpflichten, DuPont ein Vorkaufsrecht für jede Erfindung einzuräumen, die sich aus der Forschung an der Onko-Maus ergeben würde. So attraktiv die Onko-Maus als Versuchstier auch sein mochte, unter diesen Bedingungen wollte sie niemand haben.

Die Erfahrung mit der Onko-Maus sprach gegen überzogene Patentansprüche und nicht gegen die Arbeit mit transgenen Mäusen. Zu den Riesenmäusen und der Onko-Maus gesellte sich schnell ein ganzer Zoo von Mäusen, wie sie die Natur noch nicht gesehen hatte. Nackte Mäuse, muskulöse Mäuse, uralte Mäuse, kluge Mäuse, dumme Mäuse, vor allem aber kranke Mäuse. Mäuse an denen sich stellvertretend für den Menschen Gesundheitsprobleme aller Art untersuchen lassen. Die Jackson Laboratories in Bar Habour an der amerikanischen Atlantikküste, der weltweit größte Anbieter von Versuchsmäusen, führt derzeit über 800 genetisch veränderte Stämme im Programm, weltweit soll es über 4000 verschiedene transgene Mäuse geben; Tendenz steigend.

Labormaus auf Bestellung

Die Mikroinjektion war ein erster Weg zum transgenen Tier, aber er war wenig effektiv, nicht sehr zielgenau, vor allem aber konnten die Forscher Gene nur hinzufügen. Häufig ist es aber viel interessanter zu wissen, was passiert, wenn ein Gen defekt ist oder fehlt. Die Analyse von natürlichen Gendefekten von Mausmutanten hatte schon zu vielen wichtigen Erkenntnissen geführt. Leider sind Mutationen zufällig, man kann ihre Häufigkeit erhöhen, etwa mit radioaktiver Strahlung, aber man kann sie nicht planen. Ein Forscher, der sich für eine Krankheit interessierte, hatte entweder Glück und eine passende Mausmutante tauchte auf, oder er musste sein Problem mit anderen, weniger ergiebigen Methoden angehen. Dieser unbefriedigende Zustand endete in den Achtzigern, als es drei Forschern gelang, Mutanten auf Bestellung zu erzeugen.

Die Geschichte beginnt mit einem sehr seltenen und sehr ungewöhnlichen Tumor, dem Teratom. Die meisten Krebsformen ähneln dem Gewebe, aus dem sie stammen, also ein Melanom den Hautzellen oder Brustkrebs den Drüsenzellen. Dagegen enthalten Teratome eine wilde Mischung von Zellen, Muskeln, Haut, Nerven sogar Haare oder Zähne. Teratome entstehen, wenn sich embryonale Zellen unkontrolliert vermehren. In der normalen Entwicklung bilden sich aus diesen Zellen alle Gewebe des Körpers, so gesehen ähnelt ein Teratom also doch den Zellen, von denen es abstammt. Die Zellen eines Teratoms lassen sich im Labor vermehren und dort mit den bekannten Methoden der Gentechnik verändern. Wenn man solche genetisch veränderten Teratomzellen in einen Mäuseembryo spritzt, mischen sie sich mit dessen Zellen und finden sich später in allen Organen. Es entsteht eine Chimäre-Maus, ein Mosaik aus den Zellen des ursprünglichen Embryos

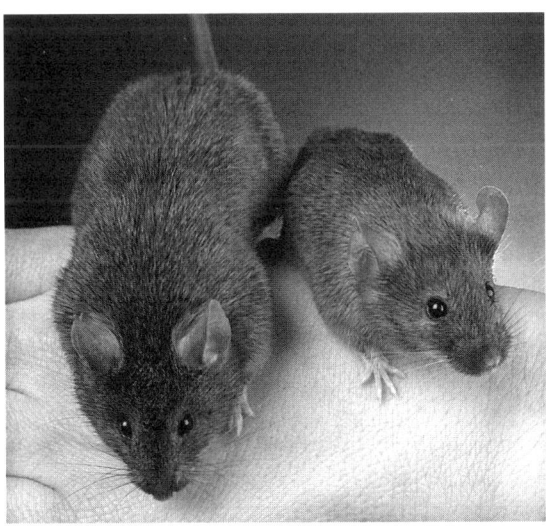

Genetisch veränderte Maus mit mehr Muskelmasse (l.) und normale Maus (r.)

und den Abkömmlingen der Teratomzellen. Theoretisch sollte sich auf diesem Weg eine transgene Maus erzeugen lassen. Die Versuche führten aber alle in eine Sackgasse: Aus den Teratomzellen entwickelten sich zwar alle möglichen Gewebetypen, aber nie Ei- oder Samenzellen. Das heißt, die genetische Veränderung fand sich zwar in vielen Organen, aber nie in den Nachkommen der Tiere.

Den Ausweg aus dieser Sackgasse fand Ende der Achtziger Martin Evans an der Universität Cambridge. Wenn die Teratomzellen versagen, so dachte sich der Forscher, dann muss man eben mit den embryonalen Zellen selbst arbeiten, die sich ja in jedem Fall in allem Gewebe des Körpers entwickeln können, einschließlich der Ei- oder Samenzellen. Evans untersuchte frühe Embryonen der Maus und konnte schließlich die lang gesuchten embryonalen Stammzellen nicht nur isolieren, sondern sie auch im Labor über Monate und Jahre weiter vermehren. Damit hatte er die Alleskönner des Körpers zur freien Verfügung. Und nicht nur das: Wenn er die Labor-ES-Zellen in Mäuseembryonen spritze, bildeten sie gelegentlich auch Ei- und Samenzellen. Martin Evans paarte die Mosaik-Mäuse so lange, bis er Tiere erhielt, die komplett von den Labor-ES-Zellen abstammten. Damit hatte er mit viel Aufwand auf dem Gebiet der Zoologie das ermöglicht, was Pflanzen bei der Vermehrung über Setzlinge schon von Natur aus gelingt: die Regeneration eines kompletten Lebewesens aus wenigen Zellen.

Während Martin Evans in England die Züchtung von »Setzlings-Mäusen« optimierte, erforschten zwei Wissenschaftler aus den USA die Feinheiten der Vererbung. Bei der Befruchtung nimmt die Eizelle die DNA des Spermiums nicht einfach nur auf, es kommt zu einer Art Ballett der Chromosomen. Die väterlichen und mütterlichen Erbanlagen reihen sich fein säuberlich parallel nebeneinander an, brechen zufällig an einigen Stellen und verbinden sich dann wieder über Kreuz. Am Ende enthält jedes Chromosom wieder sämtliche Gene, die es benötigt, wo aber vorher nur die väterlichen bzw. nur die mütterlichen Versionen dieser Gene aneinander hingen, findet sich jetzt eine Mischung beider Varianten. Wenn der Vater beispielsweise die Gene »abcde« vererbt hatte und die Mutter »ABCDE«, entstehen daraus beim Kind vielleicht die neuen Kombinationen: »AbcdE« und »abCDe«. Homologe Rekombination nennt sich dieser Tanz der DNA-Fäden. Rekombination, weil die Versionen der Gene neu gemischt werden und homolog, weil nur einander genau entsprechende DNA-Abschnitte die Plätze wechseln.

Mario Capecchi von der Universität von Utah in Salt Lake City und Oliver Smithies von der Universität von Wisconsin in Madison hatten unabhängig voneinander die Idee, den Mechanismus der homologen Rekombination für die Gentechnik zu nutzen. Sie wollten die natürliche Version eines Gens durch eine künstlich erzeugte, defekte Variante ersetzen und so eine Mutation nach Maß erzeugen. Viele Forscher hielten das für unmöglich, wie sollte auch das kurze DNA-Stück aus dem Labor seinen Partner in den endlosen Basenfolgen des Genoms finden? Capecchi und Smithies ließen sich aber nicht entmutigen, in jahrelanger Arbeit entwickelten sie ihre Idee zu einer verlässlichen Technik.

Der Clou der Sache war ein Selbstmord-Gen direkt hinter der eigentlichen Zielsequenz. Fast alle Zellen, die diese künstliche DNA aufnahmen, wurden von dem Selbstmord-Gen getötet.

Bei der homologen Rekombination tauscht die Zelle aber immer nur genau passende DNA-Stücke aus. Die Zielsequenz landete also im Genom der Zellen, das gefährliche Selbstmord-Gen hatte aber kein Gegenstück, es wurde deshalb erst abgeschnitten und dann abgebaut. Kein Gen, kein Selbstmord – nur die Zellen, in denen die künstliche Mutation tatsächlich an der richtigen Stelle saß, überlebten. Ein Bravourstück der Gentechnik. Mario Capecchi und Oliver Smithies konnten gezielt jedes beliebige Gen einer Zelle ausschalten.

Ende der Achtziger fanden die beiden Forschungsrichtungen dies- und jenseits des Atlantiks zusammen. Die US-Forscher konnten Mutationen nach Maß liefern, ihre englischen Kollegen eine Zelle in eine Maus verwandeln. Beides zusammengenommen ergibt die Maus nach Maß. 1989 wurden der Welt die ersten Knock-out-Mäuse präsentiert. Für ihre Arbeiten erhielten Martin Evans, Mario Capecchi und Oliver Smithies 2001 den renommierten Albert-Lasker-Preis für Grundlagenforschung in der Medizin.

Inzwischen gibt es Tausende von Knock-out-Mäusen, allein die Jackson Laboratories bieten über 300 Linien an. Wer das nötige Kleingeld im Forschungsbudget hat, kann sogar eine Firma beauftragen, sein Lieblingsgen in einer Maus zu mutieren. Es reicht, das Geld zu überweisen und die Zielsequenz anzugeben. Einige Monate später (die homologe Rekombination im Reagenzglas geht schnell, aber die Züchtung braucht Zeit) kommen die Stammväter und -mütter einer fabrikneuen Mauslinie per Post.

Mäuse, wie sie die Welt noch nicht gesehen hat

Knock-out-Mäuse sind aus den Laboratorien nicht mehr wegzudenken. Es gibt Alzheimermäuse und Parkinsonmäuse, Mäuse mit Zuckerkrankheit und einer langen Liste von Krebsformen. Sie sind unentbehrlich, wenn es um das Studium der molekularen Ursachen von Krankheiten geht und sie leisten wichtige Dienste bei der Suche nach neuen Medikamenten. Besonders nahe am Menschen ist die Scid/Hu-Maus. »Scid« ist eine englische Abkürzung und steht für einen fast völligen Ausfall des Immunsystems. Die Scid-Mäuse haben keine Abwehrzellen im Blut und wenn sie nicht in besonderen, sterilen Plastikkäfigen gehalten werden, sterben sie schnell an einer Allerweltsinfektion. Weil Scid-Mäuse kein Immunsystem haben, tolerieren sie Transplantationen jeder Art, sogar menschliches Gewebe wird nicht abgestoßen. Spritzt man den Tieren menschliche Blutstammzellen, dann entsteht ein Mischwesen, eine Maus mit einem menschlichen Abwehrsystem. Damit ist sie weit mehr als ein bloßes Tiermodell. In diesen Scid/Hu-Mäusen, »hu« steht für human, kann man die Auseinandersetzung zwischen einem Erreger, wie dem AIDS-Virus, und dem menschlichen Immunsystem im Detail studieren, ohne Patienten gefährden zu müssen. Die Erzeugung von solchen Chimären, von Mischwesen, ist seit einigen Jahren heftig umstritten, ihre Patentierung ist sogar verboten. In den Neunzigern war die Scid/Hu-Maus aber schon längst Laboralltag, in der Chimärendebatte spielt sie keine Rolle. Vielleicht lag es daran, dass diese erste Chimäre kein Mensch-Schwein-Horrorwesen war, sondern der Welt ein kleines, pelziges Gesicht mit blanken Knopfaugen zeigte.

Einige Knock-out-Mäuse sind richtiggehend berühmt geworden. Da gibt es zum Beispiel Yoda – die älteste Maus der Welt. Sie starb am 22.4.2004, zwölf Tage nach ihrem vierten Geburtstag. Zum Vergleich: Die meisten Labormäuse werden nur knapp zwei Jahre alt. In Menschenjahren gemessen hat Yoda das stolze Alter von 136 Jahren erreicht. Yoda war eine Knock-out-Maus mit einer künstlichen Mutation in einer Antenne für das Wachstumshormon. Entsprechend war das Tierchen nicht nur langlebig, sondern auch winzig, so klein, dass es ständig zitterte, weil es über die im Vergleich zur Masse große Körperoberfläche viel Wärme verlor. Nur der direkte Kontakt zum Fell von Prinzessin Leia, seiner normal gewachsenen Käfiggenossin, hielt Yoda warm. Ein langes Leben ist eben nicht unbedingt ein leichtes Leben. Unter den transgenen Mäusen gibt es auch wahre Sportskanonen. Mäuse mit einem überaktiven IGF-1-Gen haben eine um fast 15 Prozent erhöhte Muskelmasse. Wenn sie dann noch im Käfig trainieren, etwa mit spezialgefertigten, schweren Rucksäcken Leitern hochsteigen, nimmt der Wadendurchmesser noch einmal deutlich zu. Kein Wunder, dass diverse Sportler in dem entsprechenden Labor nachgefragt haben, wann sie denn zum Gen-Doping antreten können. Was IGF-1 für die Muskelmasse, das sind bestimmte genetische Schalter für die Ausdauer. Sie regeln normalerweise die Fettverbrennung im Muskel. Werden sie per Knock-out beschädigt, greifen die Muskeln bevorzugt auf diese ergiebigen Energievorräte zurück und die Mäuse laufen doppelt so lange und so weit wie ihre Artgenossen. Der Rekord liegt bei 1,8 Kilometern im Laufrad.

Nicht nur die Leistungsfähigkeit des Körpers, auch die des Geistes lässt sich in Knock-out-Mäusen verändern. Mit viel Aufwand gelang es Joe Tsien an der Princeton-Universität eine dumme Maus zu konstruieren. Wer braucht schon dumme Mäuse, lautet die nahe liegende Frage, aber diese Mäuse waren auf eine besonders informative Weise dumm. Schon seit den Vierzigerjahren vermuten Neurowissenschaftler, dass allen Lernvorgängen im Gehirn letztlich eine ganz simple Regel zugrunde liegt: Je häufiger eine Verbindung zwischen zwei Nerven genutzt wird, desto enger wird sie geknüpft. Wenn eine Maus einen Ton hört und gleichzeitig einen Stromschlag erhält, dann gibt es irgendwo in ihrem Gehirn Nervenkontakte, an denen die beiden Signale von Klang und Schmerz zusammenlaufen. Genau diese Verbindung wird beim Lernen verstärkt, sodass schon bald der bloße Ton ausreicht, um die Maus zusammenzucken zu lassen. Letztlich prägt sich das Gehirn auf diesem Wege auch Lateinvokabeln ein, den Duft des Partners und die Bewegungsfolgen beim Radfahren. So weit die Theorie, es gibt auch viele Hinweise darauf, dass beim Lernen tatsächlich ein festes Netz von Nervenkontakten gewebt wird. Joe Tsien wollte wissen, wer auf der Ebene der Moleküle der Meister am Webstuhl des Gedächtnisses ist. Aussichtsreichster Kandidat für diesen Posten war der NMDA-Rezeptor. Dieser Schalter in der Wand der Nervenzellen ist etwas ganz Besonderes: Er benötigt zwei getrennte Signale, um aktiv zu werden. Damit funktioniert er wie eine Art Detektor für Zusammenhänge. Der Clou an der Sache ist aber, dass der NMDA-Rezeptor dafür sorgt, dass die beteiligten Nervenverbindungen in Zukunft empfindlicher reagieren, dass das Gehirn den Zusammenhang nicht nur erkennt, sondern auch behält. Das zumindest legten Versuche in der Zellkultur nahe.

Joe Tsien wollte die Rolle des NMDA-Rezeptors in lebenden Tieren überprüfen. Dazu stellte er eine Knock-out-Maus her, der ein Teil dieses Moleküls fehlte. Der gentechnische Teil der Arbeit funktionierte, leider starben die Mäuse kurz nach der Geburt. Das ist ein häufiges Problem bei der Arbeit mit Knock-out-Mäusen. Viele Gene haben mehrere Funktionen und sind auch schon in der Embryonalentwicklung aktiv. Werden sie von den Forschern zerstört, sterben die Mäuse, lange bevor sie untersucht werden können. Joe Tsien ließ sich aber nicht entmutigen. Er entwickelte eine neue Technik, mit der sich ein Knock-out auf ein bestimmtes Gewebe beschränken lässt. In diesem Fall war das NMDA-Gen im ganzen Mäusekörper aktiv, nur eine kleine Region des Gehirns bildete keinen NMDA-Rezeptor. Diese Teil-Knock-out-Mäuse waren putzmunter, äußerlich auch nicht von anderen Mäusen zu unterscheiden. Erst bei einem Intelligenztest für Nager zeigte sich: Diese Tiere sind schwer von Begriff. Wenn sie eine unter Wasser verborgene Plattform suchen müssen, erscheint ihnen die Aufgabe Tag für Tag wie neu, normale Mäuse dagegen haben kein Problem damit, sich die Position der Plattform zu merken. Das Experiment war ein deutlicher Hinweis auf die Bedeutung des NMDA-Rezeptors für das Gedächtnis.

Knock-out-Mäuse geben Hinweise auf die Funktion eines Gens, aber mehr auch nicht. Schließlich gibt es viele Arten, etwas kaputt zu machen. Wenn man beim Auto das Zündkabel durchtrennt, wird es nicht fahren, aber daraus kann man nicht schließen, dass der Antrieb in diesem schmalen Draht sitzt. Wenn das Auto nach einer Reparatur aber schneller fährt, dann hat man offenbar eine wichtige Sache verändert.

In einem zweiten Experiment hat Joe Tsien deshalb versucht, per Gentechnik pelzige Gedächtniskünstler zu schaffen. Der NMDA-Rezeptor setzt sich aus mehreren Stücken zusammen und dieses molekulare Puzzle sieht in der Jugend anders aus, als im fortgeschrittenen Alter, wenn das Gedächtnis schon nachlässt. Der Forscher aus Princeton sorgte dafür, dass ein jugendlicher Puzzlestein während des gesamten Mauslebens verwendet wird. Der Effekt war verblüffend: Die Mäuse lernten bis ins hohe Alter schneller und konnten die Informationen vier- bis fünfmal länger behalten. Die Ergebnisse waren gleich, egal ob es um die Orientierung in dem trüben Wasserbecken ging, um das Aussehen von Objekten oder um eine emotionale Erfahrung, etwa die Angst vor einem Ton, dem ein schwacher elektrischer Schlag folgt. Offenbar liegen dem Lernen immer dieselben molekularen Ereignisse rund um den NMDA-Rezeptor zugrunde. Die Experimente von Joe Tsien zeigen, dass es reicht, an einem einzigen genetischen Schalter zu drehen, um die Gedächtnisleistung im ganzen Gehirn einen Gang höher zu schalten. Kein Wunder, dass ein amerikanischer Kommentator gleich von einer Gentherapie am Menschen träumt, vielleicht für Alzheimerkranke. Und die Pressestelle der Universität Princeton mahnte, dass sich die Gesellschaft jetzt schon Gedanken machen sollte, ob sie es jedermann gestatten will, per Gentherapie zum Superhirn zu werden.

So weit geht Joe Tsien nicht, er taufte seine Tiere auch nicht Einstein-Mäuse, sondern bescheidener Doogie-Mäuse, nach einem altklugen Charakter eines amerikanischen Cartoons. Die Doogie-Mäuse sind begehrte Versuchstiere in der Hirnforschung, aber auch ihre dummen NMDA-Knock-out-Verwandten sind für Überraschungen gut. Allerdings nur, wenn man sie aus dem langweiligen Laborstandardkäfig hinauslässt in eine Art Disneyland für Mäuse, mit verborgenen Verstecken, aufregenden Spielzeugen und interessanten Artgenossen. In dieser anregenden Umgebung verbessert sich ihre Gedächtnisleistung dramatisch, erreicht fast das Niveau der Normmaus. Offenbar macht weniger der Defekt im NMDA-Rezeptor dumm als das eintönige Leben im Labor. Sobald das Gehirn etwas zu tun bekommt, fängt es auch an, zu arbeiten. Allerdings auf Umwegen. Bestehende Nervenkontakte zu verstärken, gelingt diesen Mäuse ohne die Hilfe des NMDA-Rezeptors kaum, stattdessen bildete sie viele neue Verbindungen zwischen Nerven, ersetzen Klasse durch Masse und das mit gutem Erfolg. Ob ein Intelligenz-Gen oder eine Dummheitsmutation wirklich zum Tragen kommt, das hängt entscheidend von den Lebensumständen ab. Je vielseitiger die sind, desto vollständiger kann das Gehirn seine Fähigkeiten ausbauen und das bis ins hohe Mäusealter.

Gene für den Stall

Während die genveränderte Maus ihren Siegeszug durch die Laboratorien antrat, scheiterte der Versuch, mit genetisch veränderten Tieren Geld zu verdienen. Dabei gab es eine Vielzahl überzeugender Geschäftsideen. Das Beltsville-Schwein zum Beispiel trägt eine zusätzliche Kopie des Wachstumshormons. Die Tiere wachsen auch um 14 Prozent schneller als ihre Artgenossen und werden wahrhaft zu Schweineriesen. Ihre Fleischmassen sind aber kaum zu vermarkten, denn die Beltsville-Schweine leiden an einer ganzen Reihe von Krankheiten, ihre Gelenke verschleißen schnell unter der großen Gewichtsbelastung, die Nieren arbeiten schlecht, dazu sind die Tiere stressanfällig und entwickeln häufig Magengeschwüre. Für das Leben im Hochleistungsstall sind sie schlicht nicht robust genug. Die kranken Schweine waren für die Kritiker der beste Beleg dafür, dass die Gentechnik im Stall ein Irrweg ist.

Für die Branche selbst war das Beltsville-Schwein zwar ein Dämpfer, aber es wird nach wie vor eifrig geforscht. So gibt es seit Kurzem Ferkel, die dank der Hilfe eines Wurm-Gens die schädlichen omega-6- in gesundheitsförderliche omega-3-Fettsäuren umwandeln. Der omega-3-Anteil soll bis zu acht Prozent betragen und damit viermal höher liegen als normalerweise. Das omega-3-Huhn und -Rind sind schon in Arbeit. In den Versuchsställen stehen auch Kühe, die Milch ganz ohne Milchzucker geben – schlecht fürs Kalb, aber gut für Menschen mit einer entsprechenden Unverträglichkeit. Auch fettarme Milch soll demnächst direkt ab dem Euter zu haben sein, genau wie eiweißreiche Milch für die Käsezubereitung. In Australien arbeiten Forscher an Schafen mit längerer Wolle. Dazu erhalten die Tiere ein Gen, das die Bildung der Aminosäure Cystein fördert, einem Hauptbestandteil der

Wolle. Noch exotischer ist ein GM-Schaf, das nicht mehr geschoren werden muss, sondern sein Fell von selbst verliert. Das Geheimnis ist ein instabiles Wolleiweiß, das aber erst gebildet wird, wenn der Schäfer einen Signalstoff ins Futter mischt. Nah an der Zulassung ist das »Enviropig« – das Umweltschwein. Schweine können den Mineralstoff Phosphor nur schlecht verwerten. Deshalb muss dem Futter Phosphor in großen Mengen zugesetzt werden, der allerdings zum erheblichen Teil in der Gülle landet und zur Überdüngung der Gewässer beiträgt. Das Kunst-Schwein bildet das Enzym Phytase und scheidet deshalb 75 Prozent weniger Phosphor aus. Es gibt auch GM-Nutztiere, die vor bestimmten Krankheiten geschützt sind, etwa Kühe, die ein Abwehrprotein bilden und seltener an einer Euterentzündung leiden. Rinder lassen sich auch vor dem Rinderwahnsinn bewahren, indem man ihnen das Gen für das sogenannte Prionprotein entfernt. All das mögen gute Ideen der Gentechniker sein, aber noch leben diese Tiere gut versorgt im Versuchsstall, ob sie für den Bauernhof geeignet sind, muss sich erst noch zeigen.

Medikamente aus dem Euter

Medikamente lassen sich nicht nur auf dem Acker, sondern auch im Euter produzieren. Das hat einige Vorteile, Milch enthält viel Protein und lässt sich leicht in großen Mengen mit etablierten Verfahren gewinnen. Stellt man ein künstliches Gen unter die Kontrolle der Steuersequenzen eines Milcheiweißes, wird es ausschließlich im Euter produziert, ohne den Stoffwechsel der Kuh zu belasten. Die ersten Säugetiere, die fremde Eiweiße in der Milch produzierten waren übrigens nicht Kühe, sondern – Mäuse. Die Forscher wollten die neue Idee natürlich zuerst an ihrem »Haustier« testen, mit Erfolg. Es war allerdings schwierig, das Produkt zu gewinnen. Angeblich wurden spezielle Maschinen konstruiert, nur zum Mäusemelken. Die Milchmäuse blieben anonym, bekannt wurde erst Hermann, der Stier der niederländischen Firma GenePharming. Er war das erste transgene Rind der Welt und hätte den antibakteriellen Wirkstoff Laktoferrin in der Milch gebildet, wenn er denn Milch gebildet hätte. Seine Töchter und Enkelinnen sollen das eigentlich menschliche Eiweiß aber in der Milch produzieren. Das Unternehmen wollte das Milch-Laktoferrin ursprünglich einer speziellen Babynahrung beimengen. Bislang ist diese aber noch nicht in den Supermarktregalen aufgetaucht.

Das Schwergewicht des Pharming im Stall hat sich von Europa nach Amerika verlagert. Besonders in Wisconsin, dem selbst ernannten Milch-Staat der USA, gibt es Pläne, in Zukunft mit ermolkenen Medikamenten Gewinn zu machen. Eine ganze Reihe von Unternehmen arbeitet an solchen aufgewerteten »Milchprodukten«. Am weitesten ist GTC Biotherapeutics. Das Kapital der Firma ist eine 74-köpfige Ziegenherde, die in ihrer Milch Antithrombin bildet. Dieses Eiweiß ist beim Menschen ein Teil der Blutgerinnungskaskade und wirkt der Verklumpung des Blutes entgegen.

Bei einer seltenen Erbkrankheit bilden die Patienten kein oder nur wenig Antithrombin. Sie haben deshalb ein erhöhtes Risiko, Thrombosen zu entwickeln, d.h. Blutklumpen in den Adern, die sich losreißen und dann wichtige Gefäße in Herz und Hirn verstopfen können. Sie erhalten heute vor Operationen und vor einer Geburt zusätzliches Antithrombin. Noch wird der Gerinnungshemmer aus Blutkonserven gewonnen, aber dabei besteht nach wie vor ein, wenn auch sehr geringes, Risiko von Infektionen. Eine Ziege könnte so viel Antithrombin produzieren, wie in 90 000 Blutkonserven enthalten ist. In der Milch gibt es keine Viren, die Menschen infizieren, insofern glaubt GTC Biotherapeutics, dass ihr Produkt »Atryn« einen großen Vorteil bildet. Die Europäische Kommission hat »Atryn« im August 2006 zugelassen. Das erste ermolkene Medikament der Welt soll Mitte 2007 in die Apotheken kommen.

Organe aus dem Stall

Organe für eine Transplantation sind Mangelware, weltweit und ganz besonders in Deutschland. Die Wartezeit auf eine Niere beträgt durchschnittlich neun Jahre, auf ein Herz 210 Tage. Der Tod auf der Warteliste ist Alltag für die Patienten und die Ärzte in den Transplantationsabteilungen. Die Hindernisse sind vielfältig, zum einen haben nur wenige Deutsche einen Organspendeausweis, viel weniger als etwa in Spanien, Frankreich oder Österreich, außerdem fühlen sich auch viele Krankenhäuser mit der Organentnahme überfordert und melden deshalb hirntote Patienten erst gar nicht weiter. Die Xenotransplantation, die Heilung von Menschen mit Organen aus dem Tier, könnte den Mangel auf einen Streich beenden. Der Weg vom Schweineherz in des Menschen Brust ist allerdings noch weit. Seit Jahren wird geforscht, übrigens besonders intensiv in Deutschland, und doch ist die praktische Durchführung einer Xenotransplantation noch immer Jahre entfernt.

Experimente an Pavianen zeigen, dass Schweineherzen und Nieren durchaus in einem Primatenkörper funktionieren können. Diese Organe erfüllen eine eher mechanische Funktion, sie pumpen Blut bzw. filtern den Urin ab. Sie mögen nicht optimal für den neuen Körper sein, aber der kann sich offenbar auf die veränderte Dienstleistung durch ein Schweineorgan einstellen.

Doch bevor ein Organ überhaupt in einem neuen Körper arbeiten kann, muss es erst einmal vom Immunsystem akzeptiert werden. Schon bei der normalen Transplantation ist die genaue Übereinstimmung der Gewebemerkmale von Spender und Empfänger entscheidend, zusätzlich ist eine dauerhafte medikamentöse Unterdrückung des Abwehrsystems notwendig. Schweineorgane lösen eine noch viel stärkere Immunreaktion aus. Bei Tierversuchen verfärbt sich das Organ praktisch unter den Augen der Operateure schwarz und beginnt abzusterben. Dank der Gentechnik können die Forscher ihre Versuchstiere inzwischen über Monate am Leben halten. Es ist vor allem ein Zuckermolekül auf der Oberfläche der Schweinezellen, das für die Abwehrzellen wie ein rotes Tuch wirkt. Knock-out-Schweine, die diesen Zucker nicht mehr bilden, zeigen keine Beeinträchtigungen, das Immunsystem der Primaten reagiert auf ihre Organe aber erst nach langer Zeit. Letztlich werden die artfremden Organe aber immer abgestoßen, selbst von einem massiv gehemmten Immunsystem. Die Wissenschaftler hoffen aber, die Schweine mit weiteren genetischen Veränderungen so weit »vermenschlichen« zu können, dass sie tatsächlich zu einem Ausweg für Menschen auf der Warteliste werden.

Bis dahin, so glauben die Xenotransplanteure, wird auch das Problem der Sicherheit gelöst sein. Theoretisch könnte die Übertragung von Schweineorganen einem Virus den Weg zum Menschen öffnen, mit unabsehbaren Folgen. Ethiker haben deshalb gefordert, die Patienten und sogar ihre Angehörigen entweder strikt zu isolieren oder lebenslang zwangsweise medizinisch zu überwachen. In jüngster Zeit sind die Sorgen über einen Killer aus dem Schwein aber geringer geworden. Medizinschweine würden sicher nie in einem normalen Stall, sondern unter keimfreien Bedingungen großgezogen, sodass sie keine gewöhnlichen Bakterien und Viren übertragen können. Allerdings enthält das Erbgut der Schweine, wie auch das der Menschen, Spuren von Retroviren. Diese Viren bauen ihre eigenen Gene in die DNA ihres Opfers ein und können dort lange Zeit überdauern. Es besteht die Möglichkeit, dass sich nach einer Xenotransplantation Schweine- und Menschenviren vermischen und so ein neuer Erreger entsteht. Die Wahrscheinlichkeit ist aber wohl nicht besonders hoch. Weltweit haben bislang etwa 200 Patienten Zellen von Schweinen erhalten, die meisten zur Behandlung einer Zuckerkrankheit, es waren aber auch Brandopfer und Parkinsonpatienten darunter. Forscher haben alle diese Personen genau untersucht, in keinem einzigen Fall fanden sich Spuren einer Infektion durch Viren aus dem Schwein. Das ist beruhigend, die Zahl der Patienten ist aber zu klein, um jede Gefahr ausschließen zu können. Inzwischen wurden aber auf konventionellem Weg Schweine gezüchtet, die keine Retroviren mehr freisetzten. Man forscht auch an gentechnischen Verfahren, mit denen sich die Viren lahmlegen lassen.

Es geht also voran auf dem Gebiet der Xenotransplantation. Die Forscher sind verhalten optimistisch, auch in Deutschland. Offen ist aber noch, wie die Patienten auf dieses Therapieangebot reagieren würden. Selbst wenn sich die Xenotransplantation als sicher herausstellen sollte, bleibt bei vielen ein Unbehagen. Ein Schweineherz in einer Menschenbrust, werden da nicht Grenzen überschritten? Die ersten Patienten würden sicher im Rampenlicht der Öffentlichkeit stehen. Vor dem Start der Xenotransplantation wird es sicher große Diskussionen geben, aber die Erfahrung der letzten Jahre in der Medizin zeigt – von der Herztransplantation über das Retortenbaby bis hin zu Stammzellforschung –, wenn ein medizinischer Bedarf vorhanden ist, gewöhnt sich die Gesellschaft auch an zunächst skeptisch beurteilte Techniken. Das größte Hindernis für die Xenotransplantation dürften deshalb weniger ethische Bedenken sein, sondern der Erfolg anderer Methoden. Sollte die Stammzellforschung halten, was sie heute nur verspricht, könnte die Xenotransplantation schlicht überflüssig werden.

Schaf im Rampenlicht

Schafe gelten als etwas dümmliche, aber freundliche Wesen. Starallüren kann ihnen niemand nachsagen, und doch kennt wohl jeder den Namen Dolly. Dieses schottische Schaf eroberte 1997 die Titelseiten der Magazine. Äußerlich ein Schaf wie jedes andere, war Dolly doch einzigartig, gerade weil es eine Kopie, ein Klon war. Ein Klon ist so etwas wie ein verspäteter Zwilling, ein Wesen mit den gleichen Erbanlagen wie sein Vorbild. Lange galten Klone als Science-Fiction-Idee – jenseits von ernsthafter Wissenschaft.

Für Ian Wilmut den »Vater« von Dolly, war das Klonen nur Mittel zum Zweck. Eigentlich war er ein »Pharmer«, wollte im schottischen Aberdeen am Roslin Institute im Auftrag vom PPL-Therpeutics wertvolle Eiweiße in der Milch von Schafen herstellen. Die genetische Veränderung der Wiederkäuer war dabei kein großes Problem. Für die kommerzielle Nutzung reicht ein GM-Schaf aber nicht aus, da braucht man eine ganze Herde. Sie klassisch zu züchten, kostet viel Zeit, außerdem kann niemand garantieren, dass die Milch in allen Eutern die gleiche Qualität hat. Das Klonen stellt da eine lohnende Abkürzung zu einer Herde möglichst identischer Tiere dar. Theoretisch muss man nur eine beliebige Zelle eines GM-Schafes nehmen, vorsichtig den Zellkern, und mit ihm alle DNA, heraussaugen und ihn auf eine Eizelle übertragen, der zuvor der eigene Kern entfernt wurde. Das Ergebnis entspricht einem befruchteten Ei, nur dass die genetischen Informationen nicht von Mutter und Vater stammen, sondern von dem Zellkernspender. Die Eizelle wird dann durch einen Stromstoß oder einen Botenstoff zur Teilung angeregt, per künstlicher Befruchtung auf ein Mutterschaf übertragen und einige Monate später erblickt der Klon das Licht der Welt.

Hauptproblem bei diesem Ansatz ist, dass Zellkern nicht gleich Zellkern ist. Jeder enthält zwar das komplette Rezept zur Bildung eines Lebewesens, aber der Großteil dieser Informationen ist nicht zugänglich.

Klonschaf »Dolly«

Um Chaos zu vermeiden, sind in jedem Gewebe nur die gerade benötigten Gene aktiv. Eine Nervenzelle bildet Botenstoffe und keine Abwehrgifte, eine Muskelzelle Motoreiweiße und keine Knochensubstanz und alle Zellen des Erwachsenen haben schon lange die Gene der Embryonalentwicklung abgeschaltet. Es reicht also nicht aus, einfach nur den Kern und seine DNA in eine Eizelle zu stopfen, die gesamte Programmierung der Erbanlagen muss den neuen Aufgaben angepasst werden – das galt aber als unmöglich.

Die Geburt Dollys kam einer Revolution in der Biologie gleich. Ian Wilmut und Keith Campbell hatten am Roslin Institute das Kunststück vollbracht, die Schicksalslinie einer erwachsenen Zelle komplett zu verändern. Die Forscher arbeiteten mit den Euterzellen eines erwachsenen Finn-Dorset-Schafes und übertrugen die Kerne auf Eizellen der Rasse Scottish-Blackface. 277 Kerne übertrug Keith Campbell; 29 entwickelten sich zu Embryonen die er »Leihmütter-Schafen« einpflanzte. Am Ende wurde nur ein einziges Lamm geboren: Dolly, benannt nach der Country-Sängerin Dolly Parton. Nun sieht ein Schaf für die meisten Menschen aus wie das andere, aber immerhin war schnell zu sehen, dass Dolly in jedem Fall kein Blackface, also kein Schwarzgesicht war. Offenbar hatten also wirklich die Finn-Dorset-Gene die Entwicklung von Dolly bestimmt. Später bestätigten umfangreiche genetische Tests eindeutig, dass Dolly tatsächlich die genetische Kopie eines erwachsenen Schafes war.

Menschenklone?

Die Geburt Dollys inspirierte die Fantasie der Öffentlichkeit. Was gerade noch als Pseudowissenschaft gegolten hatte, schien auf einmal fast schon eine Selbstverständlichkeit. Legionen von Hitlerkopien, Marilyn Monroe vom Fließband – es schien kein Problem zu sein, Prominente oder verstorbene Angehörige aus einem Geweberest wieder auferstehen zu lassen. Gerüchte von Millionären, die die Unsterblichkeit im Klonlabor suchen, machten die Runde. Ein Klon ist aber kein Ticket in die Ewigkeit. Ein Mensch ist nicht nur das Produkt seiner Gene, die Umwelt prägt ihn maßgeblich. Das fängt bei der Ernährung an. Es ist gut möglich, dass ein Klon sein Vorbild deutlich überragen würde, einfach, weil ausreichend Essen zur Verfügung steht. Noch auffallender dürften die Unterschiede in der Persönlichkeit sein. Selbst eineiige Zwillinge, die in derselben Familie aufwachsen, haben unterschiedliche Charaktere. Um wie viel größer werden die Unterschiede sein, wenn die genetische Kopie nicht nur in einer anderen Familie, sondern noch dazu Jahrzehnte später geboren wird? Ein Diktator, der seine Macht nur an Kopien seiner selbst übergeben will, könnte da böse Überraschungen erleben. Vielleicht nutzen sie ihr ererbtes Durchsetzungsvermögen, um den Vater zu stürzen. Ein geklonter Goethe würde wohl keine unsterblichen Gedichte produzieren, sondern Werbetexter werden, eine Beckenbauer-Kopie statt Tore zu schießen, lieber als Fahrradkurier sein Geld verdienen. Ein Klon wäre in erster Linie nicht eine Kopie, sondern ein eigenständiger Mensch.

Trotzdem eroberte der Physiker Richard Seed aus Chicago die Schlagzeilen mit der Ankündigung, Klondienste anbieten zu wollen, verschwand aber ebenso schnell wieder von den Bildschirmen. Die Sekte der Raelianer sah im Klonen gar den nächsten Schritt der Evolution und gründete die Firma Cloneaid. Auf deren Webseite konnte man für viel Geld einen Klon bestellen, angeblich sollen sogar Klonbabys geboren worden sein. Beweise legte die Sekte aber nicht vor. Das amerikanisch-italienische Team Panos Zavos und Severino Antiniori wollte unfruchtbaren Paaren mit der Klontechnik helfen, produzierte aber ebenfalls nur Ankündigungen und keine Babys. Inzwischen ist das sogenannte reproduktive oder Fortpflanzungsklonen in den meisten Ländern verboten, im Februar 2005 haben die Vereinten Nationen in einer, allerdings nicht bindenden, Deklaration, das Kopieren von Menschen abgelehnt. Dagegen geht die Diskussion um das therapeutische oder Forschungsklonen nach wie vor weiter. Dabei wird der geklonte Embryo nicht in die Gebärmutter übertragen, sondern dient nur zur Gewinnung genau zum Kernspender passender embryonaler Stammzellen.

Es ist durchaus möglich, dass in irgendwelchen privaten Laboren an der genetischen Humankopie gearbeitet wird. Ein Erfolg ist aber alles andere als wahrscheinlich. Um Dolly zu erzeugen, musste das Team am Roslin Institute mit Hunderten von Eizellen arbeiten, um die grundlegenden Techniken zu etablieren. Selbst nach diesen Vorarbeiten verbrauchten sie noch 277 Eizellen und es wurde doch nur ein einziges Klon-Lamm geboren. Eizellen von Schafen gibt es im Prinzip in beliebiger Menge, menschliche Eizellen dagegen sind ein rares Gut. Selbst wenn sich ein geklonter Embryo erfolgreich in der Gebärmutter einer Leihmutter einnistet, ist sein weiteres Schicksal unsicher. Die Erfahrungen mit geklonten Tieren, neben den Schafen vor allem mit Rindern, Ziegen, Schweinen und Mäusen, zeigen, dass bei Klonen häufig Fehlentwicklungen auftreten. Am bekanntesten ist das Large-Offspring-Syndrome, bei dem die Jungtiere nicht nur ein deutlich erhöhtes Geburtsgewicht haben, sondern auch an weiteren Krankheiten leiden und häufig versterben. Bei Kälbern hat man häufig auch Missbildungen der inneren Organe beobachtet, es kam zu Herz-Kreislauf-Beschwerden, Zuckerkrankheit und Abwehrschwächen. Auch zunächst gesund aussehende Tiere können verborgene Risiken in sich tragen. So entwickelten Klonmäuse nach der Pubertät eine Fettsucht. Und Dolly, eigentlich ein gesundes Schaf, bekam im Alter von fünf Jahren und damit relativ früh, Gelenkbeschwerden. Das berühmte Tier musste ein Jahr später wegen eines Lungentumors, der durch ein Virus verursacht wurde, eingeschläfert werden. Damit hatte Dolly nur etwa die Hälfte der Lebenszeit normaler Schafe erreicht. Selbst viele gesunde Klontiere tragen ein Zeichen ihrer Herkunft: Sie haben einen übergroßen Nabel. Daran könnte man geklonte Menschen vermutlich am Strand erkennen. Worin auch immer die Gründe für die Gesundheitsprobleme bestehen mögen, eines steht fest: Das erste geklonte Baby wird unzählige tot geborene oder missgebildete Geschwister haben. Es ist ethisch nicht zu verantworten, einen Menschen zu klonen.

Klone und Kommerz

So weit der Exkurs zu den menschlichen Klonen. Bei Experimenten mit Tieren fallen die Fehlschläge weniger ins Gewicht und so gibt es inzwischen eine regelrechte Klonindustrie – mit wechselnden Erfolgen. PPL-Therpeutics, die Firma, die einst Ian Wilmuts Arbeiten am Roslin Institute finanziert hatte, konnte zwar noch das Klonschaf Polly vorweisen, das ein menschliches Gen in seiner Milch produziert. Es gelang der Firma auch, Schweine für die Xenotransplantation zu klonen. Sie schaffte es aber nie, mit ihren Klonprodukten Geld zu verdienen. Die klinischen Studien zur Erprobung der Medikamente erwiesen sich als zu teuer. Als sich der Pharma-Riese Bayer zurückzog, ging das schottische Unternehmen Pleite und 6500 zum Teil geklonte, zum Teil gentechnisch veränderte Schafe wurden heimatlos. Dabei gibt es für die Kloner durchaus lukrative Nischenmärkte. Einige Firmen bieten Landwirten an, ihre besten Milchkühe zu kopieren. Die Nachfrage scheint vorhanden zu sein, in Amerika gibt es eine kleine Herde von Klonkühen. Deren Milch ist nach Ansicht der nationalen Akademie der Wissenschaften der USA ebenso unbedenklich, wie die ihrer Vorbilder, auch das Fleisch sollte genießbar sein. Allerdings werden die Produkte der Klone wohl nur selten ins Glas oder auf den Teller gelangen. Dafür sind die Tiere viel zu teuer, sie sollen vor allem ihre wertvollen Eigenschaften an möglichst viele Nachkommen weitergeben. Wissenschaftlern ist es auch gelungen, Vertreter seltener Rinderrassen zu klonen. Bei dem asiatischen Bateng-Rind hat das Verfahren funktioniert, ein Gaur-Klon starb allerdings zwei Tage nach seiner Geburt. Pläne, etwa ein Wollmammut mit der DNA aus gefrorenen Überresten dieser ausgestorbenen Art und dem Ei einer modernen Elefantenkuh zu klonen, wurden auf Eis gelegt. Derzeit sieht es nicht so aus, als ob die Klontechnik je eine größere Bedeutung für die Erhaltung gefährdeter Tierarten oder die Rückzüchtung bekommen würde.

Nicht nur Landwirte, auch Tierfreunde sind bereit, für Klone gut zu zahlen. Das erste geklonte Haustier ist das Kätzchen CC, die Abkürzung steht entweder für Carbon Copy (englisch für Durchschlag) oder für Copy Cat. CC wurde 2001 von der Texas A&M Universität im Auftrag der Firma Genetic Savings & Clone erzeugt. Von 87 geklonten Embryonen überlebte nur CC. Ihre Kernspenderin, eine Katze namens Rainbow, ist gescheckt, das ist CC auch, die Flecken sitzen aber an anderen Positionen. Das Fellmuster einer Katze ist nicht exakt in den Genen festgeschrieben, es entsteht im Lauf der Entwicklung. Ein Haustierbesitzer kann vielleicht eine brauchbare Kopie einer Siamkatze bekommen, kleine Schecken und Tiger werden aber auch äußerlich immer Individuen sein. Inzwischen hat Genetic Savings & Clone auch den ersten kommerziellen Katzenklon verkauft. Eine Katzenliebhaberin aus Texas bezahlte 50 000 US-Dollar für eine genetische Kopie des 17-jährigen Katers Nicky. Angeblich soll Nicky sogar die für Katzen ungewöhnliche Vorliebe für Wasser von seinem Kernspender übernommen haben.

Geklonte Haustiere sind sicher ein Wachstumsmarkt. Noch höhere Gewinnspannen sollten sich aber bei Rennpferden erzielen lassen. Viele

Die erste geklonte Katze »CC«, 2002

Spitzenhengste werden kastriert, um ihr Temperament zu beruhigen. Aus züchterischer Sicht hat das offensichtliche Nachteile, die sich über das Klonen umgehen lassen sollten. Das erste geklonte Pferd war die Haflinger-Stute Prometa, die 2003 als Einzige von 841 geklonten Embryonen überlebte. Pferdebesitzer sehen die neue Technik mit gemischten Gefühlen. Einerseits ermöglicht das Klonen die Zucht wertvoller Tiere, andererseits könnten auch Diebe auf den Hof schleichen, unauffällig ein Haar eines Champions ausreißen, und ihn dann später genetisch kopieren lassen. 2006 gelang dem Pferdeembryo-Labor der Texas A&M Universität allerdings ein Durchbruch. Die Forscher wollten Smart Little Lena klonen, ein wendiges und kluges Pferd, das in Rodeowettbewerben Preisgelder von 750 000 US-Dollar gewonnen hat. Seine mehr als hundert Nachkommen erwirtschafteten zusammen über 36 Millionen Dollar. Ein wirklich wertvolles Pferd also, von dem es jetzt fünf Klone gibt. Die Fohlen entstanden aus nur 13 geklonten Embryonen – eine dramatische Verbesserung der Effizienz. Die Besitzer schätzen, dass jeder dieser Klone als Zuchthengst eine Million US-Dollar wert sein könnte. Zumindest bei Pferden ist Klonen also ein Geschäft, das sich rechnet.

Kommissar DNA: Fahndung nach Tätern, Opfern, Vätern

Der genetische Fingerabdruck

Narborough ist eine Kleinstadt in der Mitte Englands. Rote Backsteinhäuser, eine historische Kirche, ein Gewerbegebiet, unauffällig. Doch in den Achtzigerjahren erlangte Narborough traurige Berühmtheit: Im Abstand von drei Jahren wurden zwei junge Mädchen, Lynda Mann und Dawn Ashworth, vergewaltigt und ermordet. Die Polizei konnte jeweils Samenspuren der Blutgruppe A sicherstellen, zu der zehn Prozent der Bevölkerung gehören. Nach dem zweiten Mord verdächtigten die Beamten einen jungen Mann, der die Tat schließlich gestand. Er bestritt aber, auch für den ersten Mord verantwortlich zu sein. Die Ermittler waren überzeugt, dass er log und wollten ihn mithilfe der noch jungen Gentechnik überführen. Sie wandten sich an Sir Alec Jeffreys von der Universität in Leicester, der gerade eine neue Methode zur Erbgutanalyse entwickelt hatte. Es gelang dem Forscher, aus den alten Samenspuren DNA zu isolieren. Mit seiner Technik konnte er nachweisen, dass die beiden Mädchen von ein und demselben Mann vergewaltigt worden waren, doch dieser Mann war nicht der Verdächtige! Der hatte sein Geständnis offenbar unter Druck abgelegt. Die Polizei forderte daraufhin alle Männer in den umliegenden Städten auf, eine Speichelprobe abzugeben. Die Forscher untersuchten über 5000 Proben zuerst auf die Blutgruppe und dann alle Proben der Blutgruppe A weiter auf DNA-Ebene. Doch die langen Stunden im Labor waren umsonst, es gab keinen Treffer, der Mörder ging der ersten genetischen Massenfahndung nicht ins Netz. Später stellte sich heraus, dass der Täter einen Freund überredet hatte, an seiner Stelle eine Speichelprobe abzugeben. Allerdings konnte der hilfreiche Freund den Mund nicht halten und prahlte in seiner Stammkneipe, er hätte die Polizei an der Nase herumgeführt. Der Mann wurde daraufhin verhaftet, befragt und führte die Polizei auf die Spur des wahren Täters, des Bäckers Colin Pitchfork. Ein erneuter DNA-Test bewies: Pitchfork war der gesuchte Mörder, er wurde zu lebenslänglicher Haft verurteilt.

Schon dieser erste genetische Fingerabdruck in der Geschichte der Kriminalistik zeigt die wichtigsten Stärken der neuen Technik: Erstens kann sie noch Jahre nach der Tat selbst winzige Spuren mit sehr hoher Wahrscheinlichkeit mit einem Täter in Verbindung bringen. Zweitens schließt sie häufig Menschen, die zu Unrecht verdächtigt wurden, als Täter aus. Und drittens kann die Polizei auf Massentests zurückgreifen. Das alles hat dazu geführt, dass der genetische Fingerabdruck aus der modernen Polizeiarbeit nicht mehr wegzudenken ist. Das Verfahren wurde vielfach verbessert, aber im Grunde arbeiten die Wissenschaftler bei der Polizei noch immer nach dem Prinzip von Alec Jeffreys.

Die Erbsubstanz von zwei Menschen unterscheidet sich etwa alle 1000 DNA-Bausteine. Dass es solche Varianten gibt, war in den Achtzigern bekannt, das Problem bestand darin, sie sichtbar zu machen. Alec Jeffreys hatte sich überlegt, dass einige der Unterschiede zufällig auch in Sequenzen liegen müssen, die die Schnittenzyme erkennen. Das Enzym EcoR1 wurde ja schon erwähnt. Diese Restriktionsendonuklease schneidet immer in der Sequenz »GAATTC«. Ist die Folge bei einer Person zu »GACTTC« verändert, greift EcoR1 an dieser Stelle nicht zu und die Doppelhelix bleibt intakt. Wenn die Erbsubstanz also mit einem Enzym wie EcoR1 verdaut wird, dann bilden sich von Mensch zu Mensch unterschiedlich viele und unterschiedlich lange DNA-Abschnitte, je nachdem, wie viele »GAATTC«-Sequenzen in der DNA verborgen sind. Allerdings ist es schwierig, die Millionen von Bruchstücken zu analysieren. Deshalb hat Alec Jeffreys die Mischung zunächst auf einem Elektrophorese-Gel aufgetrennt und dann nur einige wenige Moleküle mithilfe einer DNA-Probe angefärbt. Für jede Kombination aus Schneideenzym und DNA-Probe ergibt sich jeweils nur ein Strich auf dem Gel, der an unterschiedlichen Stellen liegen kann, je nachdem ob die Schnittsequenz nun verändert ist, oder nicht. RFLP-Analyse (Restriktions-Fragment-Längen-Polymorphismen) nennt sich Alec Jeffreys' Methode, für die der Genetiker mit dem renommierten Lasker-Preis ausgezeichnet wurde. Natürlich tritt ein einzelner RFLP, also eine einzige Veränderung von »GAATTC« zu »GACTTC«, bei vielen Menschen auf. Analysiert man aber eine ganze Reihe von RFLPs, kann eine DNA-Probe mit hoher Wahrscheinlichkeit einer einzigen Person zugeordnet werden. Heute verwenden die Polizeiforscher statt der RFLPs meist short tandem repeats (STR), DNA-Abschnitte, in denen sich kurze Sequenzen immer wiederholen. Die Kopienzahl unterscheidet sich von Mensch zu Mensch. Werden zwölf bis 15 solcher Genorte überprüft, liegt die Sicherheit der Zuordnung von Spur und Täter bei eins zu zehn Milliarden, das heißt, jeder Mensch auf dem Globus hat einen unterschiedlichen genetischen Fingerabdruck. Die einzige Ausnahme sind eineiige Zwillinge, deren Erbgut ja identisch ist.

Führend in der DNA-Analyse ist der Forensic Science Service, der britische rechtswissenschaftliche Dienst, der auch schon am Fall Pitchfork beteiligt war. Der FSS, der unabhängig von der Polizei arbeitet, entwickelt die Methoden kontinuierlich weiter. Ein entscheidender Fortschritt war die Einführung der Polymerase-Ketten-Reaktion. Mithilfe der PCR gelingt es, auch aus einigen wenigen Zellen verlässlich einen genetischen Fingerabdruck abzuleiten. Der Speichel an einer Zigarettenkippe, die Hautzelle in einem Fingerabdruck, ein einzelnes Haar – alles wird zur Spur. Inzwischen haben die Verbrecher aber dazugelernt. Vergewaltiger benutzen Kondome und die Rauchpause wird nur noch selten am Tatort eingelegt. Unverzichtbar ist der genetische Fingerabdruck für die Aufklärung lange zurückliegender Straftaten. DNA ist relativ stabil, in angetrockneten Blut- oder Spermaspuren hält sie sich über viele Jahre. Bekannt wurde der Fall von Mary Gregson, die 1977 in Yorkshire vergewaltigt und ermordet wurde. Die Polizei vernahm mehr als 8500 Personen, ohne den Täter zu finden. 20 Jahre später untersuchte der FSS die Spuren noch einmal mit neuen Methoden und fand einige wenige Spermien, aus denen sich ein DNA-Profil ableiten ließ. Mit seiner Hilfe konnte der Täter überführt und verurteilt werden. Umgekehrt hat der genetische Fingerabdruck auch viele unschuldig Verurteilte rehabilitiert. Unter den Ersten, die von der neuen Methode profitierten, war der Kanadier David Milgard. Er war wegen Vergewaltigung und Mordes zu lebenslanger Haft verurteilt worden. 20 Jahre später konnte der FSS anhand alter Samenspuren nachweisen, dass Milgard unschuldig war. Das DNA-Profil führte die Polizei mit jahrzehntelanger Verspätung auch noch zum wahren Mörder. Der hatte im Zusammenhang mit anderen Straftaten eine Speichelprobe abgeben müssen und konnte so überführt werden. Solche Fehlurteile werden nur selten aufgedeckt. In den USA gründeten deshalb die Anwälte Barry Scheck und Peter Neufeld 1992 das New Yorker Innocent Project (Projekt Unschuld). Der Verein untersucht zweifelhafte

Verurteilungen, sein wichtigstes Werkzeug ist dabei der genetische Fingerabdruck. Bisher wurden 176 Unschuldige entlastet, 14 von ihnen saßen in der Todeszelle und wären ohne die Hilfe des Innocent Project vielleicht hingerichtet worden.

Am auffälligsten und wohl auch am problematischsten ist der Einsatz des genetischen Fingerabdrucks bei Massentests. Wenn klassische Ermittlungsverfahren nicht mehr weiterhelfen, versucht die Polizei den Täter in einem Netz aus DNA zu fangen, stellt dabei aber erst einmal eine große Gruppe von Menschen unter Generalverdacht. Die bislang umfangreichste Fahndung dieser Art in Deutschland fand nach dem Mord an der elfjährigen Christina Nytsch statt. Das Mädchen aus Ramsloh bei Cloppenburg kam 1998 nicht aus dem Schwimmbad zurück, fünf Tage später wurde ihre vergewaltigte und verstümmelte Leiche entdeckt. Die Polizei fand DNA-Spuren und forderte 18 000 Männer aus der Region auf, »freiwillig« eine Speichelprobe abzugeben. Nach Tagen konnte das LKA-Berlin die Probe 3889 den Spuren zuordnen. Der Täter, der Familienvater Ronny Ricken, wollte an dem Massentest erst nicht teilnehmen, wurde aber von zwei Freunden aufgefordert, mitzukommen. Um sich nicht verdächtig zu machen, gab er eine DNA-Probe ab. Er gestand nicht nur den Mord an Christina Nytsch, sondern auch noch den an Ulrike Everts zwei Jahre zuvor. Ricken war schon wegen der Vergewaltigung seiner Schwester zu fünfeinhalb Jahren Gefängnis verurteilt worden. Der Fall löste eine Welle der Empörung aus und führte schließlich zur Bildung der deutschen DNA-Analyse-Datei.

Mörderjagd in Datenbanken

Erst in solchen Datenbanken entfaltet der genetische Fingerabdruck sein volles Potenzial. Er kann dann nämlich nicht nur zum Vergleich einer Spur mit einem schon ermittelten Verdächtigen eingesetzt werden, sondern zur Identifizierung gänzlich unbekannter Täter. Einzige Voraussetzung: Der Betreffende muss schon zuvor einmal mit dem Gesetz in Konflikt geraten sein. Nach heutiger Rechtslage wäre der genetische Fingerabdruck von Ronny Ricken bereits nach der ersten

Vergewaltigung gespeichert worden. Nach dem Mord an Ulrike Everts hätte ihn die Polizei wohl direkt verhaftet und Christina Nytsch könnte noch leben. Dass es sich dabei um mehr als eine leere Spekulation handelt, zeigt der Blick nach Großbritannien. Dort sind in der National DNA Database weit über drei Millionen DNA-Profile erfasst, davon mehr als 500 000 von Jugendlichen unter 16 Jahren. Die Polizei lässt von jedem Verdächtigen eine Speichelprobe analysieren, die Daten bleiben selbst dann gespeichert, wenn später die Unschuld erwiesen wird. Diese Datei ist ein wertvolles Werkzeug der Verbrechensbekämpfung. Wenn die Polizei eine DNA-Spur an einem Tatort findet, besteht eine 40- bis 50-prozentige Chance, dass das Profil bereits in der National DNA Database vorhanden ist. Die Bilanz für das Jahr 2004: Über den genetischen Fingerabdruck konnten 165 Morde geklärt werden, 100 Fälle von versuchtem Mord, 570 Vergewaltigungen, 5600 Diebstähle und 8500 Autodiebstähle. Die deutsche DNA-Analyse-Datei enthält deutlich weniger Einträge. Derzeit sind rund 400 000 genetische Fingerabdrücke gespeichert, sowohl von Verurteilten als auch von Tatortspuren. Die Datenbank hat schon zu vielen Fahndungserfolgen geführt. Als der Modeschöpfer Rudolph Moshammer 2005 in München erdrosselt wurde, konnte die Polizei schon am nächsten Tag einen Verdächtigen präsentieren, der den Mord dann auch gestand. Der Mann hatte

DNA-Prüfung

im Jahr zuvor im Zusammenhang mit Ermittlungen zu einem Sexualdelikt freiwillig eine Speichelprobe abgegeben. Damals hatte sie seine Unschuld erwiesen, ein Jahr später brachte sie ihn hinter Gitter. Eine freiwillige DNA-Probe kann die Polizei abnehmen, für einen zwangsweisen Abstrich der Mundschleimhaut gelten dagegen hohe Hürden. Das Bundesverfassungsgericht betrachtet die genetische Analyse als einschneidenden Eingriff in die Persönlichkeitsrechte. Deshalb muss sie von einem Richter angeordnet werden. Eine dauerhafte Speicherung ist nur gestattet, wenn es um eine Straftat von erheblicher Bedeutung geht und wenn Grund zur Annahme besteht, dass erneut Strafverfahren zu erwarten sind. Straftaten von erheblicher Bedeutung sind zum Beispiel Mord und Vergewaltigung aber auch organisierte Kriminalität, unter die zum Beispiel Raubserien fallen können.

Der genetische Fingerabdruck führt aus Sicht der Datenschützer zu einer bedenklichen Veränderung der polizeilichen Praxis. Besonders die Massentests betrachten sie mit Sorge. Dabei wird schließlich die Unschuldsvermutung außer Kraft gesetzt. Wer von seinem guten Recht, keine DNA-Probe zu liefern, Gebrauch macht, gilt sofort als verdächtig und gibt damit der Polizei einen Anlass, beim Richter einen Zwangstest zu verlangen. Der normale Fingerabdruck wurde nie so wahllos eingesetzt.

Den Opfern Namen geben

Der Angriff auf das World Trade Center, der Tsunami in Südostasien, Massengräber im ehemaligen Jugoslawien. Katastrophen, bei denen die Rettungsmannschaften neben wenigen Überlebenden vor allem Leichen und Leichenteile bergen mussten. Hunderte, manchmal Tausende entstellte Körper, die sich über ein Foto des Gesichtes kaum wiedererkennen lassen. Die Hinterbliebenen fragen aber verzweifelt: Wo ist mein Mann, meine Frau, mein Kind? Ohne einen Körper findet ihre Trauer kein Ziel, können sie den Verlust oft nicht akzeptieren. Die Rechtsmediziner versuchen zu helfen, vergleichen Zahnstellung und Fingerabdrücke, fahnden nach verheilten Knochenbrüchen oder auffälligen Tattoos. Oft helfen diese klassischen Identifizierungsmöglichkeiten aber nicht weiter. Deshalb setzen die Rechtsmediziner verstärkt auf den genetischen Fingerabdruck. Allerdings ist die Analyse aufwändig und kann nur gelingen, wenn Vergleichs-DNA vorhanden ist. Die New Yorker wurden deshalb nach den Terroranschlägen vom 11.9.2001 aufgerufen, Zahnbürsten, Kämme oder ähnliche Gegenstände zur Verfügung zu stellen, die Zellen der Vermissten enthalten könnten. In der Gerichtsmedizin wurden dann von den Überresten der Verstorbenen und den Vergleichsproben über 60 000 genetische Fingerabdrücke abgeleitet. Zum Teil gelang es so, 200 Leichenteile einem einzigen Körper zuzuordnen und den Opfern dadurch ihre Namen zurückzugeben. Von den über 2700 Getöteten konnten mehr als 1600 identifiziert werden, der Großteil dank der DNA-Analyse. Die Knochen, die sich niemandem zuordnen ließen, werden im Ground Zero Memorial eingelagert. Hier können Hinterbliebene trauern, deren Verwandte nicht identifiziert wurden. Nicht nur in New York, auch in Thailand und dem ehemaligen Jugoslawien hat man Datenbanken aufgebaut, um mit dem genetischen Fingerabdruck die Opfer und die Angehörigen wenigstens an einem Grab zusammenzuführen.

Kuckuckskinder

Eine Zeit lang stieß man in der Berliner U-Bahn ständig auf Anzeigen diverser genetischer Institute. Ihre Zielgruppe waren nicht etwa Patienten mit Erbkrankheiten, sondern Väter. Für gerade einmal 100 bis 200 Euro sollten sie die Sicherheit erwerben, dass ihr Kind auch wirklich ihr Kind ist und zwar mithilfe der Genetik. Die hat schon immer Hinweise gegeben. Ein blondes Elternpaar wird kaum ein Kind mit einem schwarzen Schopf zeugen (andersherum schon, denn blonde Haare vererben sich rezessiv), aber in vielen Fällen kann man dem Nachwuchs die Abstammung nicht ansehen. Wen also nagende Zweifel plagen, der muss auf die Verfahren der Gentechnik setzen, vor allem auf den genetischen Fingerabdruck. Die RFLPs und STRs werden getreu nach den Gesetzen Mendels vererbt. Aus diesem Grund lassen sich ja auch Straftäter über DNA-Profile ihrer Verwandten identifizieren. Wenn im Kind nun Muster zu erkennen sind, die weder vom Vater noch der Mutter stammen, dann ist etwas faul im Stammbaum. So weit die technische Seite, die funktioniert und liefert verlässliche Resultate. Problematisch ist der Bereich vor und nach dem Test. Vorab muss die DNA-Probe schließlich besorgt werden. Einige der genetischen Institute geben auf ihren Webseiten dezente Hinweise, wie Mann an das Erbgut des Kindes kommen kann: »Das geht in der Regel mit: Mundhöhlenabstrichen, Blut (flüssig oder getrocknet), Taschentüchern, Zahnbürsten, Schnullern, Kaugummi, Haaren mit Wurzeln« (www.dnanalytix.de) Wer aber nicht einfach einen Abstrich machen kann, sondern auf DNA-Reste auf Schnullern oder Kaugummis angewiesen ist, macht den Test ganz offensichtlich nicht im Einverständnis mit der Mutter. Das wissen natürlich auch die Testinstitute, aber sie müssen sich rechtlich den Rücken frei halten. Deshalb finden sich in den Verträgen immer Formulierungen wie: »Der Auftraggeber versichert, dass die Teilnahme am Test durch alle Beteiligten freiwillig erfolgt.« (www.dna-control.de) Schließlich hat der Bundesgerichtshof 2005 in einem Urteil zu den Vaterschaftstests entschieden, dass die Untersuchung des genetischen Materials eines anderen Menschen ohne dessen ausdrückliche Zustimmung gegen das Grundrecht auf informationelle Selbstbestimmung verstößt. Das gilt auch für Kinder, ihr Schutzanspruch braucht nicht hinter dem Interesse des als Vater geltenden Mannes zurückzustehen. Im geplanten Gendiagnostikgesetz soll das heimliche Beschaffen und Analysieren von DNA-Proben sogar unter Strafe gestellt werden.

Wenn die Proben, auf welchen Wegen auch immer, gesammelt und abgeschickt sind, muss der Mann sich etwas gedulden, dann erhält er das Resultat per Post. Mit dem Ergebnis wird er allein gelassen. Vor Gericht wird ein illegaler Vaterschaftstest nicht anerkannt. Wie auch immer der Mann sich nach einem negativen Vaterschaftstest entscheidet, Konflikte in der Familie sind vorprogrammiert. Wer einen Vorgeschmack bekommen will, hat dazu häufig im Fernsehen Gelegenheit: »Der Vaterschaftstest – Heute kommt die Wahrheit ans Licht«, »DNA-Schock: Die verblüffendsten Vaterschaftstests in meiner Show«, »Vaterschaftstest – Warum glaubst du mir nicht?«, so lauten die Titel der Sendung. Das Thema Vaterschaft taucht immer wieder auf in den nachmittäglichen Bekenntnis-Talkshows, es muss sich demnach um ein heißes Eisen handeln – die Fernsehsender leben davon genauso wie die Testinstitute.

Der Blick in die genetische Kristallkugel

Zeitbomben im Genom

Beim genetischen Fingerabdruck analysieren die Rechtsmediziner DNA-Sequenzen, die nichts weiter bedeuten. Sie unterscheiden sich von Mensch zu Mensch und eignen sich gut zur Identifizierung, ähnlich wie der sinnlose Strichcode auf einer Konservendose. Die Zutatenliste auf der Dose dagegen enthält die relevanten Informationen, sie ist damit relativ festgelegt. In einer Hühnersuppe findet sich immer Fleisch, Salz, Gemüse und meist Glutamat. Trotzdem schmecken die Suppen verschiedener Hersteller unterschiedlich, der eine würzt intensiver, der andere gibt mehr Hühnchen zu. In solchen Details verbergen sich die entscheidenden Informationen. Und nach denen, um von den Suppen zu den Menschen zurückzukehren, suchen die Humangenetiker. Sie interessieren sich für die kleinen Fehler im Erbgut, die das ganze Rezept durcheinanderbringen und so zu Krankheiten führen. Die häufigste Anwendung ihrer Erkenntnisse: ein medizinischer Gentest. Es gibt heute über 900 unterschiedliche Tests, dreimal so viele wie noch 2002. Auch die Zahl der durchgeführten genetischen Untersuchungen steigt steil an. In den Industrieländern der OECD wurden im Jahr 2000 875 000 Gentests, durchgeführt, 2002 waren es schon 1,4 Millionen.

Wichtigste Anwendung ist die Diagnose von Erbkrankheiten. Über 4000 solcher Zeitbomben im Genom sind in der OMIM-Datenbank (Online Mendelian Inheritance in Man) verzeichnet.

Auch wenn sie nur relativ wenige Menschen betreffen, stehen sie doch schon lange im Fokus der Forschung. Der Grund lautet schlicht: Sie lassen sich gut analysieren. Wenn sich eine Krankheit klar durch einen Stammbaum verfolgen lässt, dann liegt ihr meist ein Defekt in nur einem Gen zugrunde, damit hat die wissenschaftliche Spurensuche im Genom ein klares Ziel. Die Veränderung wird zudem getreu nach den Regeln Mendels vererbt, das erleichtert die Fahndung enorm. Dabei unterscheiden die Genetiker drei Fälle: Beim dominanten Erbgang reicht schon eine defekte Genkopie aus, um die Krankheit auszulösen. In diesem Fall tritt die Krankheit in jeder Generation auf, die Kinder kranker Eltern haben ein Risiko von 50 Prozent, selbst zu erkranken. Bei der rezessiven Vererbung (rezessiv bedeutet zurücktretend) treten dagegen erst dann Symptome auf, wenn beide Kopien eines Gens defekt sind. In der Bevölkerung gibt es viele gesunde Merkmalsträger, bei denen nur das eine Gen mutiert ist. Erst wenn zwei dieser Merkmalsträger zufällig zusammentreffen und Kinder bekommen, erkrankt ein Viertel ihrer Nachkommen. Der dritte Erbgang betrifft Gene auf dem weiblichen Geschlechtschromosom. Frauen haben zwei X-Chromosomen, ein Gendefekt wird deshalb meist ausgeglichen. Die Söhne dieser gesunden Merkmalsträgerinnen haben aber ein 50-prozentiges Risiko, zu erkranken. Erben sie das defekte X-Chromosom, fehlt ihnen ja ein Gegenstück, das den Defekt ausgleichen könnte.

Erbkrankheiten werden nicht erst im Zeitalter der DNA untersucht. Schon ein Blick in den Familienstammbaum kann einem Arzt wertvolle Hinweise liefern. In den Industrienationen werden auch alle Neugeborenen auf eine ganze Reihe von Erbkrankheiten getestet. Dazu wird ein Tropfen Blut auf eine sogenannte Guthrie-Karte getropft und analysiert. Auf diese Weise lassen sich zum Beispiel Stoffwechseldefekte wie die Phenylketonurie feststellen. Unbehandelt führt diese Erbkrankheit zu schweren geistigen Behinderungen, die sich aber durch eine strenge Diät ohne die Aminosäure Phenylalanin, verhindern lassen. Auch Erbkrankheiten sind kein unabänderliches Schicksal, manchmal können sie die Ärzte erfolgreich behandeln.

Derzeit sind die genetischen Ursachen für knapp die Hälfte der Erbleiden bekannt. Für die Forscher ist das immer spannend, den Patienten hilft die Erkenntnis aber nur in seltenen Fällen weiter. Das ist ein generelles Problem der molekularen Medizin. Vom Verständnis einer Krankheit bis zu ihrer Heilung ist es meist ein langer Weg. Die einzige direkte Anwendung eines neu gefundenen Gens ist nur der entsprechende Test, und das ist eine zweischneidige Sache.

Bei der Huntington-Krankheit verkümmert nach und nach ein Bewegungszentrum des Gehirns. Zwischen dem 35. und dem 45. Lebensjahr beginnen die Patienten langsam die Kontrolle über ihren Körper zu verlieren. Anfangs lassen sich die Zuckungen noch tarnen, ein Aufschießen des Armes in ein Zurückstreichen der Haare weiterleiten. Später schleudern Arme und Beine unwillkürlich, verzerrt sich das Gesicht zu

Grimassen. 15 bis 20 Jahre geht das so, bis ein früher Tod das Leiden beendet. Die Ärzte können die Symptome etwas lindern, der Krankheitsverlauf lässt sich aber nicht aufhalten. Die Huntington-Krankheit ist ein besonders perfides Leiden, weil sie einem dominanten Erbgang folgt. Statistisch wird die Hälfte der Kinder der Betroffenen ebenfalls erkranken und sie wissen meist genau, was auf sie zukommen wird. Sie können den unaufhaltsamen Verfall an der eigenen Mutter oder dem eigenen Vater beobachten.

Seit 1993 ist die Ursache der Huntington-Krankheit bekannt: Ein Gen auf Chromosom vier ist verändert. Die Kinder und auch die Geschwister der Huntington-Patienten stehen vor einer schwierigen Entscheidung: Testen lassen oder nicht? Erkrankt ein Elternteil an der Chorea Huntington, müssen die Kinder nicht nur den zunehmenden Verlust der Kontrolle mit ansehen und sich vielleicht um die Betreuung kümmern, sie leben auch mit der Angst vor der Krankheit. Der Gentest verspricht Sicherheit: Haben sie die Genveränderung nicht geerbt, brauchen sie sich keine Sorgen mehr zu machen. Auf der anderen Seite enthüllt ein positiver Test unerbittlich, wie die eigene Zukunft aussehen wird. Ein Wissen, mit dem sich schwer leben lässt. Vor jedem genetischen Test muss deshalb eine ausführliche genetische Beratung stehen, in der sich der Betroffene mit allen möglichen Konsequenzen vertraut macht. Dabei kommt auch zur Sprache, dass nicht nur die getestete Person selbst mit dem Ergebnis zurechtkommen muss. Gene werden vererbt. Wenn in einer Familie der Großvater erkrankt ist und sich der Enkel testen lässt, dann erfährt auch das Elternteil in der Zwischengeneration seinen Genstatus. Ein Gespräch in der Familie über den Test ist deshalb unerlässlich. Nach einer ausführlichen Beratung verzichten die meisten Kinder und Enkel von Huntington-Patienten auf den Test. In den USA lassen sich nur 15 bis 17 Prozent der Angehörigen untersuchen, in Deutschland liegen die Zahlen niedriger. Vor allem Menschen, die vor einer wichtigen Entscheidung stehen, Heirat, Kinderwunsch, Berufswahl, wollen ihren Genstatus erfahren. Wenn es einen solchen konkreten Anlass für den Test gibt, wird ein positiver Befund eher verkraftet, als wenn der Betroffene nur ganz allgemein Sicherheit über seine Zukunft wollte.

Nicht jeder Gentest ist so umstritten, wie der für die Huntington-Krankheit. Bei der familiären Form des Dickdarmkrebses gehört die DNA-Untersuchung inzwischen zum Standard. Ärzte kennen die Krankheit unter dem Namen Familiäre adenomatöse Polyposis (FAP). Die Krankheit wird wie die Chorea Huntington dominant vererbt, das heißt, die Hälfte der Kinder der Patienten müssen selbst damit rechnen, zu erkranken. Ab dem zehnten Lebensjahr bilden sich in ihrem Darm Hunderte kleine, zunächst gutartige Wucherungen. Fast mit Sicherheit wird einer dieser Polypen im Laufe des Lebens bösartig, beginnt sich auszubreiten und Tochtergeschwülste in andere Körperregionen zu streuen. In diesem Stadium ist eine Heilung schwierig. Wenn die Patienten aber um ihr Risiko wissen, können sie regelmäßig ihren Dickdarm untersuchen und die Polypen entfernen lassen. Auch die komplette Entfernung des Dickdarmes ist eine Alternative. Auf diesem Weg lässt sich auch beim Vorliegen des FAP-Gendefekts eine normale Lebenserwartung erreichen. Ein Gentest kann hier die Entscheidung erleichtern.

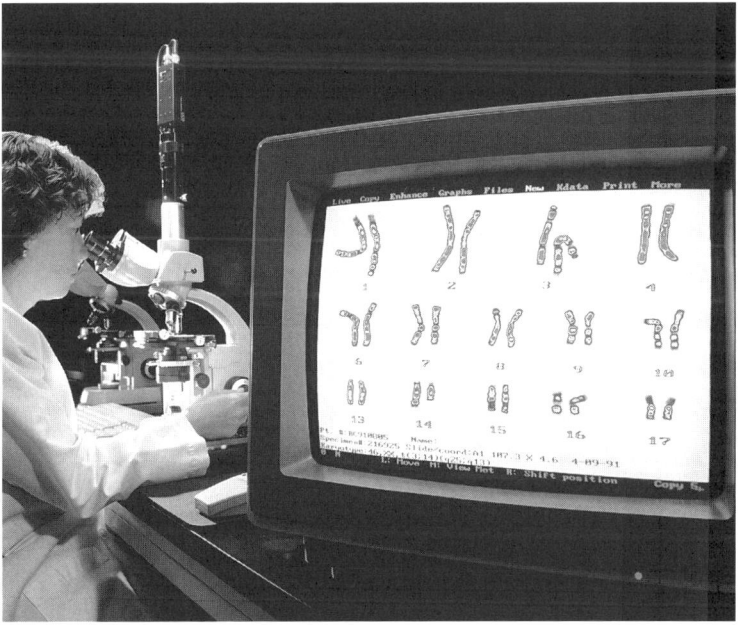

Chromosomen-Untersuchung

Die klassischen Erbkrankheiten gehen auf die Veränderung in einem Gen zurück, das heißt aber nicht, dass hier eine einzelne Mutation ein Schicksal bestimmen würde. Es gibt immer weitere Gene und vor allem Umweltfaktoren, die die Schwere des Leidens beeinflussen. Ein gutes Beispiel ist die Mukoviszidose. Bei dieser Erbkrankheit ist der Schleim in den Lungen zäh, ein idealer Nährboden für Bakterien, die Patienten haben häufig mit gefährlichen Infektionen zu kämpfen. Auch ihre Darmfunktion ist gestört, im Kindesalter haben sie deshalb oft Wachstumsverzögerungen. Früher starben die Menschen mit einer Mukoviszidose meist schon im jungen Erwachsenenalter. Durch eine verbesserte Therapie, vor allem das regelmäßige Abklopfen der Lungen, eine optimierte Ernährung, Antibiotika und Verdauungsenzyme in Pillenform liegt die durchschnittliche Lebenserwartung heute bei über 30 Jahren und steigt weiter deutlich an. Obwohl die Mutationen gleich geblieben sind, hat sich das Bild der Krankheit also grundlegend verändert. 1989 wurde die Ursache der Mukoviszidose entdeckt, eine Mutation im CFTR-Gen. Diese Erbanlage ist an der Regulation des Salzhaushalts der Zellen beteiligt und beeinflusst darüber auch die Schleimbildung in verschiedenen Drüsen. Die 1989 entdeckte Mutation (delta F508) ist für fast 80 Prozent der Mukoviszidose-Fälle verantwortlich. Inzwischen sind aber über 1000 weitere Veränderungen im CFTR-Gen beschrieben worden, bei manchen Patienten ist der Krankheitsverlauf sehr schwer, andere leiden nur unter Verdauungsstörungen. Eine häufige Mutation nennt sich 5T. Für sich genommen verursacht sie nur leichte Symptome, aber gemeinsam mit einer zweiten, selteneren Mutation namens R117H führt sie zu einem schweren Krankheitsverlauf. Solche Wechselwirkungen zwischen den Genen sind bislang nur wenig erforscht. Sie führen aber dazu, dass ein und dieselbe Mutation bei verschiedenen Menschen unterschiedliche Auswirkungen haben kann. Gentests sind heute unverzichtbar in der Diagnose und auch Vorhersage von Erbkrankheiten, zum Teil können sie auch den Schweregrad der Erkrankung erklären. Aber auch beim Einsatz aller Hightech-Methoden der Gentechnik bleibt immer noch eine Unsicherheit über den Verlauf des Leidens.

DNA-Prognosen

Erbkrankheiten sind ein Schicksalsschlag für die Betroffenen, sie sind interessant für die Genetiker, aber für die Gesundheit der Gesamtbevölkerung spielen sie nur eine geringe Rolle. Die Volkskrankheiten, also die Herz-Kreislauf-Leiden, der Diabetes, die Krebserkrankungen, aber auch die Depression oder der Alkoholismus werden nicht vererbt, sondern erworben. Es sind immer drei Faktoren, die eine herausragende Rolle spielen: Ernährung, körperliche Aktivität und Stress. Sie sind die wichtigsten Auslöser für Beschwerden aller Art und auch der wichtigste Ansatzpunkt für die Therapie. Aber das heißt nicht, dass die Gene keine Rolle spielen. Im Gegenteil, sie haben sogar einen großen Einfluss, viele Studien belegen, dass sie für die Hälfte der Unterschiede in der Anfälligkeit für die Zivilisationskrankheiten verantwortlich sind. Aber sie verursachen diese Leiden nicht direkt, sie legen eher den Rahmen fest, in dem die Umweltfaktoren agieren und sind damit indirekt am Krankheitsgeschehen beteiligt. Niemand wird von den Genen gezwungen, sich mit Junkfood vollzustopfen, aber wenn man sich für den Burger entschieden hat, dann verarbeitet der eine die überflüssigen Kalorien schnell, während der andere sie in Rettungsringen ablagert.

Bei den sogenannten komplexen Eigenschaften mischen sich nicht nur die Einflüsse von Umwelt und Genom, es spielt auch eine Vielzahl von Genen mit hinein. Das alles entscheidende Gen zu finden – für die Zuckerkrankheit, die Depression, den Krebs oder die Herz-Kreislauf-Leiden – diese Hoffnung haben die Forscher längst aufgegeben. Sie suchen nach Dutzenden, wenn nicht Hunderten Erbanlagen, mit jeweils geringen Effekten. Und diese Effekte addieren sich nicht einfach, sie interagieren auf verschlungenen Wegen. Außerdem beeinflusst ein Gen nur selten eine einzige Eigenschaft, meist hat es ein ganzes Bündel von Wirkungen.

Diese komplizierte Gemengelage macht den Einsatz von Gentests bei den Volkskrankheiten schwierig. Statt mit klaren Ursache-Wirkung-Beziehungen, wie bei den klassischen Erbkrankheiten, beschäftigen sich die Wissenschaftler auf diesem Feld mit Korrelationen. Sie stellen keine genetischen Diagnosen, sondern beschreiben kleine Risikofaktoren. Eine bestimmte Variante in einem Fetttransporter löst nicht gleich eine

Herzattacke aus, sie erhöht aber ihre Wahrscheinlichkeit. Die Frage ist, ob die zusätzliche Information auch einen zusätzlichen Nutzen bringt. Schon heute können die Ärzte den allgemeinen Gesundheitszustand über einfache Fragen nach Alter, Geschlecht, Gewicht, Familiengeschichte und einige wenige Untersuchungen, etwa des Blutdrucks oder des Cholesterinwertes, ziemlich gut einschätzen. Ob der Patient dann noch diese oder jene Genvariante trägt, ändert an den Empfehlungen wahrscheinlich wenig.

Trotzdem wird natürlich die genetische Basis der Volkskrankheiten intensiv erforscht. Die Gene sind ein wichtiger Hinweis auf die Krankheitsmechanismen und können damit einen Ansatzpunkt für die Entwicklung von Medikamenten bieten. Ein Gentest von gesunden oder kranken Menschen ist bei den Volkskrankheiten aber nur selten sinnvoll. Einige Wissenschafter hoffen, dass genetische Prognosen zur Vorbeugung motivieren können. Allgemeine Ratschläge, etwa wegen des Blutdrucks weniger Salz aufs Essen zu streuen, fruchten meist wenig. Es hat sich aber herausgestellt, dass es Genvarianten gibt, die den Salzkonsum besonders schädlich machen. Ein Test könnte einerseits die große Mehrheit vom schlechten Gewissen beim Griff zum Salzfass befreien und gleichzeitig die wirklich gefährdete Minderheit motivieren, tatsächlich weniger Salz zu verwenden. Andere Genvarianten können die negativen Auswirkungen der Fettpolster abmildern. Bei gleichem Bauchumfang ist eine Diät also für die einen medizinisch entscheidend, für die anderen eher eine Frage der Kosmetik. Die gezielte Vorbeugung nach einem Gentest: Das Konzept ist attraktiv, seine praktische Umsetzung dürfte allerdings schwer werden. Schließlich haben die mit Waage und Blutdruckmessgerät ermittelten Risikopatienten schon heute große Probleme mit der Umsetzung der guten Ratschläge. Ob sie ein Hinweis aus dem Genom stärker motiviert als ein Blick in den Spiegel, darf wohl bezweifelt werden.

Doch egal wie sinnvoll der Einsatz der Gentests ist, sie werden sicherlich angewandt werden. Auf dem Gesundheitsmarkt lässt sich schon immer gutes Geld auch mit zweifelhaften Mittelchen verdienen. Der Blick in die genetische Kristallkugel ist da sicher gut zu vermarkten. Schon heute kann man Gentests über das Internet in den USA bestellen. Das Angebot ist breit gefächert; es gibt Tests für das persönliche

Krebs-, Herzinfarkt-, Schlaganfall-, Osteoporose- und Allergierisiko. Wer einige Hundert Dollar investiert, bekommt einen sterilen Tupfer zugestellt, mit dem er seinen Mund ausstreichen muss. Dann geht der Tupfer mit den unsichtbaren Schleimhautzellen gut verpackt wieder zurück über den Atlantik und einige Wochen später erhält der Kunde das Ergebnis. Die meisten Internet-Gentests dürften nichts als hoch technische Kaffeesatzleserei sein. Aber weil sie mit dem Gütesiegel »Wissenschaft« vermarktet werden, trauen die Kunden den Ergebnissen. Das aber ist gefährlich. Wer sich dank seiner Gene für vor Krebs gefeit hält, der wird vielleicht nicht zur Vorsorgeuntersuchung gehen. Und wer ein hohes Herz-Kreislauf-Risiko bescheinigt bekommt, der verzichtet möglicherweise auf gesunde Ernährung, weil er sich sowieso für den Infarkttod bestimmt glaubt.

Klare Diagnose

Der Einsatz von Gentests zur Prognose künftiger Krankheiten mag umstritten sein, in der Diagnose bestehender Krankheiten haben sie sich schon bewährt. Hier werden Genchips eingesetzt, kleine Plättchen, auf denen in einem engen Raster Proben für Tausende von Genen aufgebracht sind. Dicht wie die Grashalme im Rasen stehen die kurzen DNA-Schnipsel auf der Oberfläche des Chips, ein Computerprogramm hat genau verzeichnet, an welcher Stelle welche Probe befestigt wurde. Die DNA oder RNA aus dem kranken Gewebe wird mit einem Farbstoff markiert und dann auf den Chip gegeben. Passende Sequenzen binden ihre Gegenstücke unter den Proben entsprechend den Regeln der Basenpaarung. Nach einem Spülgang ist auf dem Chip beim Blick durchs Mikroskop ein buntes Punktemuster zu sehen. Der Computer misst die Farbintensität und kann daraus berechnen, welche Sequenzen in welcher Menge in dem Gewebe vorhanden waren.

Es gibt eine Vielzahl von Genchips. Die ersten, die in der klinischen Praxis eingesetzt wurden, konnten verschiedene Bakterien oder Virenarten auseinanderhalten. Statt die Erreger langwierig zu vermehren und dann im Mikroskop zu identifizieren, kann so ein Genchip dem Arzt schon innerhalb von Stunden verraten, mit welchem Widersacher er es zu tun hat. Und damit nicht genug, die Chips erkennen auch Resistenzgene.

So weiß der Arzt schon vorab, welches Medikament er erst gar nicht einsetzen muss und greift sofort zu einer Erfolg versprechenden Therapie. Auch für die HIV-Behandlung wurden Genchips entwickelt, mit denen sich die beste Medikamentenkombination schnell ermitteln lässt. Die Krebsdiagnostik ist das zweite wichtige Anwendungsfeld der Genchips. Das Ziel der Ärzte: Die Therapie auf den Tumor maßzuschneidern. Für viele Patienten enthüllt ein solcher Genchip eine bittere Wahrheit: Die Standardtherapie wird ihnen nicht helfen. Oft gibt es aber keine alternative Behandlungsform. Der Genchip zwingt die Mediziner also zuzugeben, dass sie den Patienten nicht mehr helfen können. Trotzdem machen die Tests Sinn, sie können den Patienten immerhin die sinnlosen Nebenwirkungen ersparen. Das Deutsche Krebsforschungszentrum hat solche Chips für bestimmte Blutkrebsformen und den Brustkrebs entwickelt. Genchips sind eine hoch technisierte Form der Erfahrungsmedizin, die Ärzte beobachten einfach die Beziehung zwischen dem Aktivitätsmuster der Gene und dem Verhalten des Tumors, ohne wirklich zu verstehen, warum ausgerechnet diese Gene aussagekräftig sind. Es gibt aber auch Gentests, die ganz gezielt nach bestimmten molekularen Veränderungen suchen. Beim Brustkrebs ist vor allem das her2-Gen interessant, das das Wachstum des Krebses beschleunigt. Die durchschnittliche Überlebenszeit bei Brustkrebs beträgt etwa sieben Jahre (hierbei handelt es sich um eine rein statistische Größe, viele Frauen sterben früher, andere werden dagegen völlig geheilt). Patientinnen mit überaktivem her2 haben schlechtere Aussichten, ihnen bleiben statistisch drei Jahre. Mit einer Therapie, die gezielt das her2-Protein mit dem Antikörper Herceptin blockiert, lässt sich die Lebenserwartung der Frauen auf etwa fünf Jahre steigern. Das ist noch keine Heilung, aber ein wichtiger Fortschritt in der Therapie. Die anderen Patientinnen dagegen profitieren nicht von Herceptin. Ähnliche Tests, die genau auf den Wirkmechanismus eines Medikaments abgestimmt sind, gibt es auch für eine Form des Lungenkrebses und einen Blutkrebs. Gentests helfen den Onkologen nicht nur bei der Wahl der Therapie, sondern auch bei deren Überwachung. Genproben entdecken schon winzige Mengen an Krebszellen. Damit können die Ärzte einen Rückfall schnell erkennen und versuchen, ihn mit einer erneuten Therapie in den Griff zu bekommen.

In Zukunft sollen nicht nur Krebspatienten von den Gentests profitieren. Viele Arzneimittelunternehmen forschen auf dem Feld der Pharmakogenomik, suchen nach Genvarianten, die Nebenwirkungen von Medikamenten vorhersagen können. Die unerwünschten Effekte der Pillen und Spritzen sind ein oft unterschätztes Problem. In Deutschland werden jedes Jahr über 100 000 Menschen wegen Medikamentennebenwirkungen in die Krankenhäuser eingeliefert, bis zu 8000 sterben daran. Das liegt vor allem an Varianten in den Entgiftungsenzymen der Leber. Es gibt viele dieser Enzyme, die man unter der Bezeichnung Cytochrome P-450 zusammenfasst. Sie sind an der Aktivierung und dem Abbau vieler Medikamente beteiligt, vom Schmerzmittel über Antidepressiva und Neuroleptika bis zu den Betablockern. Es gibt schnelle und eher langsame Formen dieser Enzyme. Die trägen Varianten lassen die Wirkstoffe lange im Blut, hier kommt es manchmal zu gefährlichen Überdosierungen. Arbeiten die Cytochrome P-450 aber sehr eifrig, wird das Medikament ausgeschieden, bevor es überhaupt einen Effekt haben kann. Diese Menschen benötigen dann deutlich höhere Dosierungen. Verschiedene Unternehmen bieten Genchips an, mit denen sich die wichtigsten Varianten von Cytochrom P-450 und einige andere Gene aus dem Medikamentenstoffwechsel untersuchen lassen. Für die Pharmafirmen ist das eine zweischneidige Sache. Wenn ihre Pillen nicht mehr an jedermann, sondern nur an ausgewählte Gruppen verschrieben werden, sinkt automatisch der Absatz. Vielleicht lassen sich aber auch höhere Preise erzielen für Medikamente, die dank Gentest keine Nebenwirkungen haben. Letztlich wird weniger der medizinische Nutzen als die Bilanz aus Kosten und Gewinn bestimmen, wie viel individualisierte Medizin den Patienten tatsächlich angeboten wird.

Screening – die Bevölkerung im Blick der Genetiker

2001 lud die Kaufmännische Krankenkasse ihre Mitglieder ein, am ersten medizinischen Massengentest in Deutschland teilzunehmen. Jeder sollte seine DNA vorsorglich untersuchen lassen, auch wenn er oder sie keinerlei Beschwerden verspürte. Der Test suchte nach der Mutation, die die Eisenspeicherkrankheit auslöst, die Hämochromatose. Wenn beide Kopien des HFE-Gens defekt sind, wird das Spurenelement verstärkt über den Darm aufgenommen und sammelt sich im Körper an. Statt der normalen vier bis fünf Gramm enthält er bis zu 80 Gramm des Metalls. Die Patienten fühlen sich müde und abgeschlagen, der Bauch und die Gelenke schmerzen, manche leiden unter Haarausfall oder Impotenz. Das sind unspezifische Beschwerden, die viele Ursachen haben können, an die Hämochromatose wird dabei nur selten gedacht. Das aber ist gefährlich, auf Dauer schädigt die Eisenüberladung die Organe, vor allem die Leber, das Herz und die Bauchspeicheldrüse. In der Folge entstehen häufig eine Zuckerkrankheit und eine Leberzirrhose, die dann auch eine Organtransplantation nötig machen kann. Insgesamt ist die Lebenserwartung der Patienten deutlich verkürzt. Dabei gibt es eine wirksame Therapie: den Aderlass. Alle drei Monate Blut spenden und das Problem ist behoben, denn mit dem Blut verlässt auch das überschüssige Eisen den Körper. Eine gefährliche Krankheit, die häufig unerkannt bleibt, sich aber über einen Gentest nachweisen und anschließend einfach behandeln lässt. Ideale Voraussetzungen für einen Massentest, ein Bevölkerungs-Screening.

Als die Kaufmännische Krankenkasse und die Medizinische Hochschule Hannover ihre Pläne aber vorstellten, regte sich schnell Protest. Das Modellvorhaben sei ein Einstieg in eine allgemeine genetische Durchleuchtung, befürchteten viele. Außerdem sind die Vorteile eines Screenings so eindeutig nicht. Ein Test, der allen angeboten wird, macht zunächst einmal allen Angst vor einer Krankheit, die die meisten ja gar nicht haben. Außerdem muss man die Vorhersagekraft jedes Diagnoseverfahrens genau prüfen. Das Vollbild der Krankheit mit einer Leberzirrhose und einer Zuckerkrankheit entwickeln nur etwa zwei Prozent der Genträger. Das heißt, ein positiver Gentest liefert manchen Menschen die lang gesuchte Diagnose für ihre Beschwerden, andere macht er zu Kranken auf Abruf. Sie spüren nichts, aber die Perspektive der Hämochromatose wird immer präsent sein. Natürlich wissen weder Arzt noch Patient vorab, wer schwere Symptome entwickeln wird. Deshalb ist bei einem positiven genetischen Befund eine Kontrolle der Eisenwerte im Blut und gegebenenfalls eine regelmäßige Blutspende oder der therapeutische Aderlass sinnvoll.

Trotz der Bedenken begann der Modellversuch Hämochromatose-Screening. Letztlich gingen knapp 4000 Versicherte zum Hausarzt und ließen sich Blut abnehmen, das dann in Hannover untersucht wurde. In der Bevölkerung ist also durchaus ein Interesse an einem Gentest vorhanden, es ist aber nicht überwältigend groß. Unter den 34 neu diagnostizierten Personen zeigten 23 deutlich erhöhte Eisenwerte im Blut, bei acht fanden sich bereits Anzeichen für Organschädigungen. Ohne den Massentest hätten sie wohl keine Aderlassbehandlung begonnen. Aus ärztlicher Sicht, so meinen die Forscher an der Medizinischen Hochschule Hannover, ist das erste genetische Massen-Screening in Deutschland damit positiv zu bewerten. Die »Nebenwirkungen« des Gentests, also zum Beispiel eine Verängstigung der Teilnehmer, spielte kaum eine Rolle. 95 Prozent gaben später an, dass die Entscheidung für den Gentest richtig gewesen sei. Diese hohe Rate der Zustimmung fand sich sowohl bei den positiv wie bei den negativ Getesteten. Die Kaufmännische Krankenkasse sieht in dem Modellversuch Hämochromatose-Screening einen großen Erfolg und möchte, dass dieser Gentest für die Allgemeinbevölkerung in die Kassenleistungen aufgenommen wird, ähnlich wie schon in Australien und Teilen der USA.

Statt die ganze Bevölkerung zu untersuchen, können sich die Ärzte auch gezielt an bestimmte Risikogruppen wenden. Dieser Ansatz eines begrenzten Screenings wird zum Teil im Rahmen der vorgeburtlichen Diagnostik angewandt oder auch bei der Partnerwahl. Bekannt ist das Beispiel der Tay-Sachs-Krankheit, ein schweres Erbleiden, das besonders häufig unter aschkenasischen Juden auftritt. Die Kinder entwickeln sich zunächst normal, doch nach etwa einem halben Jahr treten Probleme auf. Ihre körperlichen und geistigen Fähigkeiten verschlechtern sich wieder, sie werden taub und blind, verlernen zu schlucken, bewegen sich kaum noch. Die Ärzte können den Verfall nicht aufhalten, meist sterben die Kinder noch vor dem fünften Geburtstag. Ursache der Tay-Sachs-Krankheit ist eine Mutation im HEXA-Gen, die dazu führt, dass die Nervenzellen mit Fetten verstopfen. Es handelt sich um ein rezessives Erbleiden, das heißt, es tritt nur auf, wenn beide Kopien des Gens defekt sind. Menschen mit nur einer Mutation sind völlig gesund, unter den Aschkenasim ist jeder Dreißigste so ein unauffälliger Genträger. Wenn zwei Genträger heiraten, wird im Durchschnitt ein Viertel ihrer Kinder erkranken und sterben. Dor Yeshorim, eine Organisation orthodoxer Juden, bietet in Schulen in den USA und in Israel anonyme Gentests für das HEXA-Gen und acht weitere Krankheitsgene an. Das Ergebnis wird nicht mitgeteilt, sondern in einer Datenbank gespeichert. Wenn später zwei Personen heiraten wollen, geben sie gemeinsam ihr persönliches Codewort für die Webseite von Dor Yeshorim ein und erfahren, ob mögliche künftige Kinder durch eine der Krankheiten gefährdet sind. Um gebrochene Herzen zu vermeiden, ist es in vielen jüdischen Gemeinden selbstverständlich, gleich zu Beginn einer Beziehung den »Dor-Yeshorim-Check« zu machen. Dieser Ansatz hat Erfolg. In New York, dem Sitz von Dor Yeshorim, waren die 16 Tay-Sachs-Betten im Jüdischen Krankenhaus in den Siebzigern ständig belegt. Seit 1996 musste die Abteilung aber keinen neuen Patienten mehr aufnehmen. In den ganzen USA wurden 2003 zehn Kinder mit Tay-Sachs geboren, aber keines stammte aus einer jüdischen Familie. In Israel gab es 2003 nur einen Fall und 2004 keinen einzigen. Partner genetisch zu testen und vor bestimmten Beziehungen zu warnen, ist also eine effektive Methode um das Auftreten rezessiver Erbkrankheiten zu verhindern. Das zeigen auch ähnliche Ansätze aus den Mittelmeerländern im Zusammenhang mit den dort häufigen erblichen Blutkrankheiten.

Vorgeburtliche Diagnostik

Der Gentest direkt nach der ersten Verabredung hat sich nur in wenigen Kulturen durchgesetzt. Verbreitet ist dagegen, nicht die künftigen Eltern, sondern den Nachwuchs genetisch zu analysieren. Wenn der Test eine Erbkrankheit nachweist, wird der kranke Fetus nicht behandelt, sondern abgetrieben. Die Gentests können deshalb zu einer Neuauflage der Debatte um die Tötung ungeborenen Lebens führen. Die Neufassung des § 218 von 1992 hat in Deutschland die verschiedenen Lager zwar einander nicht näher gebracht, aber doch immerhin die Diskussion zu einem Abschluss geführt. Danach ist eine Abtreibung zwar verboten, bleibt aber unter bestimmten Voraussetzungen straffrei. Eine Krankheit des Fetus wird nicht explizit erwähnt, eine Abtreibung kann aber erfolgen, »um eine Gefahr für das Leben oder die Gefahr

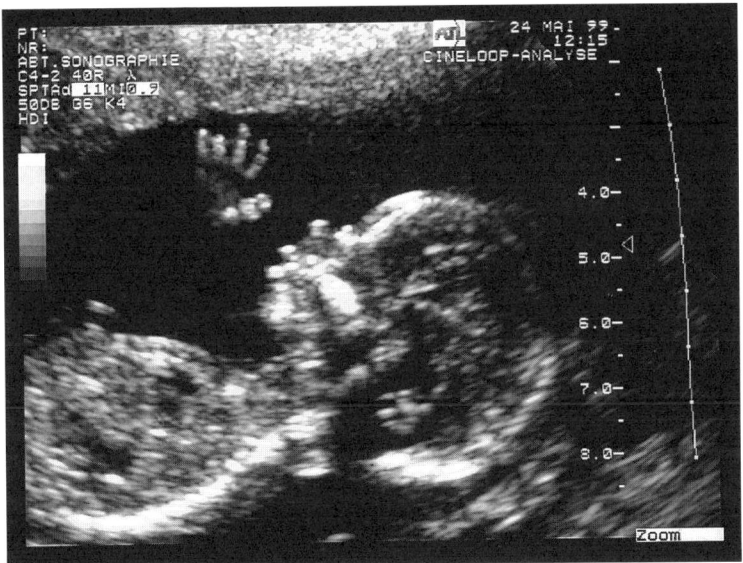

Ultraschallbild eines Embryos

einer schwerwiegenden Beeinträchtigung des körperlichen oder seelischen Gesundheitszustandes der Schwangeren abzuwenden« (§ 218a, (2)). Unter die seelischen Belastungen kann auch das Leben mit einem schwer kranken Kind fallen. Genaue Zahlen gibt es nicht, es wird aber geschätzt, dass etwa drei Prozent aller Schwangerschaftsabbrüche in Deutschland aufgrund der vorgeburtlichen Diagnostik erfolgen. In den meisten Fällen steht also die Situation der Mutter im Vordergrund und nicht die Gesundheit des Kindes.

In der Praxis werden heute alle Feten noch im Mutterleib mithilfe des Ultraschalls untersucht. Wenn sich dabei etwa ein schwerer Herzfehler herausstellt, können die Kinder häufig direkt nach der Geburt operiert und gerettet werden. Ganz besonders sorgfältig halten die Ärzte auch nach Anzeichen für eine Trisomie 21 Ausschau. Wenn bei der vorgeburtlichen Diagnostik ein Downsyndrom erkannt wird, entscheiden sich derzeit etwa 95 Prozent der Frauen für eine Abtreibung. Dabei hat sich das Leben von Menschen mit einer Trisomie 21 dank einer besseren medizinischen und pädagogischen Förderung in den letzten Jahrzehnten deutlich verbessert. Behindertenverbände sehen dieses

Screening sehr skeptisch. Schließlich wird hier nicht diagnostiziert, um Krankheiten zu heilen, sondern um die Kranken zu beseitigen. Sie fürchten, dass sich das gesellschaftliche Klima verändern und Behinderte generell diskriminiert werden könnten. Andererseits zeigen Umfragen, aber auch objektive Kriterien, wie beispielsweise der Zuspruch für integrative Schulen, dass die Bereitschaft, mit Behinderten zusammenzuleben, langsam steigt. Das ist dringend nötig, die größte Gruppe innerhalb der geistig Behinderten stellen nämlich keineswegs die genetisch bedingten Formen, zu denen auch das Downsyndrom zählt, sondern die Altersdemenz. In den nächsten Jahren wird die Zahl der geistig Behinderten deshalb deutlich zunehmen, ganz gleich, wie viele Feten abgetrieben werden.

In der vorgeburtlichen Diagnostik spielen zunehmend auch Gentests eine Rolle. Dazu müssen jeweils Zellen des Fetus gewonnen werden, entweder durch eine Chorionzottenbiopsie oder eine Fruchtwasseruntersuchung. An der Analyse fetaler Zellen im Blut der Mutter wird derzeit geforscht, die Verfahren arbeiten aber noch nicht verlässlich. Die beiden etablierten Methoden sind nicht ohne Risiken, zwischen ein und drei Prozent der Untersuchungen lösen eine Fehlgeburt aus. Aus diesem Grund werden nur dann Zellen der Feten untersucht, wenn es deutliche Hinweise auf Probleme gibt. Meist soll der Verdacht auf eine Trisomie 21 bestätigt werden. Aber auch Paare, die schon ein Kind mit einer Erbkrankheit haben, können weiteren Nachwuchs vor der Geburt untersuchen lassen. Bei einer positiven Diagnose können sie über eine Abtreibung nachdenken. Die Entscheidung ist oft schwierig. Das schon geborene Kind wird ja unabhängig von seiner Erbkrankheit geliebt. Aber die Paare kennen auch die Schwierigkeiten aus eigener Erfahrung.

Zeugung unter Vorbehalt – die Präimplantationsdiagnostik

In Deutschland gehen die Ärzte und die Schwangeren nur bei einem konkreten Verdacht auf eine Erbkrankheit das Risiko einer Fehlgeburt ein, das mit jeder Untersuchung des Fetus verbunden ist. Insofern ist es unwahrscheinlich, dass sich eine Art vorgeburtlicher Gen-TÜV durchsetzen wird, auch wenn in manchen Umfragen 50 Prozent der Frauen angeben, sie würden sogar ein Kind mit einer genetisch bedingten Fettleibigkeit abtreiben. In der konkreten Entscheidungssituation, Abtreibung oder nicht, sieht es anders aus. Rund ein Zehntel aller Frauen bekommt ihr Kind, auch wenn klar ist, dass es am Downsyndrom leiden wird. Gerade weil die Hürde einer Abtreibung eines Fetus so hoch ist, wird in manchen Ländern mit einer anderen Anwendungsform der Gentests experimentiert, der Präimplantationsdiagnose (PID). Voraussetzung ist allerdings die Befruchtung im Reagenzglas.

Louise Brown kam am 25. Juli 1978 im englischen Oldham zur Welt. Die Geburt machte Schlagzeilen, denn Louise Brown war das erste Retortenbaby. Ihre Mutter hatte keine Eileiter, deshalb konnten die Browns auf dem üblichen Weg keine Kinder zeugen. Das Baby löste eine Wertedebatte aus, doch im Lauf der Zeit gewöhnte sich die Öffentlichkeit an die künstliche Befruchtung, die In-vitro-Fertilisation. Inzwischen sind weit über eine Million IVF-Babys zur Welt gekommen. In Deutschland kommt eines von 80 Kindern aus dem Reagenzglas. Die Zahl der Zwillings- und Drillingsgeburten hat sich deutlich erhöht, weil die Ärzte meist mehrere Embryonen übertragen, um die Erfolgsaussichten zu steigern.

Wo es früher nur Vater, Mutter, Kind gab, können heute dank der IVF-Techniken Samenspender, Eizellspenderin und Leihmutter in wechselnden Kombinationen mit den späteren Eltern zur Geburt eines Sohnes oder einer Tochter beitragen. In Deutschland sind Eizellspende und Leihmutterschaft nach dem Embryonenschutzgesetz verboten, die Bundesärztekammer schränkt in ihren Leitlinien zusätzlich die Samenspende auf verheiratete Paare ein. Besonders genau geregelt ist der Umgang mit den Embryonen in den IVF-Kliniken. Laut Gesetz gilt als zu schützender Embryo bereits die »befruchtete, entwicklungsfähige menschliche Eizelle vom Zeitpunkt der Kernverschmelzung an, ferner jede einem Embryo entnommene totipotente Zelle, die sich bei Vorliegen der dafür erforderlichen weiteren Voraussetzungen zu teilen und zu einem Individuum zu entwickeln vermag« (EschG, § 8). Nach der Überzeugung des Gesetzgebers entsteht erst mit der Verschmelzung des mütterlichen und des väterlichen Zellkerns das einzigartige Genom des künftigen Kindes als Ausgangspunkt seiner Individualität als Person.

Embryonen dürfen im Reagenzglas grundsätzlich nur zur Erzeugung einer Schwangerschaft gezeugt werden. Die Kliniken dürfen jeweils nur höchsten drei Embryonen in die Gebärmutter übertragen, entsprechend ist die Reagenzglaszeugung von mehr als drei Embryonen in einem Zyklus verboten. Einzige Hintertür, die Ärzte können die Embryonen direkt nach der Befruchtung einfrieren, noch bevor die Kernverschmelzung stattgefunden hat. Das Embryonenschutzgesetz verbietet in Deutschland jede »Reagenzglaszeugung auf Probe«.

Um eine PID überhaupt möglich zu machen, müssen die eigentlich fruchtbaren Frauen zuerst all die Strapazen einer künstlichen Befruchtung auf sich nehmen. Die Ärzte zeugen dann im Reagenzglas zwischen acht und zwölf Embryonen, je nachdem wie viele Eizellen zur Verfügung stehen. Sobald sie aus acht Zellen bestehen, werden jeweils eine oder zwei dieser Zellen abgeteilt. Zu diesem Zeitpunkt sind die verbleibenden Zellen noch in der Lage, einen vollständigen Embryo zu bilden. Die abgetrennten Zellen werden dann mit genetischen Tests auf die spezifisch in dieser Familie vorliegende Mutation untersucht. Am Ende übertragen die Mediziner dann zwei oder drei unauffällige Embryonen in die Gebärmutter, die anderen lassen sie im Labor absterben. Bei der PID handelt es sich nicht um einen allgemeinen »Embryonen-TÜV«, mit dem perfekte Kinder garantiert werden können, es wird immer nur der schon bekannte Erbdefekt untersucht. Die Methode widerspricht an zwei Punkten dem Embryonenschutzgesetz, einmal, weil die Ärzte die Embryonen mit Gendefekt absterben lassen, zum anderen sind die untersuchten Zellen totipotent, das heißt in ihrer Entwicklung noch nicht eingeschränkt. Theoretisch können deshalb aus diesen Zellen zuerst ein Embryo und später dann ein Kind entstehen, das Gesetz spricht ihnen deshalb den gleichen Schutz zu, wie einem Embryo. Die PID wurde Ende der Achtziger in England entwickelt. Inzwischen setzen Mediziner in den meisten europäischen Ländern die PID ein, verboten ist sie nur in Deutschland, der Schweiz, Österreich und Irland. In den USA gibt es keine einheitliche Regelung, die PID ist in manchen Bundesstaaten untersagt, in den meisten bleibt die Entscheidung den Fertilitätskliniken überlassen. Wie häufig die PID angewandt wird, kann nur geschätzt werden. Es sollen weltweit zwischen 1000 und 5000 Kinder geboren worden sein, die vor der Übertragung in ihre Mutter einen Embryonentest durchlaufen haben. Die Erfolgsrate ist gering: Nach europäischen Zahlen aus dem Jahr 2003 bekommt nur eine von sieben Frauen, die auf die Kombination von PID und IVF gesetzt haben, tatsächlich ein Kind. Trotzdem wird die Technik immer häufiger angewandt.

Die Einführung der Präimplantationsdiagnostik wird meist mit dem schweren Schicksal von Familien mit Kindern, die an einer Erbkrankheit leiden, begründet. Wenn sie ein zweites Kind wollen, soll ihnen die PID die Schwangerschaft auf Probe ersparen. Was aber ist eine schwere Erbkrankheit? In Deutschland wird meist die Mukoviszidose zitiert. Gerade bei dieser Krankheit hat es aber große Fortschritte in der Behandlung gegeben. Die Lebenserwartung steigt kontinuierlich und die Betroffenen selbst halten ihr Leiden nicht unbedingt für eine Katastrophe, auch wenn es noch immer dramatische Verläufe gibt. Wenn es um die Indikationen für eine PID geht, herrscht also keineswegs Einigkeit. Die Gegner der Technik haben zudem vorhergesagt, dass sich die Anwendung der PID schnell ausweiten wird. Zumindest zum Teil haben sie Recht behalten. Überprüften die Ärzte anfangs nur Erbkrankheiten, die schon in der Kindheit schwere Probleme verursachen, gehen sie nun dazu über, zum Beispiel auf das Huntington-Gen zu testen. Hier haben auch Kinder mit einem Gendefekt noch viele Jahrzehnte vor sich, in denen sie beschwerdefrei leben könnten. Die Huntington-Krankheit bricht bei Vorliegen der Mutation allerdings mit Sicherheit aus und ist nicht zu behandeln. Seit dem Frühjahr 2006 gestattet die britische Human Fertilisation and Embryology Authoriy (HFEA) die PID aber auch Familien mit erblichem Brust- und Dickdarmkrebs. Hier entwickelt eine von fünf Genträgerinnen überhaupt keinen Tumor und auch die anderen vier erst nach vielen Jahren. Es ist nicht unwahrscheinlich, dass sich in dieser Zeit die Behandlungsaussichten durch Fortschritte in der Medizin deutlich verbessern. Die Liste der Erbkrankheiten, die mit der PID verhindert werden sollen, wird also ständig länger, die Kriterien breiter.

Die meisten Präimplantationsuntersuchungen werden inzwischen gar nicht mehr im Zusammenhang mit Erbleiden vorgenommen, sondern zur Behebung von Problemen der Reagenzglasbefruchtung durchgeführt. Nach wie vor werden viele Frauen auch nach mehreren Zyklen der Reagenzglasbefruchtung nicht schwanger oder erleiden Fehlgeburten. In diesen Fällen untersuchen die Ärzte die Zahl der

Chromosomen und übertragen nur normal ausgestattete Embryonen. Dabei zeigte sich, dass bei rund 60 Prozent der Embryonen einzelne Chromosomen fehlten oder dreifach vorhanden waren. Solche Chromosomen-Anomalien entstehen auch häufig bei der natürlichen Zeugung, sie gehen in der Gebärmutter zugrunde, oft ohne dass die Frau überhaupt bemerkt, dass sie schwanger war. Bei der IVF dagegen ist sich die Frau der Embryonen-Übertragung nur zu bewusst. Schlägt die mit so viel Mühe herbeigeführte Schwangerschaft fehl, ist die Enttäuschung entsprechend groß. Ob die PID die »Baby-take-home«-Rate der Paare wirklich erhöht, ist umstritten. Verschiedene Untersuchungen kommen zu widersprüchlichen Ergebnissen. Trotzdem fordern manche Ärzte, die Präimplantationsdiagnostik routinemäßig innerhalb der IVF-Behandlung einzusetzen.

Besonders umstritten sind Einzelfälle, in denen die Ärzte die Embryonen nach ihren Gewebemerkmalen auswählen. Manche Erbkrankheiten können nur mithilfe einer Knochenmarkspende geheilt werden. Findet sich kein passender Spender müssen die Patienten vielleicht sterben. In dieser Situation versuchen manche Paare, ein weiteres Kind zu zeugen, in der Hoffnung, dass es das Leben seiner Schwester oder seines Bruders retten kann. Die Chancen stehen leider nicht gut, in höchstens einem Viertel der Fälle stimmen die Gewebemerkmale von Geschwistern ausreichend überein. Die PID ist eine Möglichkeit, die Erfolgschancen zu erhöhen. Die Ärzte achten darauf, dass das neue Kind nicht ebenfalls an der Erbkrankheit leiden wird und prüfen gleichzeitig seine Gewebemerkmale. Wenn sie einen passenden Embryo finden, wird er in die Gebärmutter übertragen. Direkt nach der Geburt kann das Nabelschnurblut zur Behandlung des kranken Geschwisters verwendet werden, das Neugeborene selbst erleidet also keinen Schaden. Einige amerikanische Fruchtbarkeitskliniken bieten ihren Kundinnen sogar eine Geschlechtswahl per PID an. Den Familien soll ein ausgewogenes Verhältnis von Söhnen und Töchtern ermöglicht werden, lautet die Begründung. Angeblich sollen sogar fruchtbare Paare die Anstrengungen und Unsicherheiten einer Reagenzglasbefruchtung auf sich genommen haben, nur um ein Kind mit dem passenden Geschlecht zu erhalten. Hier ist es dann endgültig berechtigt, von »Designerbabys« zu sprechen, denn die PID dient nur noch dazu, die Wünsche der Eltern zu befriedigen und nicht mehr dazu, einem Kind eine schwere Krankheit zu ersparen. In Europa wird dieser Einsatz der PID von den Behörden strikt abgelehnt.

In dem Science-Fiction-Film »GATTACA« sucht sich ein Elternpaar den idealen Nachwuchs in einer Klinik aus, der Arzt zeigt die Bilder der Embryonen und liest jeweils eine Liste mit positiven und negativen Eigenschaften vor. Am Ende entscheidet sich das Paar für sein perfektes Wunschkind. Dass die Zukunft der Fortpflanzung so aussehen wird, ist aus mehreren Gründen unwahrscheinlich. Erstens ist die Erfolgsrate der In-vitro-Fertilisation nach wie vor gering; nur wer anders kein eigenes Kind bekommen kann, wird die Prozedur mitmachen. Zweitens lassen sich an der geringen DNA-Menge, die bei einer PID analysiert wird, nur wenige Gentests vornehmen. Das allerdings sind technische Hürden, die der Fortschritt vielleicht irgendwann überwindet. Aber selbst wenn ein Baby garantiert und sein komplettes Genom schon in einer Zelle analysiert werden kann, bleibt noch ein drittes, grundsätzliches Problem und das ist die Zahl und Unterschiedlichkeit der Embryonen. Auch bei einer perfekten Präimplantationsdiagnose wird der Nachwuchs nicht wie beim Autohändler nach den Wünschen der Kunden zusammengestellt, die Ärzte können den Eltern nur helfen, aus den vorhandenen Embryonen den auszuwählen, der ihren Vorstellungen am ehesten entspricht. Pro Zyklus lassen sich selbst mithilfe hoher Hormongaben höchstens 15 Eizellen herausoperieren. Mehr Ausgangsmaterial ist nicht da. Wenn die Eltern da zu wählerisch sind, blaue Augen, hohen Wuchs, blonde Haare, einen IQ von 150, langes Leben und starke Muskeln verlangen, werden sie schnell ohne einen Embryo dastehen, der diesen hohen Anforderungen entspricht. Außerdem lassen sich die Gesetze der Vererbung nicht betrügen. Wenn Herr Hinz und Frau Kunz Kinder zeugen, auf welchem Weg auch immer, dann gleicht das Resultat nur selten Angelina Jolie oder Brad Pitt, sondern eben wieder HinzundKunz.

In Deutschland ist die Präimplantationsdiagnostik gesetzlich verboten. Manche Familien sind aber so verzweifelt, dass sie die Behandlung im Ausland vornehmen lassen. Genaue Zahlen gibt es nicht, man schätzt aber, dass es sich jedes Jahr um 50 bis 100 Paare handelt. Unter den Familien mit Kindern mit Erbleiden gibt es Stimmen, die fordern, das Embryonenschutzgesetz zu lockern und die PID zu gestatten. Die

Bundesärztekammer hat sich dem im Jahr 2000 in einem »Diskussionsentwurf zu einer Richtlinie zur Präimplantationsdiagnostik« (www.bundesaerztekammer.de/30/Richtlinien/Richtidx/PraeimpEntwurf/10Diskuss.html) angeschlossen. In der Debatte werden viele Argumente vorgetragen. Die eine Seite verweist auf den hohen Leidensdruck der Paare, die wahrscheinlich geringe Zahl von Fällen (bei strenger Indikationsstellung wird jährlich mit einem Bedarf von etwa hundert PIDs gerechnet, bei einer weniger engen Regelung mit bis zu 2000 Paaren) und das Ungleichgewicht zwischen der Duldung der Tötung eines weit entwickelten Fetus beim Schwangerschaftsabbruch und dem Verbot der Vernichtung eines kleinen Zellhaufens. Die anderen warnen davor, dass die PID den Erbkranken das Lebensrecht abspricht, sowie vor einem Absinken der Akzeptanz Behinderter und der Ausweitung der Indikationen bis hin zu dem Wunsch nach einem Baby nach Maß. Eigentlich dreht sich die Diskussion aber nur um eine Frage: Welchen Status hat der Embryo? Die einen betonen die Kontinuität: Von der Zeugung an entwickelt sich das Leben hin zu einem Menschen mit einzigartiger Persönlichkeit. Es gibt keinen eindeutigen Bruch, an dem man sagen könnte, erst jetzt gebührt dem Embryo oder Fetus die Menschenwürde. Deshalb muss das Leben von Anfang an geschützt werden, Kompromisse sind kaum möglich. Andere betonen die Unterschiede: Kann ein Gebilde aus acht Zellen wirklich den gleichen Status genießen, wie ein voll entwickelter Mensch? Der Embryo hat in dieser Perspektive das Potenzial, ein Mensch zu werden, aber er ist noch kein vollwertiger Mensch. Auch in der Natur haben viele Embryonen keine Chance, ihr Potenzial zu erfüllen, sie sterben ab, meist bevor ihre Mutter ihre Existenz bemerken konnte. Auch wenn die Entwicklung kontinuierlich verläuft, gibt es doch klar erkennbare Stufen. Viele Befürworter einer Zulassung sehen im Zeitpunkt des Einnistens in die Gebärmutter mit etwa 14 Tagen einen wichtigen Schritt, der sich als gesetzliche Grenze nutzen ließe. Mit der Nidation, der Einnistung, steigt die Überlebenswahrscheinlichkeit der Embryonen deutlich an, sie sind darüber hinaus mit ihrer Mutter fest verbunden.

Die beiden Positionen haben in ähnlicher Weise schon die Diskussion um den Schwangerschaftsabbruch geprägt. Die Debatte verläuft dabei quer zu den politischen Parteien und spaltet die Gruppe der Familien mit Erbleiden. Irgendwann soll ein Fortpflanzungsmedizingesetz das ganze Feld der künstlichen Reproduktionsverfahren regeln. Der Bundestag wird dabei nicht darum herumkommen, erneut über den Status des Embryos zu entscheiden. Schon jetzt steht fest, dass es dabei heftige Diskussionen geben wird.

Neugierige Arbeitgeber und Versicherungen

In den Zukunftsszenarien von Filmen wie »GATTACA« ist es kein Problem, aus einer Speichel- oder Haarprobe die gesamte gesundheitliche Zukunft eines Menschen abzuleiten. Wer nicht die besten Werte aufweist, braucht sich um anspruchsvolle Jobs erst gar nicht zu bemühen. Das Szenario überschätzt die Möglichkeiten der Gendiagnostik bei Weitem, aber fest steht: Die Ergebnisse von Gentests interessieren nicht nur die Betroffenen selbst, sondern auch Arbeitgeber und Versicherungen, und das nicht erst in hundert Jahren, sondern schon heute. Das Land Hessen wollte eine Lehrerin nicht verbeamten, weil ihr Vater an der Huntington-Krankheit litt. Die Frau hatte ein 50-prozentiges Risiko, selbst zu erkranken. Zu hoch für eine Beamtin, fand das Schulamt, die Frau könnte ja vorzeitig dienstunfähig werden. Das Verwaltungsgericht Darmstadt gab der Lehrerin aber 2004 Recht, sie musste als Beamtin auf Probe in den hessischen Schuldienst aufgenommen werden. Dabei handelt es sich nicht um einen Einzelfall. Ebenfalls in Hessen durfte ein Mann mit einem nur 25-prozentigen Huntington-Risiko nicht zur Polizei. Bayern übernahm den Sohn eines Huntington-Patienten erst nach einem Gentest mit negativem Ergebnis als Polizist. Die Beispiele zeigen, auch ohne Gentest werden genetische Informationen verwendet, sie lassen sich einfach über die Krankengeschichte der Familie erheben. Dabei geht es nicht nur um klassische Erbkrankheiten. Das Risiko, in den nächsten zehn Jahren an einer Herz-Kreislauf-Erkrankung zu sterben, können die Ärzte bei der Einstellungsuntersuchung auf der Basis von Alter, Geschlecht, Raucherstatus, Blutdruck und Cholesterinwerten anhand von Standardtabellen recht genau einschätzen.

Gentests sind in der Lage, diese Form der medizinischen Wahrsagerei präziser zu machen und auf neue Gebiete hin zu erweitern. So entwickeln Menschen mit einem Alpha-1-Antitrypsin-Mangel besonders schnell eine Lungenerkrankung, wenn sie sich in schadstoffbelasteter Luft aufhalten. Sie sollten nicht unbedingt in einer Lackiererei arbeiten. Wer an einem Glukose-6-Phosphat-Dehydrogenase-Mangel leidet, verträgt bestimmte Chemikalien deutlich schlechter und ist damit in einer Chemiefabrik fehl am Platz. Personen mit Allergierisikogenen sind schließlich anfälliger für das Maurerekzem und das Bäckerasthma. Gentests, die solche »Schwächen« erkennen, lassen sich aus drei Perspektiven betrachten. Aus Sicht des Arbeitnehmers können sie wertvolle Hinweise für die Berufswahl liefern. Die Arbeitgeber dagegen nutzen sie vielleicht, um weniger in die Sicherheit am Arbeitsplatz zu investieren und stattdessen nur besonders robuste Arbeiter einzustellen. Schließlich gibt es noch die Interessen der Allgemeinheit. Sie sind betroffen, sobald ein Beruf besonders für die Sicherheit Dritter verantwortlich ist. So dürfen Menschen, die an einer Rot-Grün-Blindheit leiden, nicht Pilot werden. In Zukunft könnte sich das Spektrum der Erbleiden, die von bestimmten Berufen ausgeschlossen werden, noch erweitern, zum Beispiel auf eine erbliche Neigung zu epileptischen Anfällen.

Noch spielen solche Gentests in der Praxis keine Rolle, trotzdem wird über ihre mögliche Einführung intensiv diskutiert. Dabei sind Gentests für die Enquete-Kommission des Bundestages »Recht und Ethik in der modernen Medizin« etwas ganz anderes als klassische medizinische Untersuchungen. Schließlich beschreiben sie nicht nur den aktuellen Gesundheitszustand, sondern verraten auch etwas über dessen künftige Entwicklung. Hier hat das Recht auf Nichtwissen, das aus dem vom Bundesverfassungsgericht eingeführten Recht auf informationelle Selbstbestimmung abgeleitet wird, Vorrang vor den Interessen des Arbeitgebers an einem gesunden Angestellten. Eine DNA-Probe bietet auch ein deutlich höheres Missbrauchspotenzial. Schließlich kann niemand kontrollieren, welche Gene letztlich untersucht werden. Die Enquete-Kommission hat deshalb 2002 in ihrem Schlussbericht empfohlen, es Arbeitgebern zu verbieten, nach dem Ergebnis von Gentests zu fragen oder sie bei einer Einstellungsuntersuchung zu verlangen. Selbst wenn der künftige Arbeitnehmer einem Gentest zustimmt, soll ihn der Arbeitgeber nicht verwenden dürfen. Auch der nationale Ethikrat hat sich mit den Gentests am Arbeitsplatz beschäftigt, aber er wählte einen anderen Ansatzpunkt. Aus seiner Sicht kommt es nicht darauf an, ob der Arzt die DNA untersucht oder dem Patienten aufs Knie klopft. Entscheidend ist, ob die Resultate mögliche Gesundheitsprobleme verlässlich in einem klaren Zeitrahmen vorhersagen können. Auf dieser Basis kam der Ethikrat 2005 zu sehr differenzierten Empfehlungen. Er hält Untersuchungen nur dann für zulässig, wenn sie vorhersagen können, ob ein Bewerber innerhalb der üblichen sechs Monate Probezeit mit einer Wahrscheinlichkeit von über 50 Prozent an einem Leiden erkranken wird, das seine Leistung am Arbeitsplatz beeinträchtigt. Diese Sicherheit bieten die verfügbaren Gentests nur selten. Auch die derzeit gängigen Fragen zur Familiengeschichte oder die Bestimmung des Herz-Kreislauf-Risikos anhand von Tabellen wären nach diesem Kriterium nicht mehr gestattet. Anders beurteilt der Ethikrat die öffentlichen Arbeitgeber. Weil sie lebenslang für ihre Beamten sorgen müssen, sollte ihnen ein weiterer Blick in die genetische Zukunft gestattet sein, konkret auf Krankheiten, die innerhalb von fünf Jahren ausbrechen werden. Auch wenn es um die Gefährdung Dritter geht, empfiehlt der Nationale Ethikrat, eventuell verfügbare Tests zu nutzen. Dagegen wären alle Tests verboten, die sich nicht konkret auf die Gesundheit beziehen. Wenn ein Arbeitgeber etwas über den Verstand oder die Kommunikationsbereitschaft eines Bewerbers erfahren will, dann soll er sich auch in Zukunft auf ein Gespräch und nicht auf einen Gentest verlassen.

Nicht nur die Arbeitgeber, auch die Versicherungen interessieren sich sehr für die künftige Gesundheit ihrer Klienten. Eine Lebensversicherung ist immer ein Spiel mit den Wahrscheinlichkeiten. Wer ein Risiko verschweigt, verschiebt die Balance zu seinen Gunsten und zu Lasten des Unternehmens bzw. der anderen Versicherungsnehmer. Es gilt als Betrug, wenn ein Todkranker eine Lebensversicherung abschließt, ohne seinen Zustand offenzulegen. Bei hohen Versicherungssummen verlangen die Unternehmen sogar, dass ein AIDS-Test vorgenommen wird. Ein Gentest dürfte hier von den Gerichten nicht anders beurteilt werden. Allerdings sind sich noch nicht einmal die Versicherungsmathematiker einig, ob sich ein komplettes genetisches Durchtesten vor einer Lebensversicherung überhaupt rechnet. Je strenger die Kriterien, je niedriger das akzeptierte Risiko, desto weniger Kunden bleiben übrig.

Letztlich macht eine Versicherung nur im Angesicht der Unsicherheit Sinn, für beide Seiten. Vorerst bewegt sich die ganze Debatte um die Gentests in Deutschland noch auf dem Feld der Theorie. Die deutsche Versicherungswirtschaft hat ein freiwilliges Moratorium vereinbart, laut dem bis Ende 2011 Gentests nicht verwendet werden sollen. Wie sich die Gentests auf das Kräfteverhältnis von Arbeitgeber und -nehmer, auf die Beziehung zwischen Versicherungen und Kunden auswirkt, hängt am Ende am geplanten Gendiagnostikgesetz. Eigentlich wollte die rot-grüne Koalition das Thema längst bearbeitet haben, nach der Bundestagswahl 2005 ist das Gesetz aber zunächst wieder von der Tagesordnung verschwunden. Keine Frage, diese Problematik wird noch für einigen Streit sorgen.

Gene auf der Bank

Die Polizei vermutet einen Fall von Inzest. Ein Mann soll mit seiner eigenen Tochter ein Kind gezeugt haben. Die Familie mauert, weigert sich, einem DNA-Test zuzustimmen. Die Beamten kommen nicht weiter, schließlich erwirken sie einen Durchsuchungsbefehl für das örtliche Krankenhaus. Hier lagern die Guthrie-Test-Karten. Seit 30 Jahren wird allen Neugeborenen ein Tropfen Blut aus der Ferse abgenommen und auf eine Pappkarte geträufelt. Die getrocknete Blutprobe wird im Labor auf eine Reihe erblicher Stoffwechselkrankheiten untersucht. Danach wird die Karte nicht weggeworfen, sondern für unbegrenzte Zeit aufbewahrt. So auch die Karten der verdächtigen Familie. Ein genetischer Fingerabdruck ergibt eindeutig: Der Mann hat tatsächlich mit seiner Tochter seinen Enkel gezeugt. Die Geschichte hat sich so 1997 im australischen Perth zugetragen. Der Mann wurde verurteilt, das Krankenhaus in Perth vernichtete daraufhin alle alten Guthrie-Karten. Auch in manchen deutschen Kliniken lagern alte Blutproben, die mit den Methoden der Genforschung neu analysiert werden könnten – ohne jedes Wissen der Betroffenen. Die strengen Datenschutzbestimmungen verhindern hierzulande, dass die Polizei auf diese Blutproben zugreifen kann, aber in Australien und Neuseeland ist das mittlerweile offiziell erlaubt. Medizinische Proben lassen sich theoretisch auch für viele weitere Zwecke nutzen: So wurde nach der Tsunami-Katastrophe in Südostasien überlegt, die Guthrie-Karten als Vergleichsproben für die Identifizierung von Leichenteilen einzusetzen. Auch für die Forschung sind die Blutreste wertvoll: Wo sonst gibt es die Möglichkeit, von praktisch allen Personen einer Altersgruppe eine DNA-Probe in die Hand zu bekommen, etwa um die Häufigkeit von bestimmten Erbkrankheiten zu analysieren? Solche Biobanken sind Schätze für die Wissenschaft, je umfangreicher, desto wertvoller.

Wie das funktioniert, haben die Isländer vorgemacht. Die 280 000 Bewohner Islands eignen sich aus mehreren Gründen für die genetische Großforschung. So sind die Isländer genetisch relativ homogen. Sie sind nicht alle Nachfahren der Wikinger, denn die haben mehr oder weniger freiwillig eine bunte Auswahl an Europäern mit auf die Insel gebracht. Aber die Isländer sind doch enger miteinander verwandt als andere Nationen. Und diese Verwandtschaftsverhältnisse sind noch dazu genau dokumentiert, denn die Isländer haben ein ausgesprochenes Faible für Stammbäume. So konnte eine Mutation bei 102 Asthmapatienten durch die Generationen bis zu einem Paar aus der Mitte des 17. Jahrhunderts zurückverfolgt werden. Schließlich leben die Isländer gut behütet. Das nationale Gesundheitssystem hat seit 1915 alle Krankenakten gesammelt. Die Regierung Islands beschloss, diese Vorteile zu Geld zu machen. Für jährlich 1,9 Millionen Dollar erhielt die Firma Decode Genetics das Recht, eine Biobank mit den Daten aller Isländer aufzubauen und darin nach Krankheitsgenen zu forschen. Der Vertrag läuft seit 2000 für zwölf Jahre. Zunächst galt das »opt-out«-Modell, dabei kann Decode alle Informationen nutzen, es sei denn jemand legt gezielt Widerspruch ein. Das aber verletzt Verfassungsgrundsätze, urteilte das Oberste Isländische Gericht. Decode verfolgt deshalb eine neue Strategie: Statt alle Isländer genetisch zu analysieren, sichtet das Unternehmen erst einmal die Krankenakten und spricht dann gezielt Familien an, bei denen Asthma, Fettsucht, Herz-Kreislauf-Leiden, Osteoporose, Schizophrenie oder die Zuckerkrankheit gehäuft auftreten. Nach und nach kamen Blutproben von 100 000 Personen zusammen, das entspricht etwa der Hälfte der erwachsenen Isländer. Mit ihrer Hilfe konnten bislang 15 Krankheitsgene identifiziert werden. Anfang 2006 zum Beispiel eine Genvariante, die das Risiko der Zuckerkrankheit deutlich erhöht. Würde diese Mutation nicht auftreten, gäbe es etwa ein Fünftel weniger Diabetesfälle. Damit handelt es sich um einen der stärksten bisher gefundenen genetischen Effekte bei einer Volkskrankheit. Das Konzept Genbank funktioniert also.

Ende des 20. Jahrhunderts war die Jagd nach den Genen die Königsdisziplin der Lebenswissenschaften und der Ansatz von Decode Genetics versprach hier reiche Beute. Kein Wunder, dass Hoffmann La Roche 200 Millionen Dollar für die Rechte an den Forschungsergebnissen bezahlte. Inzwischen ist eine gewisse Ernüchterung eingekehrt.

Die Entdeckung eines Gens ist nach wie vor wichtig, aber sie ist nur der erste Schritt auf dem Weg zu einem neuen Medikament und damit zu den Gewinnen. Entsprechend hat Hoffmann La Roche die Zusammenarbeit mit Decode auf eine neue Basis gestellt. Statt Islands DNA nach Genen zu durchforsten, soll das Unternehmen seine genauen Kenntnisse über die Inselbewohner für die Konzeption von klinischen Studien nutzen. Decode kann besonders geeignete Patienten auswählen und so belastbare Ergebnisse mit deutlich kleineren Teilnehmerzahlen liefern. Das Unternehmen entwickelt inzwischen sogar selbst neue Medikamente. Ein neues Medikament zur Vorbeugung von Herzinfarkten steht in den letzten Phasen der klinischen Prüfung, andere gegen Asthma und die Arterielle Verschlusskrankheit (Schaufensterkrankheit) folgen dicht auf.

Nach dem Vorbild Islands versuchen auch andere Nationen, ihr Erbe und ihr Erbgut zu Geld zu machen. Fortschritte macht nach Jahren der Diskussion die UK-Biobank. Finanziert vom Gesundheitsministerium, dem Wellcome Trust und dem Medical Research Council ging das ehrgeizige Unterfangen 2006 an den Start. 500 000 Freiwillige im Alter von 40 bis 69 Jahren sollen eine Blutprobe abgeben, an einer detaillierten medizinischen Untersuchung teilnehmen und viele Fragen zu ihrem Lebensstil beantworten. Ihre Gesundheit wird dann mithilfe der Daten des National Health Service über Jahrzehnte verfolgt, gelegentliche Interviews sollen sicherstellen, dass auch die Angaben zu Ernährung, Fitness und sozialem Status noch aktuell sind. Gemessen an diesem Plan wirkt die Biobank Islands klein und überschaubar. Während Decode sich auf Familien konzentriert, in denen bestimmte Krankheiten schon aufgetreten sind, will die UK-Biobank die gesunde Normalbevölkerung untersuchen und abwarten, wer im Laufe der Zeit erkrankt.

Dieser Ansatz erlaubt, das Zusammenspiel von Genen und Umwelt zu erforschen und bietet damit Perspektiven nicht nur für die Behandlung, sondern vor allem auch für die Vorbeugung von Krankheiten. Ob sich aber wirklich genug Personen finden, die ihr Leben im Dienste der Wissenschaft so weit offenlegen, muss sich erst noch zeigen.

Auch Patientengruppen haben die Bedeutung einer gut dokumentierten Sammlung von Gewebeproben erkannt. So sammelte die Selbsthilfeorganisation PXE-International (PXE ist eine Erbkrankheit, die zur Erblindung führt) Blutproben und dokumentierte die Krankheitsverläufe in verschiedenen Familien. Diese Biobank bot sie Forschern zur Untersuchung an, 2000 wurde das PXE-Gen dann von mehreren Gruppen isoliert. Auch andere Patientengruppen versuchen, durch solche Vorleistungen ihr Thema auf die Tagesordnung der Wissenschaft zu setzen. Hier liegt der Teufel allerdings im Detail. PXE-International hat in den Verträgen mit den Forschern vereinbart, dass die Organisation an den Patenten und möglichen Gewinnen beteiligt wird. Eine Selbsthilfegruppe vom Patienten mit der Canavan-Krankheit, einem Erbleiden, das geistige Behinderung und einen frühen Tod verursacht, baute ebenfalls in Eigenregie eine Biobank auf und finanzierte die Forschung zum Teil sogar selbst mit. Letztlich wurde das Gen gefunden und ein Test entwickelt. Das Miami Children's Hospital beantragte und erhielt ein Patent und verlangt seitdem Lizenzgebühren für den Test. Die Canavan-Stiftung musste ihr kostenloses Testangebot einstellen. Derzeit verhandeln die Gerichte über den Fall. Auch in Deutschland gibt es Biobanken in Patientenhand. Die Stiftung PATH bittet an Brustkrebs erkrankte Frauen, das ihnen entnommene Tumorgewebe zu spenden. Das tiefgefrorene Gewebe soll für von PATH ausgewählte Forschungsvorhaben zur Verfügung gestellt werden. Damit erhalten die erkrankten Frauen eine Möglichkeit, sich aktiv am Kampf gegen den Brustkrebs zu beteiligen.

Ohne die Hilfe von Biobanken wird sich die Funktion der vielen Gene im Erbgut nicht klären lassen. Von daher sind sie für die Forschung unverzichtbar. Aber die Biobanken werfen auch eine Vielzahl von neuen Problemen auf. Zentral ist die Zustimmung des Einzelnen, der immer eine ausführliche Information vorausgehen muss. Die bislang an vielen Klinken übliche Praxis, Gewebe- oder Blutproben einfach für die Forschung zu nutzen, ist nicht länger haltbar. Genauso wichtig ist auch ein rigoroser Datenschutz. Je mehr Details gespeichert werden und je wertvoller damit eine Biobank ist, desto einfacher gelingt es, einen Datensatz einer Person zuzuordnen. Wie viele Menschen leben schon in einer Kleinstadt, leiden an der Zuckerkrankheit, sind Marathonläufer und nehmen regelmäßig die Pille? Hier hilft vielleicht nur ein »Forschungsgeheimnis« analog zum Anwaltsgeheimnis weiter. Ein letzter Streitpunkt ist das Geld. Die Forschung an Biobanken führt im Idealfall zur Entwicklung von Medikamenten, für die die Patienten dann teuer bezahlen müssen. Um eine bessere Balance der Beiträge von Teilnehmern und Nutznießern einer Biobank zu gewährleisten, ruft der Nationale Ethikrat die Unternehmen auf, einen Teil ihrer Gewinne für gemeinnützige Projekte zur Verfügung stellen. Mehr als ein Appell kann das aber nicht sein, ein Zwang zum Altruismus passt nicht in unser Rechtssystem.

Genmedizin – mehr als heiße Luft

Gentherapie: Höhenflüge, Abstürze und eine neue Bescheidenheit

Die rote Gentechnik versprach nichts weniger als eine Revolution in der Medizin. Statt nur an den Symptomen herumzudoktern sollten die Ärzte an den Wurzeln der Krankheiten ansetzen. Kein Wunder, dass die Anwendung der Gentechnik in der Medizin, anders als die grüne Gentechnik, in der Bevölkerung einen guten Ruf besitzt. Jeder wird einmal krank und so kann jeder theoretisch von fortschrittlichen Therapien profitieren. Mit Informationen heilen, das ist der Grundgedanke der Gentherapie. Gene sind Informationen und mit den richtigen Informationen lassen sich Zellen quasi fernsteuern, so die Hoffnung. Die Forscher wollten künstliche Gene in kranke Zellen einschleusen, um deren komplexen Stoffwechsel in eine neue, gesündere Richtung zu drängen. Dabei zeigte sich schnell: Es gibt praktisch kein Leiden, das eine Gentherapie nicht heilen kann – solange der Patient eine Maus ist. In Tierversuchen lassen sich Erbdefekte von der angeborenen Immunschwäche bis zur Mukoviszidose problemlos korrigieren. Auch schwache Herzen oder geschädigte Nieren profitieren von einer Gentherapie. Und wenn die Forscher Tumoren mit Genen die Lebenskraft rauben, können sie ihnen fast beim Wegschmelzen zusehen. Die Ersten, die den Schritt von der Maus zum Menschen wagten, waren French Anderson und Michael Blaese von den amerikanischen National Institutes of Health. Sie beschäftigten sich mit der Erbkrankheit Adenosin-Desaminase-Mangel. Kinder mit ADA-Mangel können das Enzym gleichen Namens nicht herstellen. Sie bilden keine weißen Blutkörperchen und sind Infektionen aller Art hilflos ausgeliefert. Ohne Behandlung sterben sie schon im Kleinkindalter. Berühmt wurde der »boy in a bubble«, der »Junge in der Blase«, ein ADA-Patient, der in einem Krankenhaus in einem keimfrei versiegelten Plastikzelt lebte. Nur in einer Art Astronautenanzug konnte er seine kleine Welt verlassen. Er starb nach mehreren erfolglosen Knochenmarktransplantationen an einer normalerweise harmlosen Virusinfektion.

Sein Schicksal ging durch die Medien, aber das war nicht der Grund, aus dem sich French Anderson und Michael Blaese für den ersten

Gentherapieversuch gerade den ADA-Mangel aus den vielen Erbleiden auswählen. Aus Forschersicht hat diese Krankheit den Vorteil, dass nur die weißen Blutkörperchen eine intakte Form des Gens benötigen. Blutzellen sind aber, anders als die Zellen der Leber oder des Gehirns, leicht zugänglich.

Nach vielen Tierversuchen war es am 14. September 1990 dann so weit. French Anderson und Michael Blaese korrigierten den ADA-Defekt in den weißen Blutkörperchen von Ashanti DeSilva, einem vierjährigen Mädchen mit ADA-Mangel. Anschließend spritzen sie die Zellen zurück in ihre Blutbahn. Dort funktionieren sie wie bei einem Gesunden: Das künstliche Gen versorgte die weißen Blutkörperchen mit dem fehlenden Enzym, sodass sie wieder Krankheitserreger vernichten konnten. Allerdings musste die Gentherapie alle paar Monate wiederholt werden, um eine neue Generation weißer Blutkörperchen zu heilen. Nach Ashanti DeSilva wurden weitere ADA-Patienten behandelt. Die Kinder durften schließlich ihre Plastikwelt verlassen, heute gehen sie zur Schule und führen ein normales Leben. Ob sie das aber wirklich der Gentherapie verdanken, ist nach wie vor unklar. Parallel zu den Bemühungen von Anderson und Blaese hatten nämlich andere Ärzte begonnen, den ADA-Mangel nicht auf der Ebene der Gene zu korrigieren, sondern mithilfe des gentechnisch hergestellten ADA-Enzyms auszugleichen. Auch die ersten Gentherapiepatienten erhalten regelmäßig solche ADA-Spritzen. Ob die Besserung also dem Gen oder dem Enzym zuzuschreiben ist, lässt sich bis heute nicht entscheiden.

Trotzdem galt die erste Gentherapie schnell als Erfolg, schließlich hatten French Anderson und Michael Blaese bewiesen, dass man ein künstliches Gen tatsächlich im menschlichen Körper zum Arbeiten bringen kann. Die Botschaft, dass Gentherapie machbar sei, regte eine Vielzahl weiterer Studien an. Nur wenige beschäftigten sich allerdings mit Erbleiden. Die Forscher nahmen zunächst vor allem Tumoren ins Visier und versuchten dabei weniger die entarteten Zellen zu heilen als sie zu vernichten. Dafür gibt es zwei Möglichkeiten: Entweder erhalten die Krebszellen direkt ein Gen, das ihre Lebenskraft beeinträchtigt, oder man sorgt mit genetischen Tricks dafür, dass sie vom Immunsystem erkannt werden und überlässt den Abwehrzellen die Aufräumarbeiten. Eine solche genetisch unterstützte Tumorimpfung wurde auch in Deutschland erprobt und zwar gleichzeitig von zwei Forscherteams. Die verblüffte Öffentlichkeit konnte 1994 einen Streit zwischen Roland Mertelsmann von der Universität Freiburg und den Berlinern Burghardt Wittig, Dieter Huhn und Ingo Schmidt-Wolf verfolgen, die jeweils den Titel »Erster Gentherapeut Deutschlands« für sich in Anspruch nahmen. Am 4. Mai veröffentlichte die Uniklinik Freiburg eine Pressemitteilung, die die Deutsche Presseagentur dpa um 11:45 Uhr weitermeldete: »In Deutschland hat die erste Gentherapie beim Menschen begonnen.« Zu diesem Zeitpunkt liefen in Berlin schon seit sechs Wochen ähnliche Versuche an einem Patienten mit Nierenzellkarzinom, die Ergebnisse sollten aber zunächst in einer Fachzeitschrift veröffentlicht werden. Als das Team um Wittig von der Presseerklärung erfuhr, wollte es sich seine Vorreiterrolle nicht nehmen lassen und informierte seinerseits die Medien. Um 17:03 Uhr schickte dpa eine zweite Eilmeldung an die Redaktionen: »Nicht die Universität Freiburg, sondern die Freie Universität (FU) Berlin hat nach eigenen Angaben die erste Gentherapie in Deutschland vorgenommen.« Die Sensation war perfekt, nicht nur mischten auch deutsche Forscher auf dem Prestigegebiet Gentherapie mit, es gab zudem noch Streit unter den Gelehrten. Kein Wunder, dass Fernsehen, Radio und Presse sich auf das Thema stürzten: »Endlich! Krebspatienten können jetzt auf Heilung hoffen« (Bild, 5.5.1994), »Der Gen-Sieg über den Krebs?« (Berliner Zeitung, 5.5.1994), »Ein Rennen um den ersten Platz« (Süddeutsche Zeitung, 6.5.1994), »Eine neue Ära der Medizin beginnt« (Spiegel, 9.5.94), »Deutschland im Gentherapie-Fieber« (Focus, 16.5.1994) und so weiter und so fort. Die Schlagzeilen übertreiben die Bedeutung der Versuche maßlos. Es handelte sich schließlich um zwei sogenannte Phase-I-Studien. In dieser ersten Stufe der klinischen Prüfung eines neuen Medikaments oder einer neuen Therapieform wird nicht seine Wirksamkeit, sondern nur die Sicherheit überprüft. Wie bei Phase-I-Studien üblich, erhielten in Berlin und Freiburg nur sehr wenige, todkranke Patienten die Gentherapie. So spricht es auch nicht gegen diese neuartige Form der Krebsbehandlung, dass zumindest der Berliner Patient nur wenige Wochen nach den Schlagzeilen verstarb.

Nach dem furiosen Start wurde es dann eher still um die Gentherapie in Deutschland. Und nicht nur hier, auf der ganzen Welt brachten die

Gentherapiestudien an einigen Tausend Patienten keine eindeutigen Erfolge. Selbst verschiedene Organisationen der Wissenschaftler befanden nach eingehender Analyse des Feldes, dass die Gentherapie den Sprung ans Krankenbett wohl etwas zu früh gewagt hatte.

Die Gentherapie verliert ihre Unschuld

Ende der Neunziger hatten die Gentherapeuten noch immer keine Patienten geheilt, aber sie verbesserten doch ihre Werkzeuge in kleinen Schritten. Es gab vereinzelte Berichte über Erfolge, etwa bei der Behandlung der Herzschwäche. Wenn die Herzkranzgefäße verkalkt sind und zu wenig Blut an den Herzmuskel liefern, kann die Behandlung mit einem Gen für den Wachstumsfaktor VEGF helfen. VEGF regt gezielt das Wachstum von Adern an, es entstehen Umleitungen für das Blut, die nach einer Weile die Versorgung des gestressten Herzens verbessern. Das Gen bewirkt keine Wunder, aber es hat einen messbaren positiven Effekt. Nach einer langen Durststrecke sah es so aus, als ob die Gentherapie endlich auf dem richtigen Weg wäre. Doch dann starb am 17. September 1999 Jesse Gelsinger und die Gentherapie hatte ihren ersten Todesfall zu beklagen. Jesse Gelsinger litt an der Erbkrankheit OTC (Ornithin-Transcarbamylase-Mangel). Die Leber von OTC-Patienten kann keinen Ammoniak abbauen, das Stoffwechselprodukt reichert sich an und vergiftet nach und nach die Zellen. Babys, die an einer schweren Form der OTC leiden, sterben oft schon nach wenigen Wochen. Jesse Gelsinger hatte eine milde Variante der Krankheit. Mit Medikamenten und einer strengen Diät konnte er seine Blutwerte im grünen Bereich halten. Der 18-Jährige wollte aber anderen Patienten mit einer OTC helfen und nahm deshalb an einer Gentherapiestudie im Labor von James Wilson von der Universität von Pennsylvania in Philadelphia teil. James Wilson hatte die neue Behandlungsform ursprünglich an lebensbedrohlich erkrankten Babys erproben wollen, dagegen hatte aber die zuständige Ethikkommission ihr Veto eingelegt. Deshalb wich der Genetiker auf erwachsene Patienten mit einer milderen Form der OTC aus, die eine Gentherapie eigentlich gar nicht benötigten. Jesse Gelsinger war Studienteilnehmer Nummer 18, er erhielt die höchste Dosis der Schnupfenviren mit dem korrekten OTC-Gen, mehrere Billiarden Virenpartikel, direkt in die Leberarterie. Schnell bemerkten die Ärzte, dass etwas schief ging, Leber, Nieren, Lungen des jungen Mannes versagten ihren Dienst. Er wurde sofort auf die Intensivstation gebracht, doch nichts half. Vier Tage nach dem Eingriff starb Jesse Gelsinger. Der Tod Jesse Gelsingers war ein Schock für Familie, Patienten und Forscher und er warf viele Fragen auf. Dass Probanden in einer klinischen Studie sterben, ist nicht ungewöhnlich. Neue Therapien werden oft an todkranken Patienten erprobt, wenn sie sterben, ist dafür meist ihr Grundleiden und nicht die Therapie verantwortlich. Jesse Gelsinger aber war nicht schwer krank, seinen Tod hatte eindeutig das Adenovirus verursacht. Bis heute ist nicht mit Sicherheit geklärt, warum es eine solch gefährliche Wirkung entfaltete. Eigentlich sollte das Virus nur Leberzellen infizieren, aber es fand sich später in vielen Organen, besonders häufig in engem Kontakt mit Immunzellen. Diese hatten große Mengen eines Botenstoffs ausgeschüttet und damit eine körperweite Entzündung ausgelöst. Zusätzlich verstopften offenbar auch viele kleine Blutgefäße. Eine genaue Untersuchung der amerikanischen Aufsichtsbehörde, des Recombinant DNA Advisory Committee (RAC) brachte hier auch keine Klarheit, dafür enthüllte sie einen laxen Umgang der Gentherapeuten mit den geltenden Bestimmungen: So hatte Jesse Gelsinger in den Tagen vor dem Eingriff erhöhte Leberwerte. Nach den vorab festgelegten und genehmigten Regeln der Studie hätte er deshalb eigentlich gar nicht teilnehmen dürfen. Die Gruppe um James Wilson hatte das RAC auch nicht über schwere Leberprobleme bei zwei anderen Probanden in der Studie informiert. Und schließlich hatten sie das Informationsblatt für die Probanden verändert. Anders als mit dem RAC abgesprochen, wurde der Tod von zwei Rhesusaffen nicht erwähnt, die bei einem Vorversuch mit einem allerdings deutlich gefährlicheren Virus gestorben waren. James Wilson wurde später untersagt, weiterhin klinische Studien zu leiten. Das RAC untersuchte nicht nur die Gentherapiestudie von James Wilson, sondern befragte auch andere Forscher. Dabei stellte sich heraus, dass die Wissenschaftler es generell für unnötig hielten, die Behörden über Nebenwirkungen oder sogar Todesfälle zu unterrichten. In sieben Jahren Gentherapieversuchen mit Adenoviren war es zu 691 Fällen von

»negativen Ereignissen« gekommen. Die Behörden wurden aber nur über 39 davon informiert. In den anderen Fällen waren die Forscher zu dem Schluss gekommen, dass sie nicht mit der Therapie zusammenhingen und hatten sie deshalb nicht weitergemeldet. Es gab so etwas wie eine stillschweigende Übereinkunft in den Laboratorien, dass die Forscher kompetent und verantwortungsbewusst genug seien, um eventuelle Probleme alleine zu regeln. Formal konnte das kaum beanstandet werden. Anders als in Deutschland schrieben die Regelungen in den USA eine Meldung nicht zwingend vor. Inzwischen gelten strengere Bestimmungen und auch die Forscher und die Ethikkommissionen gehen vorsichtiger an Gentherapieversuche heran.

Fortschritt zwischen Licht und Schatten

Ende 1999 galt das Konzept Gentherapie vielen als erledigt. Die Zahl der Studien ging deutlich zurück, die Behörden erteilten auch strengere Auflagen. Doch schon im Jahr 2000 keimte wieder Hoffnung für dieses Feld auf. Die guten Nachrichten kamen diesmal nicht aus den USA, sondern aus Europa, aus dem Labor von Alain Fischer. Er arbeitete am Hospital Necker in Paris mit Kindern, die an einer schweren erworbenen Immunschwäche namens X-SCID (Severe Combined Immunodeficiency, schwere kombinierte Immunschwäche; das defekte Gen liegt auf dem X-Chromosom) leiden. Ähnlich wie Kinder mit einem ADA-Mangel müssen Kinder mit X-SCID vor allen Krankheitserregern geschützt werden und in einer keimfreien Plastikumgebung leben. Anders als beim ADA-Mangel handelt es sich bei dem defekten Gen aber nicht um ein Enzym, das man von außen zugeben könnte. Die einzige wirksame Therapie ist deshalb eine Knochenmarktransplantation. Leider finden sich längst nicht für alle Kinder passende Spender. Viele X-SCID-Patienten sterben noch im Kindesalter. Um diesen kleinen Patienten zu helfen, entnahm Alain Fischer Zellen des Knochenmarks und versorgte die Blutstammzellen mithilfe eines Retrovirus mit einer intakten Kopie des defekten Gens. Anschließend erhielten die Kinder die dauerhaft geheilten Zellen zurück. Der Erfolg war umwerfend. Vier der ersten fünf behandelten Kinder konnten die Klinik verlassen und ganz normal bei ihren Eltern leben, sie gingen auf den Spielplatz, in den Kindergarten. Ab und zu bekamen sie einen Infekt, aber ihr runderneuertes Immunsystem konnte die Keime zurückdrängen. Zum ersten Mal hatte eine Gentherapie eindeutig funktioniert.

In den nächsten Jahren wurden in Paris und in der Folge auch in London 18 Kinder mit einer Gentherapie von der X-SCID geheilt. Leider ist die Behandlung nicht ohne Risiko. Bei drei Kindern begannen sich die Abwehrzellen unkontrolliert zu vermehren, sie entwickelten eine Leukämie. Zwei konnten die Ärzte retten, das dritte starb. Wieder gab es einen Todesfall bei einer Gentherapie, aber dieses Mal wurde nicht gleich das ganze Forschungsfeld in Frage gestellt. Dafür gibt es vor allem zwei Gründe: Erstens funktioniert die Therapie und zweitens waren die Kinder, anders als Jesse Gelsinger, todkrank, sie hätten ohne Gentherapie kaum noch ein Jahr zu leben gehabt.

Alain Fischer hat die Krebszellen der drei Kinder untersucht und dabei den Grund für den Blutkrebs entdeckt. Der Forscher hatte ja Retroviren als Genfähren verwendet. Diese Viren bauen ihr Erbgut, und damit die heilenden Gene, fest in die DNA der Zelle ein. Außerdem haben sie sehr starke Steuersequenzen, die dafür sorgen, dass das Gen auch wirklich hoch aktiv ist. Beides ist erwünscht, um eine dauerhafte, starke therapeutische Wirkung zu erzielen. Doch es gibt einen Pferdefuß: Niemand weiß, an welcher Stelle sich ein Retrovirus ins Genom integriert. Manchmal zerstört es dabei wichtige Gene, das ist nicht problematisch, die Zelle stirbt einfach ab. In seltenen Fällen landet das Virus aber auch in der Nähe eines Krebsgens und aktiviert es mit seinen starken Promotoren. In den Leukämiezellen hatte das Retrovirus jeweils das Lmo2-Gen angeschaltet. Das allein reicht nicht aus, eine Zelle entarten zu lassen, aber es ist ein erster Schritt in Richtung Krebs. Im Lauf der Zeit können weitere Mutationen dazukommen, bis tatsächlich eine Leukämie entsteht. In Zukunft wollen die Forscher sowohl den Integrationsort der Retroviren überprüfen als auch Retroviren mit weniger effektiven Steuersequenzen verwenden.

Die zweischneidige Erfahrung mit der X-SCID-Gentherapie wird unter den Wissenschaftlern als Signal gesehen, die Gentherapie weiterzuentwickeln, dabei aber vorsichtig voranzuschreiten. Diesem Ansatz folgen auch deutsche Ärzte. Im Frühjahr 2006 berichteten Forscher aus

Frankfurt am Main um Manuel Grez von einer erfolgreichen Gentherapie der Chronischen Granulomatose. Auch dabei handelt es sich um eine angeborene Immunschwäche, aber in diesem Fall ist das Immunsystem nicht komplett ausgeschaltet, sondern nur deutlich behindert. Den Patienten fehlt ein Gen aus dem Waffenarsenal der Abwehrzellen. Sie haben daher ständig mit schweren Bakterien- und Pilzinfektionen zu kämpfen und müssen vorbeugend Antibiotika und Antipilzmittel einnehmen. Trotzdem kommt es gelegentlich zu lebensbedrohlichen Infektionen. Erste Gentherapieversuche bei dieser Krankheit waren in den USA fehlgeschlagen, deshalb ging Manuel Grez einen etwas anderen Weg. Zunächst versorgte er Blutstammzellen im Reagenzglas mit einer gesunden Genkopie. Dann bestrahlte der Arzt das Knochenmark der Patienten, erst danach erhielten sie ihre geheilten Zellen zurück. Die leichte Strahlendosis hatte das Knochenmark nur etwas geschädigt, es entstand ein Leerraum, ein Nische, die von den genveränderten Zellen besetzt werden konnte. Nach einiger Zeit tauchten abwehrbereite Immunzellen im Blut auf, parallel gingen lange bestehende Infektionen der Patienten in der Leber bzw. in der Lunge zurück. Damit hatte zum ersten Mal eine Gentherapie auch bei erwachsenen Patienten angeschlagen. Allerdings zeigte eine genaue Analyse, dass sich vor allem Zellen vermehrten, bei denen das therapeutische Retrovirus in der Nähe eines Krebsgens gelandet war. Mit Argusaugen überwachen die Ärzte deshalb das Blutbild, bisher gibt es aber keine Anzeichen für eine Leukämie. Der Frankfurter Erfolg hat Ärzte in Zürich ermutigt, einen fünfjährigen Jungen mit der gleichen Methode zu behandeln. Bei ihm hatte ein aggressiver Pilz das Rückenmark befallen und dadurch eine Querschnittslähmung ausgelöst. Einen Monat nach der Gentherapie saß er wieder auf dem Dreirad. Inzwischen sinkt die Aktivität der Abwehrzellen aber wieder, die Ärzte denken über eine Wiederholung der Therapie nach. Leider starb in der Zwischenzeit einer der Frankfurter Patienten an einem Darmdurchbruch. Ob es sich dabei um einen tragischen Zufall handelte, muss sich noch zeigen. Aber auch bei der Chronischen Granulomatose gilt es, die Chancen und die Risiken der verschiedenen Therapiemöglichkeiten abzuwägen. Die Alternative, eine Knochenmarktransplantation mit einem nicht perfekt passenden Spender, endet in fast der Hälfte der Versuche tödlich.

Die Zeit der großen Versprechungen in der Gentherapie ist vorbei. Die Forscher backen kleinere Brötchen, aber sie geben nicht auf. In San Diego wurden acht Alzheimerpatienten genmanipulierte Zellen ins Gehirn verpflanzt, die einen Nervenwachstumsfaktor produzieren. Der geistige Verfall soll zumindest ein wenig langsamer verlaufen. Ähnlich wirkt ein anderer Wachstumsfaktor des Gehirns bei der Parkinsonkrankheit. Vorerst unklar ist der Effekt einer Gentherapie gegen die Huntington-Krankheit. In Oxford bekämpfen Ärzte tödliche Tumoren der Bauchspeicheldrüse mit Retroviren, die spezifisch Krebszellen infizieren und dann dort einen Giftstoff aktivieren. Retroviren können aber auch das Ziel einer Gentherapie sein, im amerikanischen Maryland erhielten drei AIDS-Patienten genveränderte Zellen, denen HIV nichts mehr anhaben soll. Mehrere DNA-Impfstoffe befinden sich in der Erprobung, ebenfalls gegen HIV aber auch gegen die Tuberkulose. Mit der iRNA-Technik, bei der kurze RNA-Stücke gezielt Gene stumm schalten, versucht man, wie schon erwähnt, die Makula-Degeneration zu stoppen und so das Augenlicht älterer Patienten zu erhalten. Gene lassen sich auch mit antisense-Molekülen blockieren, die ihre Sequenz rückwärts enthalten. Auf diesem Weg soll ein Medikament namens Genasense den schwarzen Hautkrebs beseitigen. Schon zugelassen ist Fomivirsen, ein Antisense-Wirkstoff gegen eine seltene Augenerkrankung bei AIDS-Patienten. Seit sich aber HIV selbst erfolgreich bekämpfen lässt, wird diese Therapie kaum noch eingesetzt.

Die vielen Aktivitäten zeigen, dass sich das Feld der Gentherapie vom Tod Jesse Gelsingers erholt hat. Niemand behauptet noch ernsthaft, die Behandlung mit den heilenden Genen sei der Königsweg der Medizin. In Zukunft wird es aber sicher so sein, dass bei einzelnen Krankheitsbildern die Balance aus Heilungschancen und Risiken eher für eine Gentherapie als für die konventionelle Behandlung spricht. Gelegentlich gelingt es auch, beide Ansätze zu kombinieren und eine Art Gentherapie aus der Pillendose anzubieten.

Rund ein Drittel aller Erbkrankheiten entsteht, weil eine Mutation ein Stoppschild in der Mitte eines Gens errichtet. Normalerweise findet sich ein solches Stoppschild, ein Stoppcodon, hinten im Gen und signalisiert den Eiweißfabriken, dass sie an dieser Stelle mit ihrer Arbeit aufhören sollen. Befindet sich ein Stoppcodon fälschlicherweise inmitten eines Gens, hört die Eiweißsynthese vorzeitig auf und es entsteht ein verkürztes, funktionsunfähiges Protein. Das Antibiotikum Gentamicin bindet an die molekulare Maschinerie, die die genetischen Stoppschilder erkennt und sorgt dafür, dass sie einfach ignoriert werden. Die Eiweißfabriken arbeiten und produzieren weiter ein vollständiges Protein. Gesunde Gene werden kaum beeinträchtigt, weil das normale Stoppcodon sowieso am Ende der Boten-RNA liegt. Der Genklempner Gentamicin funktioniert nicht nur in der Zellkultur oder im Tierversuch. Als die Ärzte das Antibiotikum auf die Nasenschleimhaut von Mukoviszidose-Patienten sprühten, bildeten sie dort wieder ein normales CFTR-Eiweiß, der Gendefekt war korrigiert. Nun ist eine funktionierende Nasenschleimhaut das kleinste Problem der Patienten. Die Forscher hatten die Nase nur ausgewählt, weil hier der Effekt des Medikaments leicht zu studieren ist. Es sieht aber so aus, als ob das Antibiotikum auch die Lungenfunktion verbessert, das berichten zumindest einige Patienten, die auf eigene Faust mit dem Medikament experimentiert haben. Eine größere Studie soll jetzt zeigen, ob Gentamicin den Gendefekt tatsächlich aufheben kann. Selbst wenn alles gut geht, wird das Antibiotikum aber nur einem von hundert Mukoviszidose-Patienten helfen. Bei der überwiegenden Mehrheit wird der ererbte Effekt durch andere Mutationen als ein fehlplaziertes Stoppcodon verursacht. Dafür könnte die »Gentherapiepille« aber auch bei anderen Erbleiden helfen. Erste positive Berichte gibt es beispielsweise bei einer erblichen Form des Muskelschwundes.

Die wahre Stärke der Genmedizin: klassische Medikamente

Die Gentherapie ist, trotz der bisher bescheidenen Erfolge, der sichtbarste Zweig der roten Gentechnik. Dabei hängt in gewisser Weise ein Großteil der Fortschritte der Medizin mit der Gentechnik zusammen. Die Analyse und Manipulation der DNA sind ein so effektiver Weg zu neuen Erkenntnissen, dass sie aus den Laboratorien in Klinik und Forschung schlicht nicht mehr wegzudenken sind. Wenn heute ein Tumor herausoperiert wird, prüft der Pathologe mit molekularen Markern oder monoklonalen Antikörpern, ob wirklich alle Krebsreste entfernt wurden. Und selbst bei der Erforschung von Heilpflanzen werden ganz selbstverständlich gentechnische Methoden verwendet. Langsamer verläuft die Entwicklung der molekularen Medizin. Die erste Generation der therapeutischen Eiweiße waren bloße Kopien nach dem Vorbild der Natur, wie das Insulin, das Wachstumshormon oder das Erythropoietin. Sie stellen für viele Patienten wichtige Verbesserungen dar, aber noch weit mehr Kranken konnte die Gentechnik nichts anbieten. Fast sah es so aus, als ob all die neuen genetischen Erkenntnisse zur Krankheitsentstehung zwar die Neugier der Wissenschaftler befriedigen, sich aber kaum in wirksame Therapien umsetzen lassen. Aber inzwischen macht der genetische Ansatz in der Therapie Fortschritte. Vor allem ein Medikament hat den Optimismus der Forscher angefacht. Glivec revolutionierte die Behandlung der Chronischen Myeloischen Leukämie (CML), einer Form des Blutkrebses an der in Deutschland jedes Jahr zwischen 600 und 800 Menschen erkranken. Hinter Glivec steht vor allem ein Mann, Brian Druker von der Universität in Portland. Als der Arzt und Forscher begann, sich mit der CML zu beschäftigen, war schon einiges über diese Krankheit bekannt. Die entarteten weißen Blutkörperchen zeigen alle dieselbe Besonderheit: das Philadelphia-Chromosom, eine unnatürliche Verschmelzung zweier Chromosomen. An der Schnittstelle gelangt das ABL-Gen – es leitet die Signale von Wachstumsfaktoren weiter – direkt neben das BRC-Gen. Für sich genommen sind die beiden Gene völlig harmlos, in der Kombination entfalten sie aber eine fatale Wirkung. Das BCR-ABL-Eiweiß reagiert nicht mehr auf Signale aus der Umgebung, es ist ständig aktiv und sagt der Krebszelle unaufhörlich: Teile dich, wachse, teile dich. Im Labor half Brian Druker, die molekularen Hintergründe der CML aufzuklären, gleichzeitig wollte er seine Erkenntnisse aber auch für die Klinik nutzen. In Zusammenarbeit mit Novartis testete er Tausende von Substanzen und fand schließlich eine, die das BCR-ABL-Eiweiß abschalten konnte. Die Ergebnisse der ersten klinischen Studien mit Glivec übertrafen alle Erwartungen: Bei 53 von 54 Patienten verschwanden die kranken Zellen aus dem Blut, bei vielen waren sie selbst im Knochenmark nicht mehr nachzuweisen. Nebenwirkungen gab es kaum. Für Brian Druker kam das einem Wunder gleich. Bei der Verleihung des Robert-Koch-Preises 2005 in Berlin erinnerte er sich an den Moment, in dem ihm die Bedeutung seiner Entdeckung klar wurde: »An einem Tag kamen drei meiner ersten Patienten und erzählten mir dieselbe Geschichte. Wie sie jede Hoffnung verloren, schon die Beerdigung geplant hatten und wie dann plötzlich diese schwarze Wolke von ihnen wich und ihre Hoffnung auf die Zukunft zurückkehrte. Das war im Winter und sie machten schon Pläne für eine Reise nächsten Sommer. Da habe ich begriffen, dass das größte Geschenk die Hoffnung ist. Ein Arzt kann nichts erleben, nichts sehen, keinen Preis bekommen, der sich damit vergleichen lässt.« (Interview: V.W.)

Glivec ist inzwischen die Standardtherapie für die Chronische Myeloische Leukämie. Brian Druker gab sich damit aber nicht zufrieden. Bei immerhin 16 Prozent der Patienten wirkt das Medikament nach vier Jahren nicht mehr. Im Labor an der Universität in Portland enthüllte eine genaue Analyse des BCR-ABL-Gens, dass die Krebszellen bei diesen Patienten zusätzliche Mutationen entwickelt hatten. Eine gezielte Suche führt auf die Spur von zwei neuen Wirkstoffen, die auch an das mutierte BCR-ABL-Eiweiße binden und die in ersten klinischen Studien vielversprechend aussehen. Damit nicht genug, das ursprüngliche Medikament Glivec blockiert nicht nur das BCR-ABL-Eiweiß, sondern auch nah verwandte Wachstumsregulatoren, die bei einer seltenen Tumorform des Magen-Darm-Trakts verändert sind. Heute gibt Glivec auch Patienten mit diesem Krebs neue Hoffnung. Die Erfolge von Brian Druker und seinen Kollegen haben auch andere Forscher davon überzeugt, dass sich ein molekulares Verständnis der Krankheiten tatsächlich in wirksame Therapien umsetzen lässt. Die CML ist allerdings ein Sonderfall, diese Krebsform geht tatsächlich immer auf ein einziges molekulares Ereignis, eben das Philadelphia-Chromosom zurück. Damit kann ein einziges Medikament praktisch allen Patienten helfen. Bei den meisten anderen Tumorformen kommen aber mehrere und bei verschiedenen Patienten oft unterschiedliche Mutationen zusammen, die gemeinsam das unkontrollierte Wachstum vorantreiben. Ein einzelnes Medikament kann deshalb weder allen Kranken helfen noch kann es alleine einem Tumor Einhalt gebieten. Trotzdem haben mehrere gezielt entwickelte Medikamente schon den Sprung in die Klinik geschafft. Sie werden erst verschrieben, wenn ein Gentest das Vorliegen einer bestimmten Mutation bestätigt. Beim Brustkrebs kann ein überaktives her2-Gen durch den Antikörper Herceptin blockiert werden. Ähnlich hilft das Medikament Iressa gegen bestimmte Formen des Lungenkrebses, bei der ein anderer Wachstumsfaktor außer Kontrolle geraten ist. Verschiedene weitere Substanzen befinden sich derzeit in der klinischen Prüfung.

Bereits zugelassen ist die erste Impfung gegen einen Krebs. Der weltweit zweithäufigste Tumor bei Frauen, der Gebärmutterhalskrebs, wird nämlich häufig von Viren ausgelöst. Die über 150 unterschiedlichen Viren aus der Gruppe der Humanen Papilloma Viren (HPV) werden bei sexuellen Kontakten übertragen. Meist kämpft sie das Immunsystem schnell nieder. Gelingt es den Viren aber sich festzusetzen, verursachen einige Typen Genitalwarzen. Besonders HPV 16 und 18 lösen aber auch Veränderungen in den Zellen des Gebärmutterhalses aus, die auf lange Sicht zur Krebsentstehung führen können. Diese beiden Typen sind für 70 Prozent der Zervixkarzinome verantwortlich. Es gibt zwei gentechnisch hergestellte Impfstoffe, die vor diesen Krebsviren schützen. Wenn die jungen Mädchen noch vor den ersten sexuellen Erfahrungen geimpft würden, könnte die Häufigkeit des Gebärmutterhalskrebses deutlich zurückgehen. Auch viele andere Impfstoffe bestehen heute nicht mehr aus abgeschwächten oder abgetöteten Viren oder Bakterien, sondern aus gentechnisch hergestellten Proteinen der Krankheitserreger. Auf diesem Gebiet hat sich die rote Gentechnik durchgesetzt.

Der Ansatz einer molekularen Analyse und gezielten Medikamentenentwicklung funktioniert nicht nur bei den Tumoren, sondern vor allem auch bei Autoimmunerkrankungen. Bei diesen Leiden greifen die Zellen des Abwehrsystems körpereigenes Gewebe an, bei der rheumatischen Arthritis die Gelenke, bei der Schuppenflechte die Haut, beim Morbus Crohn den Darm und bei der Multiplen Sklerose die Isolierschicht um die Nerven. In vielen Fällen wird die Entzündung durch den Botenstoff Tumor-Nekrose-Faktor alpha (TNF alpha) angeheizt. Der Botenstoff lässt sich mit spezifischen Antikörpern blockieren, alternativ spritzen die Ärzte eine Art TNF-alpha-Doppelgänger. Dieses Molekül besetzt die Rezeptoren, die Antennen, mit denen die Zellen TNF-alpha wahrnehmen, aktiviert sie aber nicht. Das natürliche TNF-alpha kann dann nicht mehr binden und verliert seine schädliche Wirkung. In der

Rheumatherapie waren die Antikörper gegen TNF-alpha ein echter Durchbruch, sie wirken schneller und besser als die klassischen Medikamente. Früh eingesetzt können sie die Zerstörung des Gelenks verhindern. Dieselben Substanzen wirken auch gegen den Morbus Crohn und die Schuppenflechte. Allerdings gibt es kaum Langzeiterfahrungen. Medikamente, die das Immunsystem hemmen, erhöhen gleichzeitig die Infektgefahr und in geringem Maße auch das Tumorrisiko. Den Patienten wird deshalb die Krebsfrüherkennung nachdrücklich empfohlen.

In der Pipeline der Pharmafirmen befinden sich noch viele »maßgeschneiderte« Medikamente, die Kranken helfen sollen, denen die klassische Medizin bislang wenig anbieten konnte. Hoffen dürfen vorerst vor allem Patienten, die an molekular klar definierten Sonderformen verbreiteter Krankheiten leiden. Die Pille gegen den Krebs allgemein dagegen kann es nicht geben. Andererseits zeigt sich, dass ähnliche molekulare Veränderungen bei verschiedenen Krankheiten eine Rolle spielen, sodass etwa TNF-alpha-Blocker bei mehreren, bisher getrennt betrachteten Diagnosen wirken.

Wie viel Fortschritt für wie viel Geld

Die »Biologicals«, die neuen Medikamente der roten Gentechnik sind sehr teuer. Deborah Schrag vom Memorial Sloan-Kettering Cancer Center in New York hat 2004 im The New England Journal of Medicine vorgerechnet, wie sich die Therapie beim Dickdarmkrebs im Lauf der Jahre entwickelt hat, und welche Rechnungen dabei jeweils auf die Krankenkassen zukamen. Mitte der Neunziger hatte ein Patient mit Dickdarmkrebs ohne Behandlung eine Lebenserwartung von wenigen Monaten. Eine Chemotherapie verschaffte ihm statistisch gesehen vier weitere Monate, zu einem Preis von 63 US-Dollar. 2002 kamen verbesserte Wirkstoffe auf den Markt. Für rund 12 000 US-Dollar erhöhten sie die Überlebenszeit auf knapp zwei Jahre. Schon 2004 war der nächste Fortschritt in der Therapie zu vermelden, die monoklonalen Antikörper Avastin und Erbitux. Avastin blockiert einen Lockstoff für Blutgefäße und kann dadurch Darm- und Lungentumoren regelrecht aushungern. Erbitux hebt die Wirkung eines Wachstumsfaktors auf.

Durch die Kombination einer Chemotherapie mit einem Antikörper gewinnen die Patienten noch einmal fünf Monate. Ein Behandlungszyklus kostet zwischen 21 000 und 30 000 US-Dollar. Zum Teil sind mehrere Zyklen erforderlich. Innerhalb von zehn Jahren haben sich die Kosten für die Behandlung des Dickdarmkrebses in den USA von wenigen Millionen auf 1,2 Milliarden Dollar erhöht. In Deutschland sehen die Zahlen vergleichbar aus. Auch die anderen Medikamente aus dem Genlabor sind nur für sehr viel Geld zu haben. Neben den Krebsmitteln sind es vor allem Substanzen wie die TNF-alpha-Blocker, die hohe Kosten verursachen. Sie können die chronisch Kranken nicht heilen, helfen ihnen aber, besser mit ihren Leiden zurechtzukommen. Dafür müssen die Patienten die Mittel aber auch über viele Jahre einnehmen.

Ein weiterer Grund für die steigenden Arzneimittelausgaben ist die immer breitere Anwendung erfolgreicher Substanzen. So wurde der Antikörper Herceptin ursprünglich zugelassen für die Behandlung von Frauen mit einem her2-positiven Brustkrebs in einem fortgeschrittenen Stadium. Hier ist das Medikament sehr erfolgreich, es lag nahe, es auch bei Frauen mit einem Brustkrebs im Frühstadium zu erproben. Die ersten Studien erschienen 2005 im The New England Journal of Medicine. In einem Kommentar schrieb Gabriel Hortobagyi vom MD Anderson Krebs-Zentrum in Houston: »Diese Beobachtung legt eine dramatische und vielleicht dauerhafte Veränderung im natürlichen Verlauf dieser Krankheit nahe und stellt vielleicht eine Heilung dar.« (NEJM, 20.10.2005) Kein Wunder, dass die Studie Schlagzeilen machte. Alles schien für eine möglichst frühe Therapie mit dem teuren Medikament (ein Behandlungszyklus kostet um die 35 000 Euro) zu sprechen. Doch dann erschien ein Kommentar in der englischen Medizinzeitschrift The Lancet: »Es ist zutiefst irreführend, anzudeuten, und sei es nur rhetorisch, dass die veröffentlichten Daten auf eine Heilung des Brustkrebs hindeuten.« (The Lancet, 9.11.2005) Es gibt drei Gründe für diese skeptische Einschätzung. Erstens sind die Studien vorläufig; was die Endauswertung ergibt, muss sich noch zeigen. Zweitens war die Wirkung von Herceptin nicht sehr stark. Zwar sank das Rückfallrisiko tatsächlich um 52 Prozent. Dieselben Zahlen lassen sich auch anders ausdrücken. Am Ende der einen Studie lebten in der Kontrollgruppe noch 97,8 Prozent der Frauen, Herceptin konnte diesen Wert auf 98,3

Prozent steigern, ein Unterschied von 0,5 Prozentpunkten. So klingt der Effekt des Antikörpers weniger beeindruckend. Das Jonglieren mit Prozentzahlen hat eben seine Tücken. Deshalb sollte man versuchen, immer auch einen Blick auf die absoluten Zahlen zu werfen. Und der zeigt hier: Die Ärzte können einen früh entdeckten Brustkrebs eben schon seit einiger Zeit recht erfolgreich behandeln. Umso wichtiger ist ein dritter Punkt: Herceptin ist nicht ungefährlich. In den Studien verursachte das Medikament bei einer von 200 Patientinnen Herzversagen. Niemand bestreitet, dass Herceptin in der Behandlung des fortgeschrittenen Brustkrebses segensreich ist, die Bedeutung des Antikörpers in der Frühphase der Erkrankung ist aber noch nicht endgültig geklärt. Trotzdem gibt es verständlicherweise einen starken Druck von Seiten der Patientinnen, das Medikament breiter verfügbar zu machen. In Deutschland haben einige Frauen vor den Sozialgerichten in Frankfurt, Heilbronn und Bayreuth geklagt und erstritten, dass die Krankenkassen ihre Behandlung mit Herceptin übernehmen müssen.

Die modernen, mithilfe der Gentechnik hergestellten oder zumindest entwickelten Medikamente sind extrem teuer, sie werden oft über lange Zeiträume eingenommen und zunehmend weiteren Patientenkreisen verschrieben. Gerade der Erfolg der roten Gentechnik wird so zum Problem der Gesundheitssysteme. Die Unternehmen rechtfertigen ihre Preise mit den hohen Forschungskosten. Die sind in der Tat erheblich, die Entwicklung eines neuartigen Medikaments dauert meist über zehn Jahre, in denen viele Hundert Millionen Euro investiert werden müssen. Das ist viel Geld, allerdings geben die Unternehmen noch weit mehr für die Vermarktung ihrer Pillen aus und können, zur Freude ihrer Aktionäre, immer noch große Gewinne ausweisen. Die hohen Preise belasten nicht nur allgemein die Gesundheitssysteme. Sie führen auch dazu, dass viele Patienten die innovativen Arzneimittel gar nicht mehr erhalten, weil sie das Budget der Ärzte sprengen würden. Gerade chronisch Kranke, die zum Beispiel an Alzheimer oder Rheuma leiden, gelten tendenziell in Deutschland als unterversorgt. An ihnen geht der medizinische Fortschritt vorbei, auch das ist eine Konsequenz der Medikamentenpreise.

Die Debatte zieht weiter:
Von heilenden Genen zu heilenden Zellen

Die Alleskönner aus dem Embryo

Es gibt einen neuen Superstar auf den Bühnen der Biologie, der Medizin, der Öffentlichkeit: die embryonale Stammzelle. Sie ist ein Ausbund an Fruchtbarkeit, vermehrt sich praktisch unbegrenzt und ist gleichzeitig ein Wandlungskünstler allererster Güte. Fast ohne Proben übernimmt sie im Theater des Körpers jede beliebige Rolle, verleiht dem Herzen Kraft, webt im Gehirn an Nervennetzen oder dirigiert den Stoffwechsel vom Pult der Hormondrüsen. Diese Heldenrolle soll die embryonale Stammzelle in Zukunft auch zum Besten der Kranken ausfüllen, soll Parkinson, Diabetes oder Querschnittslähmung besiegen helfen. Allerdings hat der strahlende Helfer für viele auch eine düstere Seite. Seine Abstammung ist moralisch zweifelhaft. Wie schon ihr Name sagt, geht jede embryonale Stammzelle letztlich auf einen Embryo zurück, der zerstört wurde, um ihr ein Leben im Labor zu ermöglichen. Was die einen als medizinischen Kollateralschaden abtun, ist für andere ein Makel, der durch keinen noch so großen Sieg der embryonalen Stammzelle abgewaschen werden kann.

Die Diskussion um die embryonalen Stammzellen wirkt derzeit etwas abgehoben. Noch handelt es sich hier um ein Projekt, ein hoch spannendes Projekt der Wissenschaft. Welche Bedeutung es einmal für die Medizin haben wird, lässt sich seriös kaum vorhersagen. Im Lichte der bisherigen Erfahrungen der Biomedizin sollten die Forscher mit Versprechungen eher zurückhaltend sein. Die Gentherapie wurde ja auch als Allheilmittel gelobt und scheint sich jetzt eher als eine Behandlungsoption unter vielen bei einem eng umschriebenen Kreis von Krankheiten anzubieten. Dennoch geraten nüchterne Forscher beim Thema Stammzellen ins Schwärmen. Der Präsident der Berlin-Brandenburgischen Akademie der Wissenschaften, Günter Stock, meinte bei der Vorstellung des Berichts »Stammzellforschung und Zelltherapie«: »Ich selbst habe von der Gentherapie sehr viel erwartet, wir mussten aber im Lauf der letzten Jahre erkennen, dass das Gen als Gen allein nicht ausreichend ist, dass das Gen allein nicht das Allheilmittel ist. Zellen hingegen, wenn sie sich in ihrer neuen Umgebung wohlfühlen können Signale aus der Umwelt aufnehmen, können sich dann sehr ›intelligent‹ adaptieren an die Notwendigkeiten und lokalen Gegebenheiten. Von daher ist das Grundpotenzial der Zellen und der Zelltherapie größer.« (Interview: V.W.) Zelltherapie, darum geht es hier eigentlich. Die embryonalen Stammzellen sind dabei nur Mittel zum Zweck. Schon heute wird die Zelltherapie im klinischen Alltag eingesetzt, allerdings mit Stammzellen, die jeder von uns in sich trägt.

Im Körper verbergen sich praktisch überall medizinische Experten. Die Gewebestammzellen liegen vereinzelt zwischen den spezialisierten Zellen, die die eigentliche Aufgabe eines Organs erfüllen, die in der Niere Urin filtrieren oder sich im Muskel zusammenziehen. Ohne die Unterstützung der lokalen Stammzellen käme die Arbeit im Organ mit der Zeit zum Erliegen. Stammzellen sind durch zwei Eigenschaften gekennzeichnet: Erstens können sie sich vermehren und dabei neue Stammzellen bilden. Und zweitens verwandeln sie sich bei Bedarf in die gerade benötigten spezialisierten Zellen. Beide Prozesse, Vermehrung und Spezialisierung, sind genauestens geregelt, durch Botenstoffe, aber auch durch die Kontakte zu anderen Zellen in der Mikroumgebung. So ist die Teilungsrate normalerweise niedrig, gerade so hoch, dass Verluste ausgeglichen werden können. Bei einer Gewebeschädigung, einem Schnitt in der Haut oder einem Infarkt im Herzen oder Gehirn werden die Stammzellen geweckt und beginnen schnell, neue Zellen zu produzieren. Im Idealfall gelingt die komplette Regeneration der Verletzung. Bei Kindern verheilen Wunden noch völlig spurlos, die Stammzellen des Erwachsenen sind aber nicht mehr so flexibel oder so vermehrungsfreudig, es kommt zur zweitbesten Lösung, zur Narbenbildung. Sie sichert das Überleben, aber sie kann die volle Funktion des betroffenen Organs nicht mehr herstellen. Auf der Haut sind Narben unschön und hinderlich, im Herz oder Gehirn können sie zu dramatischen Folgeproblemen führen. Dennoch – ohne die Gewebestammzellen wären wir alle nicht da. Aber ihre Fähigkeiten sind offenbar nicht ausreichend für eine Generalüberholung des alternden Körpers.

Hier setzt die Zelltherapie oder regenerative Medizin an. Statt verlorene Funktionen nur mit Medikamenten auszugleichen, also Zuckerkranken Insulin zu verschreiben und Parkinsonpatienten mit dem

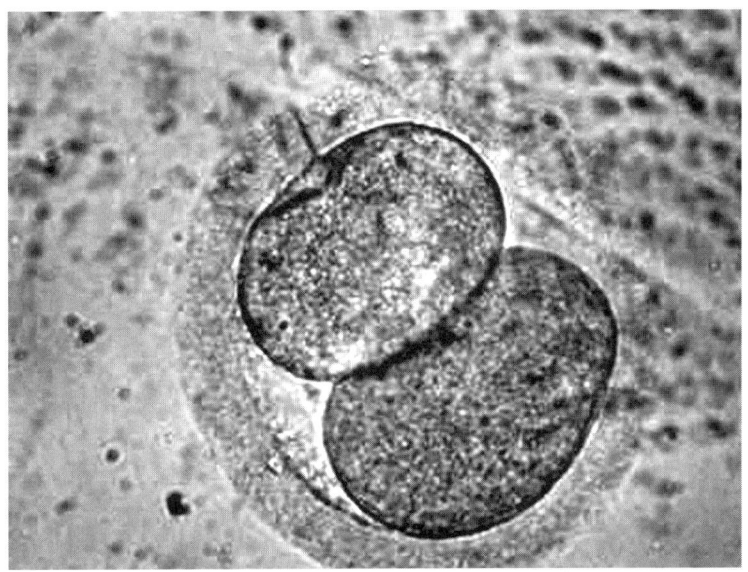

Geklonter menschlicher Embryo zur Stammzellengewinnung (Mikrofoto)

Botenstoff Dopamin zu helfen, möchten die Ärzte den Schaden im Gewebe tatsächlich reparieren, nicht mit Narbengewebe, sondern mit funktionierenden Zellen. Dass es sich dabei nicht nur um einen Traum handelt, zeigt die eine Form der Zelltherapie, die schon seit Jahrzehnten Erfolge vorzuweisen hat: die Knochenmarktransplantation. In den Siebzigern entdeckte der spätere Nobelpreisträger Donnall Thomas, dass isolierte Zellen aus dem Knochenmark in der Lage sind, dauerhaft alle Zellen des Blutes zu bilden. Damit wurde ein neuer Ansatz in der Behandlung von Leukämien möglich: Die Ärzte zerstören mit einer Bestrahlung oder einer Chemotherapie die Blutzellen des Patienten und damit auch alle Krebszellen. Diese Behandlung ist eigentlich tödlich, das Leben der Patienten wird aber durch die Übertragung von Knochenmarkzellen eines gesunden Spenders gerettet. Der Arzt spritzt sie einfach in die Blutbahn, sie finden von selbst ins Knochenmark, siedeln sich dort an und beginnen nach einiger Zeit mit der Produktion der weißen und roten Blutkörperchen. Allerdings greift das fremde Immunsystem den neuen Körper an, deshalb müssen sich Spender und Empfänger in ihren Gewebemerkmalen weitgehend gleichen. Zusätzlich dämpfen

Medikamente die Aktivität der Abwehrzellen etwas ab. Inzwischen werden auf diesem Weg auch angeborene Blutkrankheiten behandelt. In Europa finden jedes Jahr über 17000 Knochenmarktransplantationen statt, diese Therapie ist damit überaus erfolgreich. Bis vor Kurzem wurde die Knochenmarktransplantation als eine Unterform der Organtransplantation betrachtet. Seit die Stammzellen in aller Munde sind, gilt sie als Mutter aller Zelltherapien und als Beleg dafür, dass Zellen wirklich heilen können.

Tissue Engineering

Erste Erfolge beim Tissue Engineering, der Züchtung von Ersatzgewebe im Labor, gibt es bei künstlicher Haut und Knorpel. Berühmt wurde das Foto einer Maus mit einem menschlichen Ohr auf dem Rücken. Die Forscher hatten dazu Knorpelzellen auf einem Gerüst in Form einer Ohrmuschel angesiedelt und das Ganze dann der Maus auf den Rücken genäht. Inzwischen existieren eine ganze Reihe kleiner Firmen, die Zellen aus Gewebeproben von Patienten zuerst mithilfe von Wachstumsfaktoren vermehren und sie dann auf geeigneten flachen oder schwammartigen Unterlagen ansiedeln. Nach einigen Wochen können die Ärzte dann Bio-Haut oder Bio-Knorpel ernten und mit dem Material Wunden abdecken oder Schäden in den Gelenken oder den Bandscheiben flicken. Noch in der Phase erster klinischer Studien ist der Einsatz von »gezüchteten« Herzklappen. Hier wird ein dreidimensionales Gerüst aus einem biologisch abbaubaren Kunststoff mit den Zellen des Patienten besiedelt. Um sie auf die Anforderungen an ihrem neuen Arbeitsplatz im Körper vorzubereiten, müssen die Klappen regelrecht trainiert werden. Im Bioreaktor wird der Druck der Nährflüssigkeit in einem künstlichen Pulsschlag verändert. Nur unter diesen quasi natürlichen mechanischen Belastungen reifen die Zellen normal aus. Experimente an Lämmern zeigen, dass solche Herzklappen aus eigenen Zellen mit dem Körper mitwachsen können. Derzeit erhalten Kinder mit angeborenen Herzfehlern im Abstand von einigen Jahren oft mehrere Ersatzklappen. Vielleicht, so die große Hoffnung, wird in Zukunft eine einzige Operation ausreichen.

Den Rekord in Sachen Komplexität hält Anthony Atala mit einer Bio-Harnblase. An der Wake Forest Universität in North Carolina behandelt der Arzt und Forscher Kinder, die an Spina Bifida leiden, einem angeborenen Rückenmarksdefekt, der oft mit einer verkümmerten Harnblase einhergeht. Bislang tragen sieben Patienten eine aus ihren eigenen Zellen konstruierte Ersatzblase. Diese Bio-Blase besteht aus zwei Zellsorten, innen sorgen glatte Deckzellen für einen dichten Abschluss, außen stemmen sich Muskelzellen dem Druck des gesammelten Urins entgegen. Anthony Atala vermehrt sie erst getrennt aus einer kleinen Gewebeprobe der Patienten und siedelt sie später an auf einer Art Luftballon aus Kollagen, einem stabilen Protein der Haut. Im letzten Schritt wird die Bio-Blase an die defekte Blase angesetzt. Im Lauf der Zeit wachsen Blutgefäße zu dem neuen Organ, auch einzelne Nerven suchen Kontakt. Die Patienten haben aber nach wie vor keine bewusste Kontrolle über ihre Blase, weder fühlen sie, wann sie voll ist, noch können sie gezielt Urin abgeben. Die Bio-Blase funktioniert in etwa so gut, wie die bisherigen Ersatzblasen, die die Chirurgen aus einem Stück Darm geformt haben. Dank der Blase aus dem Bioreaktor kann der Darm der Patienten in Zukunft aber intakt bleiben. 16 Jahre Forschung stecken in dem Projekt, nun will Anthony Atala versuchen, auch noch einen Schließmuskel zu konstruieren. Offenbar ist viel Arbeit an den Details nötig, aber das Tissue Engineering macht langsam Fortschritte.

Der Reiz des Embryos

Entscheidend ist in jedem Fall das richtige Ausgangsmaterial. Derzeit werden meist Zellen aus dem Gewebe verwendet, das anschließend auch hergestellt werden soll. Diese Zellen sind auf ihre künftige Aufgabe schon vorbereitet, sie brauchen keine neuen Tricks zu lernen. Allerdings lassen sie sich im Labor kaum vermehren. Außerdem sind nicht bei allen Krankheiten die passenden Stammzellen zugänglich. Nervenstammzellen zur Behandlung der Parkinsonschen Krankheit direkt dem Gehirn zu entnehmen, ist zwar machbar, aber gefährlich. Und in der Bauchspeicheldrüse eines Zuckerkranken dürften kaum Vorläufer der Insulin produzierenden Zelle zu finden sein, das ist ja ein

Teil des Problems. Eine radikal andere Herangehensweise ist, nicht die passenden Zellspezialisten zu suchen, sondern ganz im Gegenteil einen Generalisten heranzuziehen und nach intensivem Training die Arbeit übernehmen zu lassen. Dieser Generalist ist die embryonale Stammzelle. Sie findet sich in den Blastozysten, in diesem Stadium gleicht der wenige Tage alte Embryo einer Hohlkugel mit einem kleinen Haufen Zellen an der Innenwand. Die äußere Kugel bildet die Plazenta und die Fruchtblase, aus der inneren Zellmasse entsteht der Embryo und später der Mensch mit seinen weit über 200 verschiedenen Zelltypen. Trotz dieses hohen Entwicklungspotenzials der ES-Zellen gibt es einen wichtigen Unterschied zum Embryo: Selbst wenn man embryonale Stammzellen in die Gebärmutter einer Frau übertragen würde, könnte daraus nie ein Mensch entstehen. Aus den ES-Zellen bilden sich zwar alle Gewebe des Körpers, aber nicht die Zellen der Plazenta. Anders als der Embryo, der totipotent, alles vermögend, ist, sind ES-Zellen nur pluripotent, vieles vermögend. Die Stammzellen des Erwachsenen gelten als nur noch multipotent, ihr Potenzial ist schon recht eingeschränkt. Diese Unterscheidung wird später in der politischen Debatte eine große Rolle spielen.

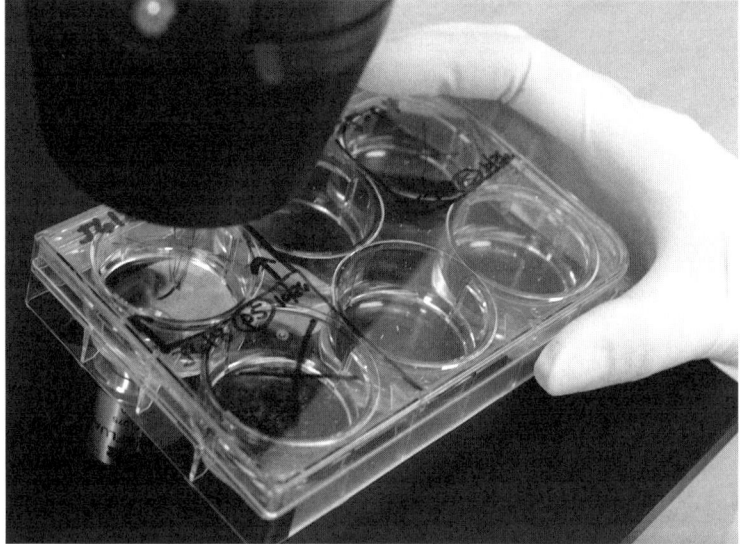

Stammzellkolonien in Nährlösung

Das Entwicklungspotenzial der embryonalen Stammzellen lässt sich auch im Reagenzglas beobachten. Die ES-Zellen haben eine natürliche Neigung, sich zu spezialisieren. Um sie in ihrem teilungsfreudigen Urzustand zu halten, müssen sie die Forscher mit speziellen Wachstumsfaktoren oder mit Nährzellen an der Weiterentwicklung hindern. Fehlen diese Entwicklungsbremsen, verändern sich die ES-Zellen spontan. Durchs Mikroskop ist zu sehen, wie einzelne Zellen in der Petrischale Fortsätze in alle Richtungen ausstrecken und beginnen, primitive Nervennetze zu bilden. Direkt daneben färbt sich vielleicht ein Fleck rötlich, hier bilden sich Blutzellen, eine andere Region beginnt rhythmisch zu zucken. Dort sind Herzzellen entstanden. Winzige Röhrenstrukturen gleichen Adern oder Nierenkanälchen, es finden sich Knorpeleiweiße und Hormone. »Das Faszinierende an den embryonalen Stammzellen ist natürlich ihre Entwicklungsfähigkeit, also die Tatsache, dass ich aus einer undifferenzierten Zelle eine hoch spezialisierte und komplexe Zelle sozusagen im Reagenzglas herstellen kann« (Interview: V.W.), meint Anna Wobus, eine der Pionierinnen auf diesem Gebiet. Zwischen lauter Pflanzenforschern arbeitet sie schon seit vielen Jahren am Leibniz-Institut für Pflanzengenetik und Kulturpflanzenforschung in Gatersleben an den ES-Zellen der Maus. Hier haben die meisten deutschen Stammzellforscher ihr Handwerk gelernt, hier wurden viele, auch international beachtete Rezepturen entwickelt, mit denen sich die ES-Zellen innerhalb weniger Wochen gezielt etwa in Nervenzellen oder Insulin produzierende Zellen umwandeln lassen. Mit diesen Experimenten will Anna Wobus vor allem die natürlichen Entwicklungsprozesse verstehen. Es handelt sich also um Grundlagenforschung, für die sich bis vor ein paar Jahren kaum jemand außerhalb einer kleinen Forschergemeinde interessierte.

Doch dann veröffentlichte James Thomson 1998 in der Zeitschrift Science einen Artikel mit dem Titel: »Embryonic Stem Cell Lines Derived from Human Blastocysts« (Science, [282]: S. 1145–7) – Embryonale Stammzelllinien aus menschlichen Blastozysten abgeleitet. Thomson hatte an der Universität von Wisconsin, und finanziert von dem Unternehmen Geron, die an der Maus etablierten Methoden auf den Menschen übertragen. Ausgangsmaterial waren 14 wenige Tage alte Embryonen, die bei einer Reagenzglasbefruchtung entstanden waren, aber von den Paaren nicht mehr benötigt wurden. Bei fünf Experimenten gelang es dem Forscher, aus der inneren Zellmasse der Blastozyste embryonale Stammzellen zu isolieren und auf Nährzellen der Maus weiterzuvermehren. Über Monate wuchsen die hES-Zellen, das »h« steht für human, problemlos in der Zellkultur, sie zeigten alle Eigenschaften der Maus-ES-Zellen und bildeten ein Vielzahl verschiedener Zelltypen, sobald sie von ihren Nährzellen getrennt wurden. James Thomson sah für diese Zellen ein großes Potenzial in der Therapie, am Ende seines Artikels schreibt er: »Die standardisierte Produktion großer, reiner Mengen menschlicher Zellen, wie Herzmuskelzellen oder Nerven, wird eine praktisch unbegrenzte Quelle von Zellen für die Entwicklung von Medikamenten und für Transplantationstherapien eröffnen. Viele Krankheiten, wie Parkinson oder die angeborene Form der Zuckerkrankheit, entstehen durch das Absterben oder die Fehlfunktion eines einzigen oder einiger weniger Zelltypen. Das Ersetzen dieser Zellen könnte eine lebenslange Heilung darstellen.« Und weiter: »Der Fortschritt in der Entwicklungsbiologie ist nun extrem schnell. Menschliche ES-Zellen verbinden diese Fortschritte noch enger mit der Verhinderung und Behandlung menschlicher Krankheiten.« Damit sollte er Recht behalten, embryonale Stammzellen waren in aller Munde und die Rezepturen aus dem kleinen Gatersleben plötzlich überall gefragt.

Ethik und Stammzellen

Die Wissenschaft boomt, mit dem Stichwort ES-Zellen lassen sich Forschungsgelder herbeizaubern. Den Patienten und vielen Politikern kann es gar nicht schnell genug gehen. Parallel entwickelte sich aber auch Widerstand gegen diese Forschungsrichtung. Immerhin muss ein Embryo zerstört werden, um die ES-Zellen zu gewinnen.

Im August 2001 wandte sich der amerikanische Präsident George W. Bush in einer Fernsehansprache an die Öffentlichkeit und bekannte darin, selbst nach intensiven Gesprächen mit ganz verschiedenen Gruppen hin und her gerissen zu sein. Als Ausweg aus dem Dilemma legte der Präsident fest, dass US-Steuergelder nur für Forschungsvorhaben mit hES-Zellen, die vor dem August 2001 gewonnen worden waren, ausgegeben werden dürfen (es handelt sich um über 70 Zelllinien, von denen aber nur etwa 20 von guter Qualität sind). Mit dieser Stichtagsregelung ermöglichte Bush auf der einen Seite die weitere Erforschung der hES-Zellen, stellte auf der anderen Seite aber sicher, dass kein Embryo für die Forschung zerstört werden würde. Der Stichtag gilt ausdrücklich nur für die mit öffentlichen Mitteln geförderte Forschung. In den USA wird allgemein die Philosophie vertreten, dass der Staat so wenig wie möglich vorschreiben soll. Entsprechend sind Institute, die sich privat finanzieren, von der Entscheidung Bushs nicht betroffen, sie etablieren auch weiterhin neue hES-Zelllinien. Seit der Fernsehansprache Bushs hat sich das Klima in der amerikanischen Öffentlichkeit verändert. Die Wähler in Kalifornien haben sich Ende 2004 mit großer Mehrheit dafür ausgesprochen, über zehn Jahre verteilt drei Milliarden Dollar in die Erforschung embryonaler Stammzellen zu investieren. Dabei soll ausdrücklich auch die Gewinnung neuer Zelllinien gefördert werden. Inzwischen nimmt auch außerhalb Kaliforniens die Unterstützung für die Forschung an embryonalen Stammzellen zu.

In Deutschland gab es, anders als in den USA, 1998 bereits eine klare Regelung für den Umgang mit Embryonen. Das Embryonenschutzgesetz legte schon 1990 fest, dass Embryonen im Labor ausschließlich zur Übertragung in den Mutterleib erzeugt werden dürfen. Damit ist die Gewinnung von hES-Zellen strafbar. Im Jahr 2000 stellte Oliver Brüstle einen Förderantrag für die »Gewinnung und Transplantation neutraler Vorläuferzellen aus humanen embryonalen Stammzellen«. Der Bonner Hirnforscher hatte in Experimenten an Mäusen zeigen können, dass diese Zellen im Gehirn kranker Nager einen heilsamen Einfluss ausüben können. Brüstle wollte für seine Experimente nicht selbst hES-Zellen herstellen, sondern nur entsprechende Zelllinien aus Israel importieren. Ob das aber erlaubt ist, war damals umstritten. Entscheidend ist das Entwicklungspotenzial der Zellen. ES-Zellen dagegen entstehen zwar aus einem Embryo, wenn sie aber erst einmal in der Petrischale wachsen, sind sie nur noch pluripotent. Auf keinen Fall wird aus ihnen ein Mensch entstehen. Damit fallen sie nicht unter den Wortlaut des Embryonenschutzgesetzes. Darf man aber etwas importieren, dessen Erzeugung in Deutschland verboten wäre? Die Meinungen waren selbst unter Juristen geteilt. Innerhalb der Deutschen

Forschungsgemeinschaft wurde der Antrag Brüstles lange debattiert, schließlich ging die wichtigste Förderinstitution der Wissenschaft 2001, im vom Forschungsministerium ausgerufenen »Jahr der Lebenswissenschaften«, an die Öffentlichkeit: »Die DFG ist daher der Ansicht, dass die Wissenschaft jetzt einen Stand erreicht hat, der sowohl potenzielle Patienten als auch Wissenschaftler in Deutschland in Zukunft nicht mehr von diesen Entwicklungen ausschließen sollte.« (DFG, 2001) Der DFG schwebte ein Stufenplan vor, bei dem die gesetzlichen Rahmenbedingungen im Lichte neuer wissenschaftlicher Erkenntnisse immer wieder überdacht werden sollten.

Die DFG vertrat damit wohl die Sicht der Mehrheit der Naturwissenschaftler und machte durchaus Eindruck auf die Politik. Der damalige Bundeskanzler Gerhard Schröder (SPD) sprach sich in einem »Beitrag zur Gentechnik« in der Zeitung Die Woche für die Erforschung der embryonalen Stammzellen aus: »Eine Politik ideologischer Scheuklappen und grundsätzlicher Verbote wäre nicht nur unrealistisch. Sie wäre auch unverantwortlich. Eine Selbstbescheidung Deutschlands auf Lizenzfertigungen und Anwenderlösungen würde im Zeitalter von Binnenmarkt und Internet nur dazu führen, dass wir das importieren, was bei uns verboten, aber in unseren Nachbarländern erlaubt ist. Wir würden so nicht nur den Anschluss an eine Spitzen- und Schlüsseltechnologie des 21. Jahrhunderts verlieren. Sondern wir würden uns vor allem der Möglichkeit berauben, über die Anwendungen und Folgen dieser Techniken kompetent mitzubestimmen.« (Die Woche, 20.12.2000) Am 18. Mai 2001 antwortete ihm der damalige Bundespräsident Johannes Rau (SPD) in einer Rede in der Berliner Staatsbibliothek: »Ich glaube, dass es Dinge gibt, die wir um keines tatsächlichen oder vermeintlichen Vorteiles willen tun dürfen. Tabus sind keine Relikte vormoderner Gesellschaften, keine Zeichen von Irrationalität. Ja, Tabus anzuerkennen, das kann ein Ergebnis aufgeklärten Denkens und Handelns sein. [...] Ökonomische Interessen sind legitim und wichtig. Sie können aber nicht gegen die Menschenwürde und den Schutz des Lebens aufgewogen werden.« (www.gene.ch/genpost/2001/Jan-Jun/msg00216) Auch in der CDU gibt es Befürworter und Gegner des Imports embryonaler Stammzellen, selbst die Grünen und die FDP fanden bei diesem Thema keine einheitliche Linie. In der entscheidenden Abstimmung im Bundestag wurde deshalb der Fraktionszwang aufgehoben. Am 28.6.2002 sprach sich eine Mehrheit der Abgeordneten für einen Kompromiss nach amerikanischem Vorbild aus. Das Embryonenschutzgesetz blieb unverändert, damit hatte das Verbot der Gewinnung embryonaler Stammzellen Bestand. Das Stammzellgesetz erlaubt gleichzeitig den Import von hES-Zelllinien, die vor dem Stichtag 1.1.2002 im Ausland gewonnen wurden. So wird verhindert, dass Embryonen im Auftrag deutscher Forscher zerstört werden. Zusätzlich richtet das Gesetz weitere Hürden auf. Der Import ist nur für hochrangige Forschungsziele zulässig, die sich nur mit embryonalen Stammzellen erreichen lassen. Die Genehmigung erfolgt über das Robert-Koch-Institut, als Erster erhielt Oliver Brüstle am 20.12.2002 grünes Licht für sein Projekt, seitdem hat das RKI 19 Anträge bewilligt. Die Forschung mit embryonalen Stammzellen ist in Deutschland also ein recht kleines Gebiet geblieben, wohl auch, weil viele Wissenschaftler das komplizierte Verfahren scheuen.

Viele Forscher fühlen sich von den Vorgaben des Stammzellgesetzes eingeengt und drängen immer wieder auf seine Änderung, weil Vorhaben, die auf eine Anwendung zielen, kaum zu realisieren sind. Das liegt vor allem an der Stichtagsregelung. Es gibt zwar eine ganze Reihe von hES-Zelllinien, die vor dem 1.1.2002 gewonnen wurden, aber sie alle werden auf Nährzellen aus der Maus vermehrt. Diese Nährzellen könnten aber theoretisch die menschlichen Zellen mit Retroviren der Maus infizieren, ein Problem, das ähnlich ja auch bei der Xenotransplantation von Schweineorganen besteht. Ob diese Infektion wirklich stattfindet ist noch offen, dagegen ist belegt, dass die Mäusezellen ein Zuckermolekül auf die hES-Zellen übertragen. Gegen diesen Zucker bildet der Mensch aber Antikörper, die die therapeutischen Zellen wohl schnell zerstören würden. Es gibt also gute medizinische Gründe, mit den älteren hES-Zellkulturen keine Therapieversuche zu wagen. Jüngere hES-Zelllinien werden dagegen ohne Mäusezellen vermehrt und haben diese Probleme nicht. Die Kontamination ist nicht die einzige Schwierigkeit der alten Linien. Sie stammen meist von privaten Firmen, die sie nur weitergeben, wenn ihnen die Patentrechte an eventuellen Therapien zugesichert werden. In der Konsequenz tragen also deutsche Wissenschaftler mit ihren Forschungen dazu bei, ES-Zellen reif für die Anwendung zu machen, ein Gutteil der möglichen finanziellen Gewinne wird aber in jedem Fall in den USA verbleiben. Dagegen gibt es viele ES-Zellen jüngeren Datums, die frei von solchen Beschränkungen sind. Die Berlin-Brandenburgische Akademie der Wissenschaften setzt sich deshalb für einen »nachlaufenden Stichtag« ein. Danach sollen deutsche Forscher mit allen hES-Zellen arbeiten dürfen, die zum Zeitpunkt des Antrags schon ein Jahr existieren. So hätten sie Zugang zu vielversprechendem Ausgangsmaterial, ohne dass die Gefahr bestünde, dass Embryonen in deutschem Auftrag zerstört würden. Es sieht aber nicht so aus, als ob die große Koalition aus SPD und Union das hoch umstrittene Thema ein weiteres Mal auf die Tagesordnung setzen will. Die Bundesministerin für Bildung und Forschung, Annette Schavan (CDU), machte kurz nach ihrem Amtsantritt klar: »Wir brauchen eine Stammzellenforschung ohne ethisches Dilemma« (Katholische Nachrichtenagentur, 20.11.2005), sie will deshalb gezielt die Arbeit mit den Stammzellen des Erwachsenen fördern. Die Forschung an embryonalen Stammzellen dürfte auch in absehbarer Zukunft weitgehend ohne deutsche Beteiligung ablaufen.

Es sei denn, es gibt eine alternative Quelle für embryonale Stammzellen. Viele Forscher suchen nach einer solchen technischen Lösung für ein moralisches Problem. In Deutschland ist vor allem Hans Schöler, der Direktor des Max-Planck-Instituts für molekulare Biomedizin in Münster, auf diesem Gebiet aktiv. Schöler ist einer der Forscher, die nach erfolgreichen Jahren in den USA nach Deutschland zurückgekehrt sind. Sein Interesse gilt der Entwicklung des frühen Embryos. Dabei spielt ein Gen namens CDX2 eine wichtige Rolle, seine Aktivität nimmt direkt nach der Befruchtung dramatisch zu, und zwar noch bevor die Vorkerne von Mutter und Vater verschmelzen. Zu diesem Zeitpunkt gilt die befruchtete Eizelle nach deutscher Rechtslage noch nicht als Embryo. In Mäusen gelang es Schölers Team, mithilfe der Interferenz-RNA-Technik die Aktivierung von CDX2 in der Eizelle zu blockieren. Wenn eine so vorbereite Eizelle mit einem Mäusespermium befruchtet wird, beginnt sie sich zu teilen. Es entsteht aber keine Blastozyste, sondern ein »Stammzell-Kugelhaufen«. Der ist nicht in der Lage, zu einem vollständigen Embryo heranzuwachsen. Insofern gilt er nicht als totipotent und fällt nicht unter die Regeln des Embryonenschutzgesetzes. Trotzdem lassen sich aus dem Stammzell-Kugelhaufen große

Mengen embryonaler Stammzellen gewinnen. Das Verfahren wurde bislang nur an der Maus erprobt. Wenn es sich auf menschliche Eizellen und Spermien übertragen ließe, könnten auch deutsche Forscher embryonale Stammzellen gewinnen, ohne mit dem Gesetz in Konflikt zu geraten. Ob der Ansatz aber die moralischen Bedenken wirklich zerstreut, bleibt abzuwarten. In jedem Fall dürfen die Experimente, die nötig sind, um diese Strategie an menschliche Zellen anzupassen, nicht in Münster stattfinden.

Potenziale und Probleme der ES-Zellen

Derzeit sind die embryonalen Stammzellen vor allem ein Versprechen, nur intensive Forschung kann zeigen, zu was sie wirklich in der Lage sind. Eine erste praktische Anwendung zeichnet sich aber schon ab. Mit ES-Zellen sollte sich abschätzen lassen, wie giftig Chemikalien für den Embryo im Mutterleib sind. Derzeit wird die Embryotoxizität noch an Versuchstieren geprüft. Auch in der Grundlagenforschung führt die Arbeit mit den embryonalen Stammzellen schon heute zu wichtigen Erkenntnissen. Zum einen geht es dabei um die Frage, was es auf der Ebene der Gene und Moleküle eigentlich heißt, eine Stammzelle zu sein. Zum anderen versuchen die Wissenschaftler den Weg genau zu kartieren, der von der ES-Zelle zu einem Neuron oder einer Insulin produzierenden Zelle führt. Manche Laboratorien arbeiten mit Stammzellen, die einen Erbdefekt enthalten; so können sie ein Leiden von seinem Ausgangspunkt an studieren, statt wie sonst Gewebe, das schon einen langen Krankheitsprozess durchlaufen hat. Diese Vorhaben sind aber nicht nur für die reine Wissenschaft interessant, die Ergebnisse sind auch entscheidend für eine mögliche Therapie mit den embryonalen Stammzellen. Hier müssen die Mediziner nämlich eine ganze Reihe von Hindernissen überwinden. So sind die ES-Zellen in ihrem Naturzustand keineswegs automatisch Heiler, ebenso gut können sie zum Killer werden. Gerade ihr großes Entwicklungs- und Vermehrungspotenzial ist für den Patienten gefährlich. Etwa wenn sich ES-Zellen unkontrolliert vermehren, um einen Tumor formen oder zum Beispiel im Gehirn statt Nervengewebe Knorpel bilden. Das sind keine aus der Luft gegriffenen

Befürchtungen. Es war ja gerade eine Krebsform, das Teratom, das die Forscher auf die Spur der embryonalen Stammzellen geführt hatte. Kein Arzt will deshalb die ES-Zellen selbst in der Therapie verwenden. Auf der anderen Seite macht es auch wenig Sinn, die ES-Zellen wirklich in die vor Ort benötigten Zielzellen zu verwandeln. Diese spezialisierten Zellen können sich kaum noch teilen und sind auch nicht sehr flexibel. Derzeit gilt der Mittelweg am vielversprechendsten. Die ES-Zellen sollen dabei mit den passenden Wachstumsfaktoren zunächst in Gewebestammzellen umgewandelt und dann in den Körper des Patienten übertragen werden. Vor Ort, im geschädigten Organ, können sie dann auf die Signale reagieren und sich im Idealfall in die benötigte Zahl des passenden Zelltyps verwandeln.

Die ES-Zellen der Maus und daraus abgeleitete passende Gewebestammzellen zeigen in Versuchstieren bei vielen Krankheiten eine positive Wirkung. Nach einem künstlich herbeigeführten Schlaganfall bei Ratten können sie das Überleben der Nervenzellen sichern und selbst zur Knüpfung neuer Kontakte beitragen. In Nagermodellen der Parkinsonschen und der Alzheimerschen Krankheit sind sie in der Lage, die abgestorbenen Zellen zu ersetzen. Sie entwickeln sich in der Bauchspeicheldrüse von zuckerkranken Mäusen zu Drüsenzellen, die das fehlende Insulin bilden. Kürzlich gelang es sogar, mit den ES-Zellen der Maus einen Herzinfarkt bei Schafen zu behandeln. Offenbar bilden sie in der geschädigten Region neue Herzmuskelzellen und fügen sich sogar nahtlos in den Pulsrhythmus der Schafe ein. Das sind alles positive Resultate, aber noch ist unklar, ob sie sich auch auf den Menschen übertragen lassen. Zur Erinnerung, auch mithilfe der Gentherapie lässt sich praktisch jedes Leiden einer Maus heilen, ohne dass es beim Menschen vergleichbare Erfolge gegeben hätte. Demnächst will die amerikanische Firma Geron als Erste den Schritt in die Praxis wagen. Das Unternehmen spielt schon lange eine führende Rolle auf dem Gebiet der menschlichen embryonalen Stammzellen. Es finanzierte die Forschungsarbeiten von James Thomson, besitzt viele der entscheidenden Patente und mehrere der wenigen hES-Zelllinien, mit denen auch deutsche Forscher arbeiten dürfen. Geron will die hES-Zellen bei der Behandlung akuter Rückenmarksverletzungen erproben. In Versuchen an Ratten konnten Forscher des Unternehmens zeigen, dass ursprünglich gelähmte Tiere nach einer Behandlung mit aus ES-Zellen entwickelten Vorläuferzellen des Nervengewebes eine gewisse Beweglichkeit zurückerlangten. Wenn die Forscher nur die eine Hälfte des Rückenmarks therapierten, konnten drei Viertel der Tiere ihr Gewicht auf dieser Körperseite wieder tragen, die andere Seite blieb dagegen lahm. Für diesen Erfolg waren aber nicht allein die ES-Zellen verantwortlich. Das Überleben der Zellen wurde zusätzlich mit Wachstumsfaktoren gefördert, weitere Medikamente maskierten Stoppsignale, die in einer Verletzung sonst oft das Auswachsen von Nervenfasern verhindern. Die Kombinationstherapie wirkt gut bei einer akuten Verletzung, wenn sich im Rückenmark erst einmal Narbengewebe gebildet hat, können auch die embryonalen Stammzellen keine Wunder mehr vollbringen. Die Ratten blieben querschnittsgelähmt. 2007 will Geron diesen Behandlungsansatz in einer ersten klinischen Studie mit menschlichen Patienten mit einer akuten Rückenmarksverletzung erproben. Geron forscht an vielen therapeutischen Anwendungen für die hES-Zellen. Dass sich die Firma ausgerechnet das Rückenmark als Ziel für die erste klinische Studie ausgesucht hat, ist kein Zufall. Die Aktivität des Immunsystems ist in Gehirn und Rückenmark besonders gering. Deshalb gehen die Forscher davon aus, dass sie die hES-Zellen einsetzen können, ohne das Abwehrsystem mit Medikamenten ausschalten zu müssen.

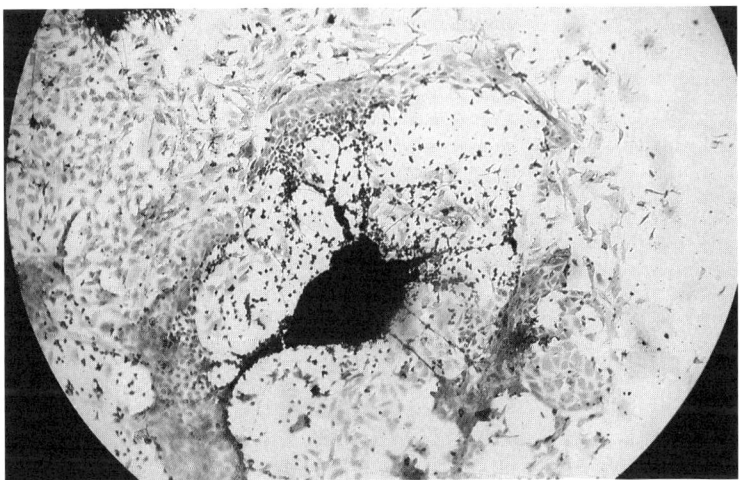

Forschung an embryonalen Stammzellen von Ratten oder Mäusen.

Neben der richtigen Entwicklung und der korrekten Funktion der ES-Zellen, gilt die Abstoßungsreaktion als größtes Problem der Therapie mit embryonalen Stammzellen. Im Grunde entspricht die Übertragung der heilenden Zellen einer Organtransplantation. Auch hier muss das Immunsystem der Kranken ständig mit Medikamenten gehemmt werden. Patienten mit dem Tod vor Augen nehmen eine solche Dauerbehandlung gerne in Kauf. Die Stammzellforscher wollen aber gerade auch Menschen behandeln, die an Zivilisationskrankheiten leiden, deren Leben nicht akut bedroht ist, die aber unter körperlichen oder geistigen Einschränkungen leiden. Wie hier die Balance aus Nutzen und Belastung aussieht, muss sich erst noch zeigen. Ein offensichtlicher Ausweg besteht in der Einrichtung großer Banken von menschlichen embryonalen Stammzellen. Wenn hier mehrere Hundert verschiedener Typen lagern, sollte sich für die meisten Patienten eine passende Zelllinie finden lassen, die sie mit nur minimaler medikamentöser Behandlung vertragen. Bei einem anderen Ansatz versuchen die Forscher aus den embryonalen Stammzellen nicht nur das Zielgewebe abzuleiten, sondern gleichzeitig auch Zellen des Immunsystems, die im Empfänger eine Toleranz für die fremden Zellen erzeugen sollen. Die bekannteste Lösung für das Abstoßungsproblem besteht darin, erst gar kein fremdes Gewebe zu verwenden, sondern gezielt für jeden einzelnen Patienten eine individuelle embryonale Stammzelle zu erzeugen. Dieses Verfahren ist das Klonen.

Klonträume

In dem Science-Fiction-Film »Die Insel« lassen sich die Superreichen der Zukunft als eine Art »Lebensversicherung« eine genetische Kopie ihres Selbst erzeugen. Wenn sie dann einen Unfall erleiden oder erkranken wird der Klon getötet und als menschliches Ersatzteillager ausgeschlachtet. Mit diesem Stoff lässt sich im Kino gewinnbringend eine Gänsehaut erzeugen, für eine Umsetzung in der Realität ist die Methode aber viel zu aufwändig. Selbst wenn sich die Moralvorstellungen komplett verändern sollten, dürfte sie sich nicht verwirklichen lassen. Als ethisch weniger bedenkliche Alternative bietet sich das therapeutische Klonen an, das man besser Forschungsklonen nennen sollte. Schließlich wird auf diesem Weg noch lange niemand behandelt werden. Rein biologisch betrachtet, hat der Ansatz durchaus Ähnlichkeit zum Film. Man nimmt den Kern einer Zelle eines Patienten und bringt dieses genetische Material nach der »Methode Dolly« in eine Eizelle ein. Die leere, vom eigenen Kern befreite Hülle der Eizelle wirkt wie ein Jungbrunnen, sie entfernt alle Spuren der Spezialisierung auf der DNA und macht aus der festgelegten Erbsubstanz einer Körperzelle wieder ein jungfräuliches Genom, dem alle Möglichkeiten offen stehen. Nach einer kurzen Phase der Überarbeitung beginnt sich der Embryo zu entwickeln, zuerst noch gesteuert von Faktoren der Eizelle, doch schnell werden auch die verjüngten Gene des Spenderkerns aktiv. An diesem Punkt trennen sich dann Film und Wirklichkeit. Statt tatsächlich einen Menschen heranwachsen zu lassen, wird der Embryo gleich wieder zerstört, nur die embryonalen Stammzellen leben weiter. Sie werden von den Ärzten in der Zellkultur vermehrt und in die passenden Gewebestammzellen verwandelt. Am Ende bekommt sie der Patient übertragen, wenn alles gut läuft, heilen die maßgeschneiderten Zellen sein Leiden. Über eine Abstoßungsreaktion braucht er sich in keinem Fall Sorgen zu machen, schließlich wird er mit seinem eigenen Gewebe behandelt.

So weit die Theorie. In der Praxis gibt es Probleme auf vielen Ebenen. Auch beim Forschungsklonen wird ein Embryo zerstört, die Methode ist damit in Deutschland und vielen anderen Nationen verboten. Daran wird sich auch nichts ändern, da sind sich die große Mehrheit der Politiker mit der Enquete-Kommission »Recht und Ethik der modernen Medizin« und dem Nationalen Ethikrat völlig einig. Selbst unter Wissenschaftlern ist das therapeutische Klonen umstritten. Das Verfahren fügt einen weiteren schwierigen Schritt in eine künftige Behandlung mit embryonalen Stammzellen ein, die sowieso schon komplex genug ist. Auch die Frage, woher die ganzen Eizellen kommen sollen, ist völlig ungeklärt. In ihren Visionen sehen die Mediziner viele Tausende von Patienten, die sie mit den ES-Zellen heilen wollen. Es ist schlicht nicht vorstellbar, entsprechende Mengen an Eizellen herbeizuschaffen, ohne Frauen zu einer »altruistischen« Eizellspende zu nötigen oder viel Geld für Eizellen zu bezahlen. Dass aber Frauen ihren Körper in dieser Form zu Markte tragen, wird in Deutschland von allen Seiten abgelehnt. Neben der Zerstörung des Embryos und der Herkunft der Eizellen haben auch viele Menschen wegen der Nähe des Forschungs- zum allgemein geächteten Vermehrungsklonen Bedenken. Wenn die Forscher Methoden für das eine Verfahren entwickeln, erleichtern sie automatisch auch denen die Arbeit, die tatsächlich Kopien von Menschen erzeugen wollen. Und was die Finanzierung betrifft, kann wohl niemand vorhersagen, ob das aufwändige Forschungsklonen billiger ist als eine Dauerbehandlung mit Medikamenten zur Unterdrückung des Immunsystems. Überhaupt darf man nicht vergessen, dass das therapeutische Klonen ja keine Therapie ist. Es ist nur der Versuch, für den Patienten passende hES-Zellen bereitzustellen. Solange es noch keine funktionierende Therapie mit diesen Zellen gibt, braucht man sich um das Klonen keine Gedanken zu machen. Das aber wird nicht überall so gesehen. In Großbritannien zum Beispiel dürfen sich Wissenschaftler mit dem Forschungsklonen beschäftigen. Die meisten Projekte zielen aber noch gar nicht auf eine therapeutische Anwendung ab, sie wollen die Zellen von Patienten klonen, um dann an den ES-Zellen die Entstehung des Leidens im Detail studieren zu können. Die benötigten Eizellen erhalten die Forscher dabei meist als bezahlte Eizellspende, die in diesen Ländern auch im Rahmen der künstlichen Befruchtung erlaubt ist. Alternativ versuchen sie auch, die Zellkernverjüngung mithilfe von Eizellen des Kaninchens oder des Rinds zustande zu bringen. Die entstehenden Embryonen und später vielleicht ES-Zellen sollten menschlich sein, bis auf die wenigen Gene, die die Kraftwerke der Zellen, die Mitochondrien, in sich tragen. Ob sie damit tauglich für die Forschung und in ferner Zukunft für die Therapie sein werden, bleibt abzuwarten. Bisher ist es jedenfalls niemandem gelungen, die »Methode Dolly« tatsächlich auf den Menschen zu übertragen.

Aufstieg und Fall eines Klonpioniers

Im Jahr 2004 gelang der Amerikanischen Gesellschaft zur Förderung der Wissenschaften (American Association for the Advancement of Science, AAAS) ein großer Erfolg in Sachen Öffentlichkeitsarbeit: Auf der

Jahrestagung der AAAS in Seattle verkündete ein kleiner Mann aus Korea eine wissenschaftliche Sensation. »Now I have to announce the successful derivation of a human embryonic stem cells from a cloned human blastocyst.« – »Nun kann ich bekannt geben, dass wir erfolgreich menschliche embryonale Stammzellen aus einem geklonten menschlichen Blastozysten gewonnen haben.« (Mitschnitt von der AAAS: V.W.) Die Biologen, die Journalisten, die Ethiker wurden von Hwang Woo Suk kalt erwischt, mit dieser Nachricht hatte niemand gerechnet. Es gab stehenden Applaus aber auch viele bedenkliche Gesichter. Hwang selbst kannten bis dahin nur wenige Kollegen, jetzt wurde er mit einem Schlag ein Star, sein Labor in Seoul zum Mekka der Forschung. Das Geheimnis seines Erfolgs schien damals klar zu sein: Er hatte Zugang zum »Rohstoff« des Klonens, zu menschlichen Eizellen (242 Eizellen von 16 Frauen setze er für das erste Experiment ein), und er und seine Mitarbeiter arbeiteten hart. Urlaub, Feiertage schien man im Labor Hwang nicht zu kennen. Ein Jahr später legte Hwang Woo Suk noch einmal nach: In einer Veröffentlichung im Wissenschaftsjournal Science berichtete er von weiteren hES-Zelllinien, die zum Teil sogar von älteren oder kranken Menschen stammten. Zusätzlich hatte er seine Methoden verbessert. Im Schnitt benötigte er nur noch 17 Eizellen pro Klonversuch, damit schien die Methode in den Bereich des praktisch Machbaren zu gelangen. In Korea wurde Hwang als Nationalheld gefeiert, ihm zu Ehren druckte man sogar eine Briefmarke, auf der sich ein stilisierter Mensch aus dem Rollstuhl erhebt.

Doch dann kam der Absturz. Ende 2005 gab es erste Berichte über Unstimmigkeiten, offenbar waren die Eizellspenden nicht so freiwillig erfolgt, wie Hwang immer behauptet hatte. Insgesamt verbrauchte das Labor Hwang nach einem Bericht der Seoul National University 2061 Eizellen, die von 129 Frauen stammten, fünfmal so viel, wie in den Artikeln angegeben. Die Frauen wurden bezahlt, zum Teil nötigte Hwang Woo Suk sogar Mitarbeiterinnen, Eizellen zu spenden. Ein klarer Bruch der koreanischen Richtlinien und aus ethischer Sicht sicher weit bedenklicher als der wissenschaftliche Betrug. Wenig später stellte sich nämlich heraus, dass es überhaupt keine geklonten embryonalen Stammzellen des Menschen gegeben hatte. Die beiden Artikel entpuppten sich als Fälschungen. Hwang war es wohl gelungen, den ersten

Schritt zu tun, den Kern einer erwachsenen Zelle in eine Eizelle zu übertragen und dann die Entwicklung anzustoßen. Doch diese Embryonen waren schwer geschädigt, sie überlebten bis zum Stadium der Blastozyste, aber es war nicht möglich, aus ihnen ES-Zellen zu isolieren. Doch in der Wissenschaftsmaschine des Labors Hwang gab es keinen Raum für Misserfolge; Fotos von traditionell erzeugten ES-Zelllinien mussten als angebliche Belege für den Klonerfolg herhalten. Obwohl es dabei einige Unstimmigkeiten gab, winkte man die Artikel bei Science schnell durch. Schließlich wollte auch die Zeitschrift an dem »Erfolg« aus Korea teilhaben. Am Ende wurden die Artikel zurückgezogen, Science veranlasste eine Überprüfung der Begutachtung von wissenschaftlichen Artikeln und Hwang Woo Suk steht in Korea vor Gericht. Nicht nur wegen der Fälschung, sondern auch wegen des Missbrauchs von Forschungsgeldern.

Der Klonskandal verursachte noch mehr Schlagzeilen als die Nachricht über den angeblichen Durchbruch aus Korea. Das ganze Feld der Forschung an den embryonalen Stammzellen wurde in Mitleidenschaft gezogen und mit Misstrauen betrachtet. Dabei muss man festhalten, dass das Forschungsklonen immer nur ein Nebengleis der Stammzellforschung war. Inzwischen ist wieder Ruhe eingekehrt. Nach wie vor versuchen einige Laboratorien, menschliche Embryonen auf dem Weg des Klonens zu erzeugen, aber bisher gibt es keine Berichte über Erfolge. Die Erfahrung mit Klonversuchen bei einer ganzen Palette von Arten zeigt, dass das Klonen eine diffizile Angelegenheit ist, die für jede neue Tierart praktisch von Grund auf neu erfunden werden muss. Bislang sieht es nicht so aus, als ob das Forschungsklonen je eine realistische Perspektive für die Therapie bieten würde. Aber wer weiß, mit harter Arbeit und Zugang zu Eizellen ...

Die Alternative: Stammzellen des Erwachsenen

Die embryonalen Stammzellen sind die Stars des Feldes, aber sie sind auch zickig, schwer zu bekommen und schwer zu kontrollieren. Immer mehr Forscher glauben deshalb, dass die Stammzellen des Erwachsenen doch einen zweiten Blick wert sind. Sie sind zwar keine Alleskönner, aber sie beherrschen doch weit mehr Tricks, als ihnen lange zugetraut wurde. Erwachsen heißt eben nicht verknöchert. Adulte Stammzellen haben im Normalfall nur wenige Optionen, sie können sich gemächlich vermehren oder aber einige, nah verwandte Zelltypen bilden, also etwa die verschiedenen Blutzellen oder die Zellen der Haut. Wenn sie die Forscher aber in eine neue Umgebung bringen, dann entwickeln sie plötzlich auch neue Fähigkeiten. Immer wieder behaupten Schlagzeilen, dass die eine oder andere adulte Stammzelle genauso vielseitig sei wie die Zellen des Embryos, wenn man sie nur mit dem richtigen Mix aus Wachstumsfaktoren motiviert. Mal sind es Zellen aus dem Knochenmark, die plötzlich Nerven bilden, mal machen Neurone Haut, dann sollen Hautzellen Blut erzeugen, immer munter in Kreis herum, alles ist möglich und alles wird auch wieder infrage gestellt. Während die Zellen in einem Labor fleißig wachsen, sterben sie in anderen Händen nach wenigen Teilungsrunden ab. Ein Forscher glaubt eindeutig nachweisen zu können, dass bestimmte Gewebestammzellen ihren Charakter gewechselt haben. Kollegen stellen später fest, dass sie sich nur eine Maske vorhalten, ohne tatsächlich neue Fähigkeiten zu besitzen. Noch gibt es hier keine unwidersprochenen Befunde, aber das kann sich schnell ändern. Es gibt jedenfalls schon erste Firmen, die auf den Zug aufspringen und ihre Dienste anbieten. So erforscht und erprobt das amerikanische Unternehmen Osiris besondere Stammzellen aus dem Knochenmark, die nicht Blut sondern zum Beispiel Bindegewebe bilden. Diese mesenychymalen Knochenmarkstammzellen gelten als sehr flexibel, im Labor lassen sie sich in alle möglichen Entwicklungsrichtungen drängen. Schon heute bietet das Unternehmen an, Patienten mit schweren Knochenbrüchen Stammzellen aus dem Knochenmark zu isolieren und zu Osteoblasten zu entwickeln – den Zellen, die neue Knochensubstanz aufbauen. Mit ihrer Hilfe sollen sich die Brüche flicken lassen, ohne dass die Chirurgen an anderer Stelle Knochenmaterial entnehmen müssen. Die Stammzellen aus dem Knochenmark lassen sich aber auch zu Vorläufern von Knorpelzellen und zu Herzstammzellen umformen. Die klinischen Studien zur Behandlung des Herzinfarkts und von Meniskusschäden sind aber noch nicht abgeschlossen.

Eine Knochenmarkentnahme ist eine kleine Operation. Andere Firmen versuchen deshalb, pluripotente Stammzellen aus einer klassischen

Blutspende zu gewinnen. In London glaubt TriStem dieses Kunststück mithilfe eines einfachen Antikörpers zu bewältigen. Er soll eine gezielte Rückentwicklung auslösen und aus weißen Blutkörperchen Alleskönner machen. Ihr Potenzial wird von den Forschern mit dem embryonaler Stammzellen verglichen. Bei solch weitgehenden Behauptungen sind die Kollegen eher skeptisch. Eine erste kleine Studie deutet aber darauf hin, dass Patienten, die an einer schweren Blutarmut leiden, von dieser Technik profitieren können. Die Ärzte isolieren dabei zunächst die wenigen vorhandenen weißen Blutkörperchen. Diese werden mit dem Antikörper behandelt und nur wenige Stunden nach der Entnahme zurück ins Blut gespritzt. Dort besiedeln sie offenbar das Knochenmark und produzieren deutlich größere Mengen an Blutzellen, als vor der Therapie vorhanden waren. Bisher wurden erst vier Patienten behandelt. Wenn sich der Ansatz in größeren Studien bewährt, bietet diese vergleichsweise simple Form der Therapie mit adulten Stammzellen ein großes Anwendungspotenzial. Auch auf der anderen Seite des Atlantiks wird an der Verjüngung von Blutzellen gearbeitet, zumindest Mäuse sollen schon mit einer umerzogenen »Eigenblutspende« von der Zuckerkrankheit geheilt worden sein. Noch ist es aber zu früh, schon auf die Suche nach Alternativen zu verzichten.

Die Stimmung ist optimistisch und so ist es kein Wunder, dass einige Firmen schon heute mit den Therapien von morgen Geld verdienen möchten. Gleich mehrere Unternehmen raten werdenden Müttern, für viel Geld die Stammzellen aus dem Nabelschnurblut einzufrieren – als eine Art biologische Lebensversicherung. Mit diesen Zellen lassen sich tatsächlich Kinder behandeln, die an Blutkrebs erkranken. Allerdings kann man gerade für diese Anwendung nicht das eigene Nabelschnurblut verwenden, weil das vielleicht schon entartete Zellen enthält. Statt vage zu hoffen, dass die Ärzte in ferner Zukunft genau diesen Rohstoff benötigen, um einen Herzinfarkt oder Alzheimer zu heilen, macht es wahrscheinlich mehr Sinn, ihn den öffentlichen Nabelschnurblutbanken zur Verfügung zu stellen, damit diese dann schon heute erkrankten Kindern helfen können. Nicht nur Kinder, auch Erwachsene sollen Stammzellen gegen Bares auf Eis legen lassen. Eine Firma in Heidelberg bietet an, aus einer kleinen Hautprobe die wertvollen Zellen zu isolieren und zu lagern. Auch hier sind die möglichen Anwendungen noch ziemlich wolkig und setzten großes Vertrauen in die Forschung voraus. Bei all den neuen Entwicklungen scheint es doch eher unwahrscheinlich, dass es wirklich darauf ankommt, ein bestimmtes Gewebe möglichst früh zu konservieren. Schließlich finden sich ständig neue Quellen für adulte Stammzellen mit überraschenden Eigenschaften.

Stammzelltherapien made in Germany

Gerade in Deutschland wird das Potenzial der Gewebestammzellen intensiv ausgelotet, unter reger Beteiligung von Politik und Wirtschaft. Als es vor einiger Zeit in Kiel gelang, aus der Bauchspeicheldrüse Stammzellen zu isolieren, die sich nicht nur in kurzer Zeit in der Petrischale vermehrten, sondern dann auch noch in viele verschiedene Zelltypen verwandeln ließen, waren auf der Pressekonferenz zwei Vertreter der Landwirtschaftsministerien anwesend, dazu ein Universitätsdirektor – nur der Forscher fehlte. Man hatte wohl Angst, dass er zu viel ausplaudern und damit Patente gefährden könnte. Nicht nur Drüsenzellen, die ja im Mund leicht zugänglich sind, auch Hodengewebe liefert in den Händen einer Göttinger Gruppe Zellen, die den embryonalen Stammzellen durchaus ähneln. Sollte sich das bestätigen, wäre das ein Königsweg zu therapeutischen Zellen, aber nach den ersten Meldungen sind die Wissenschaftler wieder im Labor verschwunden. Wann sie mit endgültigen Ergebnissen erscheinen werden, bleibt abzuwarten. Der Weg der Verjüngung erwachsener Zellen in der Petrischale ist offenbar nicht ganz eben. Viele Mediziner glauben deshalb, dass ein gradlinigeres Vorgehen für die Therapie günstiger ist, bei dem die Zellen nicht im Labor umgezogen, sondern direkt im Körper von den Signalen der Wunde in eine neue Rolle gedrängt werden. Als vor einigen Jahren Versuche an Mäusen zeigten, dass Stammzellen aus dem Knochenmark die Heilung eines Herzinfarkts verbessern können, wagten zwei deutsche Teams den Schritt zur Übertragung dieses Ansatzes auf den Menschen. In Düsseldorf hat der Herzforscher Bodo Strauer vor fünf Jahren begonnen, Patienten nach einem Herzinfarkt Stammzellen aus dem Knochenmark in die Herzkranzgefäße zu spritzen. Ähnlich geht auch Gustav Steinhoff in Rostock vor, nur dass er die Stammzellen des Patienten während der sowieso benötigten Bypassoperation direkt in das Infarktgebiet injiziert. Die Stammzellen sollen vor Ort von den Signalen der Infarktwunde umerzogen werden und Herzgewebe bilden. Weltweit wurden wohl einige Hundert Infarktpatienten nach diesem Vorbild behandelt, die meisten davon in Deutschland. Erste Berichte klingen verhalten positiv. Die Pumpleistung des Herzens sei um fünf bis zehn Prozent besser, das ist sicher keine vollständige Regeneration des Herzmuskels, macht aber in Sachen Leistungsfähigkeit durchaus einen Unterschied. Sollten sich die ersten Ergebnisse aus Rostock und Düsseldorf bestätigen, könnte diese einfache Form der Stammzellbehandlung sich schnell in der medizinischen Praxis durchsetzen. Nicht nur das Herz, sondern auch die Leber lässt sich mit Knochenmarkstammzellen behandeln. Drei von fünf Patienten mit Leberkrankheiten konnten in London geheilt werden, aber auch hier fehlt noch eine aussagefähige Studie.

Nicht nur das Herz oder die Leber, auch das Gehirn soll mit adulten Stammzellen behandelt werden. Wobei adult hier nicht unbedingt erwachsen heißt. In Europa läuft zurzeit eine Studie zur Behandlung der Huntington-Krankheit. Bislang gibt es hier keine Therapie. Menschen, die das defekte Huntington-Gen geerbt haben, können nur zusehen, wie ihre Bewegungen nach und nach außer Kontrolle geraten. In Europa und vor allem auch in Deutschland versuchen Neurochirurgen, den Patienten mithilfe von Stammzellen eine neue Perspektive zu geben. Dazu können sie nicht Zellen der Kranken selbst verwenden, die ja schließlich alle den genetischen Defekt enthalten. Stattdessen setzen sie auf eine nicht unumstrittene Quelle für adulte, aber flexible Stammzellen: auf abgetriebene Feten. Während die Zerstörung eines Embryos durch das Embryonenschutzgesetz klar verboten ist, sind Abtreibungen in Deutschland unter bestimmten Bedingungen straffrei. Die dabei getöteten Feten kann die Frau, ähnlich wie bei einer Organspende, für den Einsatz im Rahmen einer Therapie freigeben. Obwohl die rechtliche Situation geklärt ist, haben viele Menschen Vorbehalte gegen dieses Vorgehen. Sie fürchten, dass hier Wissenschaft indirekt die Abtreibung fördern könnte. Klare Vorgaben der Ethikkommission stellen aber sicher, dass die Frau erst nach der Entscheidung für die Abtreibung auf die mögliche Spende des Fetus angesprochen wird. Wenn sie zustimmt, entnehmen die Forscher einer bestimmten Gehirnregion der acht bis zehn Wochen alten Feten Neuroblasten, Zellen, die sich vermehren können, die sich aber schon auf die Spezialisierung hin zu den benötigten Nervenzellen eingerichtet haben. Diese Zellen werden dann genau in die Hirnregion injiziert, die bei der Huntington-Krankheit langsam zugrunde geht. An der Universitätsklinik in Freiburg wurden bislang vier Patienten behandelt. Bei dreien von ihnen sind die Zellen offenbar angewachsen, die Symptome verschlimmerten sich nicht weiter, gingen sogar ein wenig zurück. Das sind erste positive Befunde bei einer Krankheit, bei der es sonst keine Hoffnung gibt. Auch hier gilt aber: Es ist noch zu früh für eindeutige Ergebnisse. Die werden erst in wenigen Jahren vorhanden sein, wenn die europäische Studie mit insgesamt 40 Huntington-Patienten abgeschlossen und ausgewertet ist.

Bewährungsprobe Parkinson

Wenn Forscher von den Möglichkeiten der Stammzelltherapie sprechen, dann erwähnen sie als vielversprechendes Anwendungsgebiet immer die Parkinsonsche Krankheit. Dieses schwere Leiden ist häufig (allein in Deutschland leben rund 250 000 Patienten, Tendenz steigend), es fehlt an Langzeittherapien und es sollten schon recht wenige Zellen in der Lage sein, die Symptome merklich zu bessern. Bei Parkinson gehen Dopamin-Neurone zugrunde. Der Botenstoff Dopamin ist an der Freischaltung von Bewegungsbefehlen beteiligt; fehlt er, kommt es zu einem unwillkürlichen Zittern in Ruhe, dagegen sind gezielte Bewegungen kaum möglich. Nach langer Krankheit sind die Patienten regelrecht im eigenen Körper gefangen. Der Verlust an Dopamin kann effektiv mit einem gut verträglichen Medikament behandelt werden, einer Vorstufe des Botenstoffes. Nach Jahren reagiert das Gehirn aber nicht mehr auf die Pillen, und die Symptome verschlechtern sich. Schon seit den Neunzigern versuchen Ärzte, vor allem in Lund in Schweden und den USA, die Parkinsonsche Krankheit mit der Transplantation von Nervenzellen aus abgetriebenen Feten zu behandeln. Der Ansatz galt als attraktiv, weil beim Parkinson das Dopamin nur in einer eng begrenzten Region benötigt wird, außerdem treten die Symptome erst

Parkinsonkranke Muhammad Ali und Michael J. Fox

auf, wenn schon ein Großteil der Dopamin-Neurone abgestorben ist. Offenbar ermöglichen relativ wenige überlebende Zellen noch lange eine effektive Bewegungskontrolle. Entsprechend sollte es ausreichen, eine geringe Zahl von Zellen zu übertragen, um einen Behandlungserfolg zu erzielen. Die ersten Therapieversuche in Lund verliefen positiv, auf einem Video ist zu sehen, wie ein zuvor gelähmter Patient aufsteht und geht. Die Forscher konnten zeigen, dass die fetalen Zellen nicht nur im Gehirn überleben, sie knüpfen auch Kontakte und produzieren Dopamin. In der Folge erhielten weltweit etwa 300 Parkinsonkranke, denen Medikamente nicht mehr halfen, fetale Zellen. Leider wurden nur die wenigsten in kontrollierten klinischen Studien betreut, über den Wert der Behandlung lässt sich deshalb streiten. Einige Patienten berichten von Besserungen, andere konnte keinen Effekt feststellen. Erst 2001 wurde eine Doppelblindstudie aus den USA veröffentlicht. Die Ärzte hatten 20 Parkinsonpatienten tatsächlich fetale Zellen ins Gehirn transplantiert, 20 weiteren wurden nur kleine Löcher in den Schädel gebohrt. Keiner der Kranken wusste, zu welcher Gruppe er gehörte. Ein Jahr später gab es kaum Unterschiede zwischen den tatsächlich therapierten und den nur scheinbehandelten Patienten. Tendenziell profitierten eher jüngere, nicht so schwer erkranke Personen. Die wichtigste Beobachtung waren aber die Nebenwirkungen, die bei 15 Prozent der Behandelten auftraten: Bei ihnen produzierten die übertragenen Zellen offenbar zu viel Dopamin, sodass sie unter unwillkürlichen Zuckungen litten. Die schwedischen Forscher kritisierten die Studie, aber auch ein zweiter Versuch mit verbesserten Transplantationsmethoden lieferte 2003 im Großen und Ganzen das gleiche Ergebnis. Damit ist fraglich, ob eine Zelltherapie überhaupt ein lohnender Ansatz für die Parkinsonsche Krankheit ist.

Nichtsdestotrotz gilt Parkinson nach wie vor als Paradebeispiel für eine Anwendung der regenerativen Medizin. Die Forscher argumentieren, dass die fetalen Zellen ein recht krudes und nur sehr begrenzt verfügbares Ausgangsmaterial darstellen. Wenn genau auf ihre Aufgabe vorbereitete Zellen in großen Mengen zur Verfügung stehen, sollten sich bessere Ergebnisse erzielen lassen. Tatsächlich sind Dopamin-Neurone bislang der einzige Zelltyp, den man verlässlich und in hoher Reinheit aus embryonalen Stammzellen züchten kann. Bisher ist die Bilanz der Zelltherapie bei Parkinson aber ernüchternd. Gleichzeitig steht der Fortschritt auf anderen Gebieten nicht still. Parkinsonpatienten, die nicht mehr auf die Medikamente ansprechen, können sich einen Hirnstimulator implantieren lassen. Mit kleinen elektrischen Impulsen senkt er die Hürde für Bewegungsbefehle im Gehirn. Es gibt eine ganze Reihe von klinischen Studien, die belegen, dass die Patienten so im Alltag deutlich besser zurechtkommen. Und wenn Nebenwirkungen entstehen, wird der Impulsgeber neu angepasst oder der ganze Apparat einfach abgeschaltet. Transplantierte Zellen dagegen kann derzeit niemand wieder aus dem Gehirn zurückholen (wobei es Überlegungen gibt, genetisch veränderte Zellen zu übertragen, die im Notfall mit einem künstlichen Signalstoff in den Selbstmord getrieben werden könnten).

Welche Rolle die Stammzellen in einer künftigen Medizin spielen werden, lässt sich derzeit nicht abschätzen. Sicher, das Konzept »Regenerative Medizin« klingt verlockend, es gibt Erfolge in Tierversuchen – doch beides galt auch für die Gentherapie und die ist bis heute nicht über das Forschungsstadium herausgekommen. Nur eines kann man sicher sagen: Das Feld Stammzellen ist äußerst aktiv, jede Woche bringt neue, spannende Erkenntnisse über das Verhalten dieser Zellen im gesunden und im kranken Körper. Die Arbeiten mit den embryonalen Stammzellen liefern dabei wichtige Hinweise auf Faktoren, mit denen sich das Verhalten der adulten Stammzellen regulieren lässt. Und die Laborforschung mit den Stammzellen des Erwachsenen hilft dabei, die Stammzellen im Gewebe zu verstehen und vor Ort zu aktivieren. Hier sieht der Präsident der Berlin-Brandenburgischen Akademie der Wissenschaften, Günter Stock, das größte Potenzial diese Gebiets: »Es ist ja wahrscheinlich eine Fama, dass die Stammzellen als Stammzellen unmittelbar große Bedeutung erlangen werden. Der entscheidende Punkt ist, dass wir an diesen Stammzellen Forschung machen können und herausbekommen, wie wir durch andere chemische Moleküle schlafende Stammzellen im Organismus erwecken können und sie ermahnen können, wirklich ihre Pflicht zu tun.« (Interview: V.W.) Zellen sind komplizierte Wesen, sie direkt in der Therapie einzusetzen, wird immer schwierig bleiben. Demgegenüber gibt es eine große Erfahrung mit chemischen Medikamenten, und zwar bei Wissenschaftlern, Herstellern und Ärzten. Der größte Beitrag der Stammzellforschung könnte gerade in dem Erkunden neuer Wege für eher klassische Behandlungskonzepte liegen. Nicht durch die Übertragung von Zellen, sondern über die gezielte Aktivierung der Selbstheilungskräfte des Körpers.

Genperspektiven

Die Gen- und Biotechnologie ist ein ausgesprochen dynamisches Feld, angefangen bei der Forschung in den Laboratorien über die Entwicklung in den Bio-Unternehmen bis hin zur Diskussion in Politik und Gesellschaft. Ein Buch kann hier immer nur eine Momentaufnahme aufzeichnen, schon am Erscheinungstag gibt es mit Sicherheit neue Entwicklungen, die wert gewesen wären, mit aufgenommen zu werden. Nur einige Beispiel aus einer Woche:

■ Wissenschaftler in Leipzig haben ein Farbstoff-Gen in einem Mammutskelett aus dem sibirischen Permafrost sequenziert. Der Vergleich mit dem entsprechenden Gen in Mäusen und Menschen zeigt, dass es Urelefanten mit eher blondem und eher brünettem Fell gab.

■ Ein Bakterium, das durch Antibiotika geschwächt ist, beginnt Artgenossen abzutöten und nimmt deren Gene auf. Wahrscheinlich ein Versuch, Resistenzgene zu finden.

■ Tausende von Genen verhalten sich in Gehirn, Leber, Muskeln und Fettgewebe von Männern und Frauen unterschiedlich. Offenbar hat das Geschlecht einen großen Einfluss auch in Organen, die keinen direkten Bezug zur Fortpflanzung haben. Vielleicht eine wichtige Ursache für die geschlechtsabhängige Wirkung von Medikamenten.

■ Das Entwicklungspotenzial der Vorläuferzellen von Neuronen ist systematisch kartiert worden. Dazu werteten die Forscher die Reaktion der Zellen auf 44 verschiedenen Kombinationen von Signalmolekülen aus. So konnten sie nicht nur den Effekt einzelner Moleküle, sondern den von fast natürlichen Mikroumgebungen, 2x ähnlich denen im Gehirn ausloten.

■ Mit einem Medikament konnten amerikanische Stammzellforscher die Stammzellen im Gehirn von Ratten über längere Zeit aktivieren. Die Tiere wurden daraufhin deutlich besser mit den Folgen eines künstlichen Schlaganfalls fertig.

- Zum ersten Mal ist es Wissenschaftlern gelungen, Mäuse-Eizellen in der Zellkultur auszureifen. Entscheidend war, die unreifen Eierstockzellen in kleine Kugeln aus Algenstärke zu hüllen. Wenn sich die Methode auch auf menschliche Eizellen übertragen lässt, könnten IVF-Kliniken eingefrorenes Eierstockgewebe »wiederbeleben«.

- Eine neue Pille gegen die Pfunde wurde zugelassen. Rimonabant blockiert die Andockstellen für Cannabis im Gehirn und unterdrückt so Hungergefühle. Allerdings wirkt die Pille allein keine Wunder, sie kann aber helfen, eine Diät bei guter Laune durchzuhalten.

- Bundesforschungsministerin Annette Schavan (CDU) will den Nationalen Ethikrat durch einen Deutschen Ethikrat ersetzen. Der neue Name steht für ein neues Konzept. In Zukunft sollen die 24 Experten nicht nur von der Bundesregierung, sondern auch vom Bundestag ernannt werden. So würde die demokratische Legitimation des Gremiums steigen.

Doch um Aktualität im Detail geht es hier gar nicht. Selbst Wissenschaftsjournalisten sind damit überfordert, jede Neuigkeit, jede Veränderung zu verfolgen. Viel hilfreicher ist es, ein gewisses Gespür für die Forschung an den Genen und Zellen zu entwickeln, damit man hinter die Schlagzeilen aus dem Labor blicken kann. Statt Meldungen wie »Gen für ... endeckt« oder »Krankheit XY in der Maus geheilt« oder »Gentomate löst Allergien aus« zu hören und dann gleich zu vergessen, können die Leser dieses Buches hoffentlich eine realistischere Einschätzung der neuen Biologie gewinnen. Schließlich ist auf diesem Feld nur eines sicher: Es wird immer neue Perspektiven geben, die nicht nur die Wissenschaftler interessieren, sondern letztlich jedermann betreffen, sei es als Patient, als Konsument oder als Bürger. Über 30 Jahre sind seit der ersten Genübertragung vergangen, die Wissenschaft der Gentechnik ist immer noch jung, aber wenn es eine Quintessenz aus den bisherigen Erfahrungen gibt, dann die, dass auch auf diesem Gebiet nichts so heiß gegessen wie gekocht wird. So hat die Gentherapie die Medizin nicht revolutioniert, aber es gibt sehr reale und für viele Patienten entscheidende Fortschritte durch Medikamente, die ohne die Gentechnik nicht hätten entwickelt werden können. Die Gentests haben weder auf dem Gebiet der Kriminalistik zu einem Überwachungsstaat nach Orwells Vorbild geführt, noch bei der vorgeburtlichen Diagnostik das durchgeprüfte Designerbaby zur Norm gemacht. Aber DNA-Tests tragen sicher dazu bei, dass Krankheiten häufiger auf der Ebene der Moleküle als auf der des ganzen Menschen analysiert und behandelt werden. Noch immer gibt es Hunger auf der Welt, die genetisch veränderten Pflanzen werden daran auch in Zukunft nichts Grundsätzliches ändern können. Aber sie helfen vielen Bauern des Westens und zunehmend auch in der Dritten Welt, auf einem umkämpften Markt besser zu bestehen. Ähnlich wird sich wohl auch das Gebiet der Stammzellen entwickeln, keine allgemeinen Wunder, aber effektive Hilfe für bestimmte Krankheiten. Gelassenheit ist ein guter Ratgeber für den Umgang mit der Gentechnik. Wenn die Forscher das Blaue vom Himmel versprechen, wenn die Kritiker Schreckensszenarien ausmalen, wenn die Politiker wirtschaftlichen Erfolg sofort einfordern, dann kann das nur dazu führen, dass über all den überzogenen positiven wie negativen Erwartungen die ganz realen Chancen nicht ergriffen werden. Die bisherigen Erfahrungen zeigen auch, dass sich die Risiken der Biotechnologie mit den geltenden Bestimmungen erfolgreich managen lassen. Nur auf dem Gebiet der grünen Gentechnologie kommt es immer wieder zu Pannen. Wachsamkeit ist also sicher nötig, das gilt aber auch für andere Bereiche der modernen Technologie. Befürchtungen, die praktische Anwendung Genetik sei so gefährlich, dass sie überhaupt nicht kontrolliert werden könne, haben sich jedenfalls nicht bestätigt. Diese ganz grundsätzliche Kritik an der Gentechnik ist auch selten geworden, hier geht der Debatte ein wenig die Luft aus. Die genetisch veränderten Pflanzen und die embryonalen Stammzellen sorgen allerdings immer noch für Zündstoff. Dabei geht es weniger um die tatsächlichen Risiken als um individuelle Überzeugungen. Und die müssen respektiert werden und zwar völlig unabhängig von der wissenschaftlichen Datenlage. Niemand muss begründen, warum er seinen Teller frei von den Produkten der grünen Gentechnik halten will, die simple Abneigung reicht völlig aus. Andererseits sollten auch die Bauern nicht diskriminiert werden, die GM-Pflanzen erproben wollen. Auf den Feldern ist eine Koexistenz möglich, dabei sind Konflikte unvermeidlich, aber am Ende werden, wie auf vielen anderen Gebieten auch, die Gerichte für den Ausgleich der Interessen sorgen. Anders sieht es beim Streit um den Status des Embryos aus. Wer in ihm schon einen Menschen sieht, muss auf seinem absoluten Schutz bestehen, vor einer Abtreibung ebenso wie vor dem Zugriff der Wissenschaftler. Andere fordern ebenso vehement, das Leiden und Leben der schon Geborenen nicht zu vernachlässigen wegen eines Balls von Zellen, ohne Bewusstsein und ohne sichere Entwicklungsperspektive. Kompromisse zwischen den Positionen sind eigentlich kaum möglich und doch ist es der Politik immer wieder gelungen, sie zu finden. Mit dem Ergebnis ist kaum jemand ganz zufrieden, deshalb werden sie regelmäßig in Frage gestellt. Ob die Stammzellforschung einmal so realistische Hoffnungen auf Heilung liefert, dass sie den geltenden Konsens verschieben kann, bleibt abzuwarten. Neue Diskussionen werden in jedem Fall aufbrechen, wer sich einmischen will, dem hilft ein Gespür für die Gene bei der Suche nach Argumenten.

Das aber ist nicht der wichtigste Grund, sich mit den Genen zu beschäftigen. Wer dem Lauf der DNA-Doppelspirale mit Neugier folgt, der kann die wirklich faszinierenden Einsichten aus den Genlabors genießen. Genießen steht hier ganz bewusst. Der oft gescholtene reduktionistische Ansatz der Gentechnologie hindert ja nicht daran, das Leben in seiner ganzen Vielfalt zu erfahren. Das Lied eines Vogels klingt nicht weniger schön, wenn man weiß, dass da irgendwo unter den Federn das FoxP2-Gen beteiligt ist. Aber dieses Wissen um die genetische Maschinerie eröffnet neue Perspektiven, zieht Verbindungslinien, von diesem einen Vogel vor dem Fenster zu anderen Tieren bis hin zum Menschen und zurück in die Frühgeschichte, als vielleicht eine Veränderung in diesem Gen ein Gespräch über Vogelgezwitscher mit ermöglichte. Nicht zuletzt führt die Spur der DNA weiter zur Einheit des Lebendigen. Und die zu verstehen und dabei zu erfahren, kann durchaus ein Genuss sein.

Wo nicht anders gekennzeichnet, wurden sämtliche englischsprachigen Zitate vom Autor übersetzt.

Glossar

Adenovirus
Ein Schnupfenerreger, der als Gentaxi verwendet wird. Adenoviren können ihre »Nutzlast« in vielen Zellen abliefern, die Gene bleiben aber nur für begrenzte Zeit aktiv.

Agrobakterium tumefaciens
Ein Bakterium, das Gene in Pflanzenzellen hineinbekommt. Eigentlich schafft es sich so einen günstigen Lebensraum, in der Gentechnik ist es aber auch unverzichtbar zur genetischen Veränderung von Pflanzen.

Allel
Von vielen Genen gibt es verschiedene Formen, diese Varianten werden Allele genannt. Meist enthält eine Zelle zwei Allele eines Gens, eines wurde vom Vater, das andere von der Mutter geerbt.

Aminosäure
Baustein der Proteine. Es gibt 20 Aminosäuren, die ganz unterschiedliche Formen und chemische Eigenschaften haben. Die Fähigkeiten eines Proteins hängen von der genauen Abfolge der Aminosäuren ab. Diese wird durch das entsprechende Gen festgelegt.

Antibiotika
Medikamente, die Bakterien abtöten.

Antibiotikaresistenzen
Gene, die es den Bakterien erlauben, trotz einer Antibiotikabehandlung weiterzuwachsen. Für die Gentechnik entscheidendes Werkzeug, um Zellen zu identifizieren, die künstliche Gene aufgenommen haben.

Antikörper
Wichtige Waffe des Immunsystems. Antikörper haben Bindungsstellen, mit denen sie molekulare Strukturen mit hoher Genauigkeit erkennen. Der Körper stellt zufällig eine Palette von Millionen verschiedener Antikörper her. Sobald einer einen Erreger bindet, aktiviert er Fresszellen, die den Keim abtöten. Zugleich geht der erfolgreiche Antikörper in die Massenproduktion, so entsteht eine bleibende Immunität. Gentechniker können mit Antikörpern gezielt einzelne Proteine in einer komplexen Mischung markieren.

Bakterium
Einzelliges Lebewesen ohne Zellkern. Bakterien sind überall, sie leben in brennenden Kohleflözen genauso wie am Meeresgrund und in der Luft. Auf der Haut und im Darm des Menschen leben weit mehr Bakterien, als der Körper Zellen zählt. Die Gentechnik manipuliert gezielt Bakterien und nutzt deren Fähigkeiten zur Vermehrung von DNA und zur Produktion von Proteinen.

Base
Oder Nukleotid, Baustein der DNA oder der RNA. In der DNA gibt es vier Basen: Adenin, Thymin, Guanin und Cytosin. In der Doppelspirale stehen sich immer ein Adenin und ein Thymin bzw. ein Guanin und ein Cytosin gegenüber. In dieser spezifischen Paarung liegt das Geheimnis der Weitergabe der genetischen Information.

Biobanken
Sammlung von Gewebe, Zellen oder DNA. Zu jeder Probe werden auch viele Informationen über den Spender gespeichert. Biobanken sind ein wichtiger Ausgangspunkt für die Suche nach Genen. Früher entstanden Biobanken als Nebenprodukt konkreter Forschungsprojekte, inzwischen werden aber auch gezielt bevölkerungsweite Biobanken aufgebaut.

Bioethik
Heute beschäftigen sich Spezialisten mit der ethischen Bewertung der Gentechnik, fragen nach dem Status des Embryos, den Folgen eines Gentests oder den Besitzrechten in Biobanken. Eindeutig eine Wachstumsbranche der Philosophie.

Bioinformatik
Analysiert im Computer die Datenflut aus den Genlaboren. Ohne die innovativen Programme wären die Forscher verloren. Zunehmend ermöglicht die Bioinformatik auch ganz neue Formen von Antworten auf die wissenschaftlichen Fragen.

Blastozyste
Frühstadium der Embryonalentwicklung. Nach fünf bis sieben Tagen besteht der Embryo aus einer Hohlkugel aus 100 bis 200 Zellen. Die Zellen der Kugelwand werden die Plazenta bilden, aus den Zellen der inneren Zellmasse entsteht der Embryo und letztlich der ganze Mensch. Daraus lassen sich die embryonalen Stammzellen gewinnen.

Boten-RNA
Arbeitskopie der genetischen Information auf der DNA. Aktive Gene werden in Boten-RNA umgeschrieben. Die wandert aus dem Zellkern zu den Ribosomen. Dort wird nach der Anleitung der Boten-RNA ein Protein hergestellt.

Chimäre
Mischwesen. Meist handelt es sich um eine Maus, die menschliche Gene oder menschliche Zellen enthält. Chimären mit geringem menschlichem Anteil finden sich in vielen Laboratorien. Dagegen sind Experimente, Mäuse mit einem Gehirn aus menschlichen Nervenzellen zu konstruieren, sehr umstritten.

Chromosom
Verpackungseinheit der Erbsubstanz. Die menschliche DNA liegt nicht als ein drei Meter langes kontinuierliches Molekül im Zellkern, sie ist in 23 Stücke aufgeteilt. Jedes dieser Chromosomen liegt in zwei Kopien vor, eine stammt von der Mutter, die andere vom Vater. Gene auf demselben Chromosom werden meist gemeinsam weitervererbt.

DNA
Die englische Abkürzung für Desoxyribonukleinsäure, die Erbsubstanz. Sie besteht aus langen Ketten von nur vier Bausteinen, den Basen. Je zwei DNA-Stränge lagern sich zu einer Doppelspirale zusammen. Dabei bestimmt die Reihenfolge der Basen auf dem einen Strang die Abfolge der Basen auf dem anderen Strang. Beide Stränge enthalten also jeweils die gleiche Information, die sich so bei der Zellteilung auf die Nachkommen verteilen lässt.

dominant
Jedes Gen liegt in zwei Kopien im Zellkern vor. Wenn sie sich unterscheiden, bestimmt das dominante Allel des Gens die Eigenschaft des Organismus.

Elektrophorese
Methode zur Auftrennung von Proteinen oder DNA. Eine elektrische Spannung zieht die Biomoleküle durch eine Gel, eine Art Sieb. Kleine Moleküle wandern schnell, große bleiben fast am Startpunkt liegen. Nach der Auftrennung werden die Proteine oder die DNA mit Farbstoffen sichtbar gemacht.

Embryonale Stammzelle
Zelle der Blastozyste, aus der alle Gewebe des Körpers entstehen. ES-Zellen lassen sich im Labor unbeschränkt vermehren. Außerdem können sie die Forscher gezielt in verschiedene Zellsorten, von der Nervenzelle über die Muskelzelle bis hin zur Hormonzelle, verwandeln. Aus ES-Zellen lässt sich theoretisch fast beliebiges Reparaturmaterial erzeugen.

Enzym
Ein Eiweiß, das eine chemische Reaktion ermöglicht. So sorgen etwa Enzyme der Hefe für die Umwandlung von Zucker in Alkohol und damit für Bier und Wein. Enzyme sind die Werkzeuge der Zellen und der Gentechnologen.

Gen
Ein Gen ist ein Abschnitt der DNA, der die Bauanleitung für ein Protein enthält. Meistens jedenfalls, je nach Zusammenhang, kann ein Gen auch für ein Stück RNA stehen oder beispielsweise für eine Bauanleitung plus Regulationssequenzen. Die allgemeinste Definition ist vielleicht die: Ein Gen ist eine vererbbare und nutzbare biologische Information.

Genchip
Kleines Plättchen mit Tausenden von kurzen DNA-Proben. Mit Genchips lassen sich die Aktivitäten wirklich vieler Gene gleichzeitig überprüfen, sie dienen der parallelen Analyse einer großen Menge von Mutationen, man kann sie sogar zum Sequenzieren der DNA verwenden. In jedem Fall liefern sie so viel Information auf einen Schlag, dass sich die Ergebnisse der Experimente nur noch mit Computern analysieren lassen.

Genetischer Fingerabdruck
Methode, um individuelle Unterschiede in der DNA darzustellen. Vergleichen die Kriminalisten genügend dieser Variationen, können sie eine Spur mit sehr hoher Wahrscheinlichkeit einer Person zuordnen. Der genetische Fingerabdruck dient nur der Identifizierung, er verrät nichts über die Eigenschaften eines Menschen.

Genetischer Code
Übersetzt die Sprache der DNA in die Sprache der Proteine. Immer drei DNA-Basen stehen für eine Aminosäure oder signalisieren: »Stopp,

hier ist das Eiweiß zu Ende.« Nur weil der genetische Code universell ist, bei allen Bakterien, Pflanzen und Tieren gleich ist, können die Gentechnologen Gene zwischen den Arten hin und her schieben.

Gentherapie
Heilen mit Informationen. Gene werden in Körperzellen übertragen und korrigieren dort Defekte kranker Zellen. Noch funktioniert die Gentherapie nur im Tierversuch verlässlich. Beim Menschen ist die Effektivität zu gering, die Gefahr von Nebenwirkungen zu groß.

Genom
Die komplette Erbsubstanz eines Organismus. Beim Menschen sind das drei Milliarden Basenpaare, nur ein kleiner Teil davon liegt tatsächlich in den rund 30 000 Genen, die Funktion weiter Strecken des Genoms sind noch unbekannt.

Genotyp
Die genetischen Informationen eines Individuums. Nicht jedes Gen hat einen direkten Effekt, deshalb wird das Aussehen eines Organismus nicht vom Genotyp allein beeinflusst.

GM
Genetisch modifiziert.

GMO
Genetisch modifizierter Organismus.

Grüne Gentechnik
Die Anwendung der Gentechnik in der Pflanzenzucht. Derzeit sind im Wesentlichen nur zwei Eigenschaften (Insekten- und Unkrautvernichtunsmittelresistenz) auf dem Feld. Die grüne Gentechnik ist umstritten, in Deutschland wollen nur wenige Menschen GM-Essen auf dem Teller.

Hybridisierung
Das Zusammenlegen von zwei zueinander passenden DNA-Strängen nach den Regeln der Basenpaarung. Für die Gentechniker das entscheidende Verfahren, um bestimmte DNA-Stücke mithilfe von passenden Proben zu identifizieren.

Junk-DNA
Der Großteil des Genoms besteht aus den langen Strecken zwischen den Genen. Die Funktion der Müll-DNA ist unklar, sie besteht zum Teil aus Resten inaktiver Retroviren oder springender Gene.

Keimbahn
Die Zellen, die Eizellen und Spermien bilden. Nur die Gene und Zellen der Keimbahn werden an die nächste Generation weitergegeben, alle anderen Körperzellen gehen mit dem Individuum zugrunde.

Klinische Studie
Untersuchung eines Medikaments oder eines Behandlungsverfahrens an Patienten. In Phase-I-Studien werden an wenigen Personen mögliche Nebenwirkungen erprobt. Die Phase II dient der Dosisfindung. In einer Phase-III-Studie erhält ein Teil der Patienten die neue Pille, die andere die Standardbehandlung, wer zu welcher Gruppe gehört entscheidet das Los. Im Idealfall wissen weder Patienten noch Ärzte, wer zur wirklich behandelten und wer zur Kontrollgruppe gehört. Nur mit solchen Studien können die Pharmaunternehmen die Zulassungsbehörden vom Wert eines neuen Medikaments überzeugen.

Klon
Genetische Kopie eines Lebewesens. In der Natur nur bei Zwillingen möglich. Inzwischen kann die Erbinformation erwachsener Tiere in einer Eizellhülle verjüngt und dann zu einem lebenden Tier herangezogen werden. Ein Klon ähnelt seinem Vorbild, unterscheidet sich aber immer, da die Gene weder Aussehen noch Charakter alleine bestimmen. Die Verfahren funktionieren nur bei wenigen Tierarten und sind auch da wenig effektiv. Noch hat niemand menschliche Zellen geklont.

Klonieren
Identische Vermehrung von DNA. Die DNA wird von einem Vektor meist in Bakterien gebracht und von ihnen vervielfältigt. Sie steht dann in unbegrenzter Menge für Experimente zur Verfügung.

Knock-out-Maus
Maus, bei der gezielt ein Gen zerstört wurde. Es gibt Tausende von Knock-out-Mäusen, sie liefern wichtige Hinweise auf die Funktion des Gens. Allerdings ist die Interpretation der Befunde nicht immer einfach. Es gibt auch Knock-in-Mäuse, bei denen eine Variante eines Gens ausgetauscht wurde und Mäuse, bei denen der Gendefekt nur in bestimmten Geweben oder nur während einer bestimmten Zeit aktiv ist.

Ligase
Enzym, das DNA-Stücke fest miteinander verbindet. Wichtiges Werkzeug der Gentechnik.

Mendelsche Gesetze
Regeln der Vererbung von dem Augustinermönch Gregor Mendel im 19. Jahrhundert an Erbsen entdeckt. Er schloss aus seinen Experimenten, dass jedes Lebewesen zwei Versionen jeder Erbanlage besitzt (Genotyp), von denen aber jeweils nur eine, die dominante, das Aussehen (Phänotyp) bestimmt. Bei der Vererbung wird von Vater und Mutter jeweils zufällig nur eine Erbanlage weitergegeben. Jedes Merkmal wird von einer anderen Erbanlage bestimmt. Diese Postulate erklären die Mendelschen Regeln: 1. Werden grüne und gelbe Erbsen gekreuzt (Genotyp: gr/gr und gl/gl), ist die erste Generation einheitlich gelb (Genotyp: gr/gl, das dominante Gelb setzt sich durch). 2. In der nächsten Generation (Genotypen: gr/gl, gr/gl, gl/gl, gr/gr) ist ein Viertel der Nachkommen grün, weil sie zwei rezessive Erbanlagen mitbekommen haben (Genotyp: gr/gr). 3. Die Farbe der Erbsen vererbt sich unabhängig von anderen Merkmalen, wie etwa der Haut (glatt/runzlig). Im Detail hat sich viel verändert, im Großen und Ganzen haben sich Mendels Regeln bis heute bestätigt.

Metabolom
Summe aller Stoffwechselprodukte eines Organismus. Da jeder Organismus auf seine Umwelt reagiert, wird das Metabolom nur zum Teil von den Genen bestimmt. Veränderungen im Metabolom lassen beispielsweise Rückschlüsse auf Krankheiten zu.

Mitochondrium
Kraftwerk der Zelle. Hier findet die enzymatische, kalte »Verbrennung« der Nahrung zur Energiegewinnung statt. Die Mitochondrien haben ein eigenes kleines Erbgut, das unabhängig vom Genom nur über die mütterliche Linie vererbt wird.

Monoklonaler Antikörper
Antikörperpräparation mit einheitlicher Bindungsstelle. Zuerst lösen die Forscher eine normale Immunreaktion aus, dann vermehren sie die unterschiedliche Antikörper bildenden Zellen getrennt weiter. Die Zelle mit dem Antikörper mit der engsten Bindung wird weitergezüchtet, so lassen sich beliebige Mengen dieses Antikörpers gewinnen. Monoklonale Antikörper sind im Labor unverzichtbar zur Identifizierung von Proteinen (ähnlich der Hybridisierung für die DNA).

Sie werden aber auch in der Therapie zur gezielten Ausschaltung von Zielmolekülen im Körper verwendet.

Nukleotid
Baustein der DNA oder RNA, auch Base genannt. In der DNA gibt es vier Nukleotide, Adenin, Cytosin, Guanin und Thymin.

Phänotyp
Aussehen eines Organismus. Der Phänotyp wird vom Genotyp nach den Mendelschen Regeln beeinflusst, aber auch die Umwelt hat ein gehöriges Wort mitzureden.

Pharmakogenetik
Die Analyse individueller, genetisch festgelegter Unterschiede in der Reaktion auf Medikamente. Mit speziellen Genchips kann vorhergesagt werden, bei wem mit Nebenwirkungen zu rechnen ist, und wer eine höhere Dosis benötig. Die auf den einzelnen Patienten nach einer pharmakogenetischen Analyse maßgeschneiderte Medizin wird wohl aus wirtschaftlichen Gründen ein Traum bleiben. Pillen rechnen sich nur, wenn sie an möglichst viele Patienten verkauft werden können.

Pharming
Die Herstellung von Medikamenten in Pflanzen oder Tieren. Schleust man die passenden Gene zum Beispiel in eine Kuh oder eine Kartoffel ein, sollte sich ein therapeutisches Eiweiß einfach »ermelken« bzw. ernten lassen. Vor allem die Erzeugung von Impfstoffen in Pflanzen wird erprobt. Obwohl die Landwirtschaft Erfahrung mit der preisgünstigen Massenproduktion von Eiweißen hat, konnte sich das Verfahren bislang nicht durchsetzen.

PID
Präimplantationsdiagnostik. Einem im Reagenzglas erzeugten Embryo wird in einem sehr frühen Stadium eine Zelle entnommen und mit Gentests analysiert. Nur wenn die gewünschte Eigenschaft vorhanden ist, wird der Embryo in die Gebärmutter übertragen. Derzeit wird die PID vor allem für Familien mit Erbkrankheiten eingesetzt. Die PID ist umstritten. Zum einen werden Embryonen auf Probe erzeugt und im Zweifelsfall getötet. Zum anderen hat die entnommene Zelle theoretisch ebenfalls das Potenzial, zu einem Menschen heranzuwachsen. Nach dem deutschen Embryonenschutzgesetz ist die PID verboten.

Plasmid
DNA-Ring, der als separates kleines Chromosom in Bakterien vererbt wird. Plasmide enthalten Gene für besondere Gelegenheiten, zum Beispiel Antibiotikaresistenzen oder Enzyme zur Verdauung seltener Nahrungsquellen. In der Gentechnik sind Plasmide beliebte Vektoren.

Promotor
Sequenz direkt vor oder in der Nähe eines Genes, die die Aktivität des Genes steuert. Je nachdem welche Transkriptionsfaktoren an einen Promotor binden, schaltet er das Gen an oder ab.

Protein
Kette von Aminosäuren. Die Proteine oder Eiweiße übernehmen die wichtigsten Arbeiten in der Zelle. Sie stellen die Enzyme, die molekularen Motoren, die Regulatoren der Genaktivität und sind gleichzeitig auch wichtiges Baumaterial in den Zellen.

Proteomik
Analyse aller Proteine einer Zelle oder eines Lebwesens. Proteine reagieren viel schneller als die Gene auf Umweltveränderungen. Deshalb spiegelt das Proteom den Zustand einer Zelle viel genauer wider als das Transkriptom oder das Genom.

Regenerative Medizin
Ersatz von Geweben oder Zellen in der Medizin. Im Idealfall soll eine krankhafte Veränderung komplett durch nachwachsendes, gesundes Gewebe wiederhergestellt werden. Schon lange erfolgreich ist die Knochenmarktransplantation, in der Erprobung befindet sich die Zucht von Knorpeln, Knochen und Haut aus patienteneigenen Zellen. Die Therapie von Herzinfarkt oder Parkinson befindet sich noch im experimentellen Stadium.

Restriktionsendonuklease
Enzym, das die DNA-Stränge zerteilt und zwar immer an derselben kurzen Erkennungssequenz. Bakterien wehren sich mit diesen Enzymen gegen Viren. Die Gentechnik nutzt sie, um DNA-Moleküle gezielt zu zerschneiden.

Retroviren
Bestimmte Viren, deren eigenes Erbgut aus RNA besteht, die es aber in der Zelle in DNA umschreiben und in das Erbgut irgendwo in

das Genom der Zelle einbauen. Das bekannteste Retrovirus ist das AIDS-Virus. In der Gentherapie werden Retroviren zur dauerhaftren Übertragung von Genen eingesetzt.

rezessiv
Rezessive Allele bestimmen nur dann das Aussehen eines Lebewesens, wenn sie auf beiden Kopien eines Chromosoms vorliegen.

Ribosom
Eiweißfabrik der Zelle, hier wird nach der Vorgabe der Boten-RNA die Aminosäurekette eines Proteins hergestellt.

Rekombination
Austausch von genetischem Material zwischen väterlichen und mütterlichen Chromosomen kurz vor der Bildung der Eizellen bzw. Spermien. Da genau entsprechende Abschnitte ausgetauscht werden, enthalten die beiden Chromosomen nach der Rekombination wieder alle Gene, aber es entstehen neue Kombinationen von Allelen.

RNA
Chemische Verwandte der DNA, die in der Zelle eine Fülle von Aufgaben übernimmt. Der Großteil der RNA ist Boten-RNA, es gibt aber auch RNA-Enzyme und regulatorische RNA-Sequenzen.

iRNA
Interferenz RNA. Kurze RNA-Stücke, die sich nach den Regeln der Basenpaarung an passende Boten-RNA lagern, die daraufhin abgebaut wird. Mechanismus der Genregulation, der in der Gentechnik zum Abschalten von Genen genutzt wird.

Rote Gentechnik
Anwendung der Gentechnik in der Medizin. Dazu gehört die Gentherapie ebenso wie gentechnisch hergestellte Medikamente oder Gentests. Dieser Sektor der Gentechnik ist nur wenig umstritten.

Sequenz
Die Abfolge der genetischen Buchstaben eines DNA-Stücks.

Sequenzieren
»Durchbuchstabieren« der DNA, wird heute meist von Automaten erledigt. Das Ergebnis ist der Text eines Gens oder Genoms. Man kann ihn lesen; um ihn zu verstehen sind meist viele weitere Experimente notwendig.

SNP
Single Nucleotide Polymorphism. Genetische Variante in der Bevölkerung, bei der ein DNA-Buchstabe anders ist. Viele SNPs haben keinen bekannten Einfluss, einige sind wichtige Hinweise auf Krankheitsrisiken.

Springende Gene
Genetische Elemente, die ihren Platz im Genom wechseln können. Sie enthalten die Bauanleitung für ein spezielles Schnittenzym, begrenzt von Sequenzen, die dieses Enzym erkennt und durchtrennt. Wird gelegentlich auch in genetischen Experimenten genutzt.

Stammzelle
Zelle, die für Nachschub an anderen Zellen sorgt. Stammzellen haben zwei Möglichkeiten, sie können sich vermehren und so neue Stammzellen bilden oder sie entwickeln sich zu Gewebezellen weiter. Die Stammzellen des Knochenmarks bilden so beispielsweise alle Blutzellen. Gewebestammzellen können meist nur wenige Zelltypen bilden. Stammzellen spielen eine wichtige Rolle für die regenerative Medizin.

Therapeutisches Klonen
Oder Forschungsklonen. Der Kern einer Zelle eines Patienten, etwa aus der Haut, wird in eine entkernte Eizelle gebracht. Der so konstruierte Embryo beginnt sich zu teilen. Er wird aber nicht in die Gebärmutter übertragen. Stattdessen entnehmen die Forscher embryonale Stammzellen, die sie zu Reparaturgewebe weiterentwickeln. Da es genetisch vom Patienten stammt, greift es das Abwehrsystem nicht an. Therapeutisches Klonen ist ethisch umstritten, bislang nur im Tierversuch geglückt.

transgen
Genetisch verändert.

Transkription
Umschreiben der genetischen Information von der DNA in Boten-RNA. Die Transkription eines Gens wird vom Promotor reguliert. In jeder Zelle werden nur wenige Gene transkribiert, nur sie sind aktiv, alle anderen sind abgeschaltet.

Transkriptionsfaktor
Eiweiß, das die Aktivität von Genen steuert, indem es an deren Promotor bindet. Je nach Umweltbedingungen sind in der Zelle unterschiedliche Transkriptionsfaktoren vorhanden, sie bilden also die Schnittstelle zwischen Gen und Umwelt.

Transkriptom
Gesamtheit der Boten-RNA. Das Transkriptom enthält alle Gene, die in einer Zelle oder einem Gewebe aktiv sind. Wird meist mit Genchips analysiert.

Translation
Übersetzen der genetischen Information von einer RNA in ein Protein. Gemäß dem genetischen Code fügt das Ribosom für jeweils drei Basen auf der RNA eine Aminosäure an das entstehende Protein an.

Vektor
Gentaxi. Hilfsmittel der Forscher, mit dem Gene in Zellen eingeschleust, dort vermehrt und manchmal auch aktiviert werden können. Die meisten Vektoren sind Plasmide oder Viren.

Virus
Krankheitserreger, die mit wenigen eigenen Genen in der Lage sind, die biochemische Maschinerie der Zelle zu zwingen, neue Viren herzustellen. Viren sind Zellparasiten, ohne ihren Wirt können sie nicht existieren. Sie zählen deshalb nicht zu den Lebewesen.

Xenotransplantation
Die Heilung von Menschen mit Organen aus dem Tier.

Zelle
Kleinste selbstständige Einheit des Lebens. Jede Zelle ist nach außen von einer Membran begrenzt, im Inneren enthält sie den Stoffwechsel und ein Genom aus DNA. Pflanzen und Tiere bestehen meist aus sehr vielen Zellen mit unterschiedlichen Funktionen, aber jeweils dem gleichen Genom.

Internetadressen zur Biotechnologie

Allgemeines und Forschung
Bundesforschungsministerium zur Biotechnologie: www.biotechnologie.de
Max-Planck-Gesellschaft: www.vcell.de
Nationales Genomforschungsnetz: www.ngfn.de
Berlin-Brandenburgische Akademie der Wissenschaften, Gentechnologiebericht: www.bbaw.de/bbaw/Forschung/Forschungsprojekte/gentechnologiebericht/de/Startseite
Berlin-Brandenburgische Akademie der Wissenschaften, Gentechnologie-Linksammlung: http://metadatenbank.gentechnologiebericht.de

Rote Gentechnik
Kompetenznetze in der Medizin: www.kompetenznetze-medizin.de
Robert-Koch-Institut: www.rki.de

Grüne Gentechnik
Gentechnik in Lebensmitteln: www.transgen.de
Sicherheitsforschung des Forschungsministeriums: www.biosicherheit.de

Kritiker
Gen-ethisches Netzwerk: www.gen-ethisches-netzwerk.de
Greenpeace zur Gentechnik: www.greenpeace.de/themen/gentechnik

Ethik
Nationaler Ethikrat: www.ethikrat.org
Enquete-Kommission Recht und Ethik in der modernen Medizin: http://www.bundestag.de/parlament/gremien/kommissionen/archiv15/ethik_med/index.html

Das Genom: www.ncbi.nih.gov/genome/guide/human/

In englischer Sprache
Informationen des National Human Genome Research Institute: www.genome.gov/EDUCATION/
Informationen des Craig Venter Institute: www.genomenewsnetwork.org

Bildnachweis

Seite 18: ullstein – Camera Press Ltd.
Seite 19 links: ullstein – KPA
Seite 19 rechts: Bettmann/Corbis
Seite 33 links: Mediscan/Corbis
Seite 33 rechts: Lester V. Bergmann/Corbis
Seite 37: ullstein – Peter Arnold Inc.
Seite 40: ullstein – Peter Arnold Inc.
Seite 50: ullstein – ddp
Seite 57: ullstein – Schnellhorn
Seite 64: Adrian Arbib/Corbis
Seite 83: Corbis
Seite 88: Karen Kasmauski/Corbis
Seite 99: Jim Richardson/Corbis
Seite 102: Bill Varie/Corbis
Seite 107: Robert Wallis/Corbis
Seite 111: ullstein – AP
Seite 114: Norbert Lehmann/www.biosicherheit.de
Seite 136: Keith Dannemiller/Corbis
Seite 139: Jim Richardson/Corbis
Seite 147: ullstein – AP
Seite 160: ullstein – Reuters
Seite 165: ullstein – Reuters
Seite 170: Andrew Brookes/Corbis
Seite 177: Lester Lefkowitz/Corbis
Seite 187: Thilo Mueller/A.B./zefa/Corbis
Seite 221: epa/Corbis
Seite 224: Kat Wade/San Francisco Chronicle/Corbis
Seite 233: ullstein – Lengemann
Seite 244: Ron Sachs/Corbis

Jede Form der Wiedergabe oder Vervielfältigung, auch auszugsweise, erfordert die schriftliche Zustimmung des Verlags.

Viel Spaß wünscht:
buchbasar-online.de
Info@buchbasar-online.de